Hochschultext

Kristian Kroschel

Statistische Nachrichtentheorie

Zweiter Teil
Signalschätzung

Zweite Auflage

Mit 77 Abbildungen

Springer-Verlag Berlin Heidelberg NewYork
London Paris Tokyo 1988

Dr.-Ing. Kristian Kroschel
Professor, Institut für Nachrichtensysteme
Universität Karlsruhe
Abteilungsleiter, Fraunhofer Institut für
Informations- und Datenverarbeitung (IITB) Karlsruhe

ISBN 3-540-50125-8 2. Aufl. Springer-Verlag Berlin Heidelberg New York
ISBN 0-387-50125-8 2nd ed. Springer-Verlag New York Heidelberg Berlin

ISBN 3-540-06712-4 1. Aufl. Springer-Verlag Berlin Heidelberg New York
ISBN 0-387-06712-4 1st ed. Springer-Verlag New York Heidelberg Berlin

CIP-Kurztitelaufnahme der Deutschen Bibliothek
Kroschel, Kristian:
Statistische Nachrichtentheorie / Kristian Kroschel.
Berlin ; Heidelberg ; New York ; London ; Paris ; Tokyo : Springer
 (Hochschultext)
 Literaturangaben
Teil 2. Signalschätzung. - 2. Aufl. - 1988
 ISBN 3-540-50125-8 (Berlin ...)
 ISBN 0-387-50125-8 (New York ...)

Druck: Color-Druck, G. Baucke, Berlin; Bindearbeiten: B. Helm, Berlin

2160/3020-543210 – Gedruckt auf säurefreiem Papier.

Vorwort

Die statistische Nachrichtentheorie, die sich mit der Nachrichtenübertragung unter dem Einfluß von Störungen befaßt, läßt sich in die zwei Aufgabenbereiche Detektion oder Signalerkennung und Estimation oder Signalschätzung einteilen. Bei der Signalschätzung ist noch zu unterscheiden, ob es sich dabei um zeitunabhängige Signale, d.h. Parameter, oder um zeitabhängige Signale handelt. Man unterteilt deshalb die Estimation häufig in die Parameterschätzung und die eigentliche Signalschätzung.

Die Aufgabenbereiche Signalerkennung und Parameterschätzung wurden bereits im ersten Teil dieses Buches [1] behandelt. Die Signalschätzung ist das Thema dieses zweiten Teils, wobei an die Ergebnisse vor allem der Parameterschätzung angeknüpft wird. Weil diese Ergebnisse im gegebenen Fall kurz wiederholt werden, ist das vorliegende Buch auch ohne Kenntnis des ersten Teils lesbar. Vorausgesetzt werden wie beim ersten Teil lediglich Kenntnisse der System- und Netzwerktheorie, z.B. [2] sowie der Statistik, z.B. [3, 4].

Die Signalschätzung hat in den letzten Jahren besonders durch Probleme im Zusammenhang mit der Navigation von Raumfahrzeugen große Bedeutung erlangt. Da diese Probleme vor allem in den USA verfolgt wurden, findet man in der amerikanischen Literatur viele, zum Teil bereits als Standardwerke anzusehende Bücher, die die Signalschätzung behandeln, z.B. [5, 6, 7, 8]. Im deutschen Schrifttum sind nur wenige Publikationen auf diesem Gebiet erschienen, z.B. [9, 10, 11, 21, 33], in denen vornehmlich wichtige Teilprobleme der Signalschätzung angesprochen werden.

Im vorliegenden Buch werden zusammenfassend alle Aufgaben der linearen Signalschätzung behandelt, d.h. Filterung, Prädiktion und Interpolation zeitdiskreter und kontinuierlicher stationärer und instationärer Prozesse.

Es gibt verschiedene Wege, diese Aufgaben der Signalschätzung in einem Buch darzustellen. Ein Weg bestünde z.B. darin, eine universelle Schätzformel für alle diese Aufgaben herzuleiten und damit die Anwendungsfälle, z.B. die Prädiktion, zu betrachten. Weil sich dieses Buch an Studenten höherer Semester der Nachrichten- und Regelungstechnik und Informatik sowie an Ingenieure wendet, die nach einer Einführung in die Verfahren der Signalschätzung suchen, wurde im Sinne einer besseren Anschaulichkeit der Theorie jeder dieser Anwendungsfälle getrennt betrachtet. Die dabei gewonnenen Strukturmodelle der Schätzsysteme eignen sich z.B. für eine direkte Realisierung durch einen Computeralgorithmus. Die Herleitung der Strukturmodelle erfolgte nach einem einheitlichen Ansatz, dem Orthogonalitätsprinzip, z.B. [1, 12].

Unter diesen Gesichtspunkten - der Einheitlichkeit der Darstellung und der Anschaulichkeit - lassen sich nicht alle Ansätze und Ergebnisse der Theorie der Signalschätzung zusammenfassen. So wurde z.B. nicht auf die Lösung des Signalschätzproblems mit Hilfe des Innovationsansatzes [13, 14] eingegangen oder durch Erweiterung der Wiener-Hopf-Integralgleichung das Problem der Schätzung instationärer Prozesse gelöst [9].

Nach einer Einleitung wird im 1. Kapitel die Schätzung zeitkontinuierlicher und zeitdiskreter stationärer Prozesse mit Hilfe von Wiener-Filtern behandelt. Dazu wird die Wiener-Hopf-Integralgleichung hergeleitet und auf ihre Lösung eingegangen.

Zur Beschreibung instationärer Prozesse wird im 3. Kapitel ein universelles Modell hergeleitet, das auf den Zustandsgleichungen aufbaut. Damit ist die Grundlage zur Schätzung instationärer Prozesse geschaffen.

Im 4. Kapitel wird die Schätzung zeitdiskreter instationärer Prozesse durch Kalman-Filter betrachtet.

Diese Betrachtungen werden im 5. Kapitel auf die Kalman-Bucy-Filter zur Schätzung kontinuierlicher instationärer Prozesse ausgedehnt.

Durch Anwendungsbeispiele, die aus der technischen Praxis stammen und eine Erweiterung gegenüber der ersten Auflage dieses Buches darstellen, werden die Kapitel über Wiener-Filter und insbesondere über Kalman-Filter ergänzt.

Zur besseren Untergliederung und Zusammenfassung des Stoffes wurden viele Tabellen zusammengestellt. Andere Tabellen dienen dazu, Zwischenrechnungen, die den Ablauf einer Herleitung unterbrechen würden, vom Text zu trennen. Einige Aufgaben am Schluß des Buches sollen dazu dienen, die Anwendung der gewonnenen Schätzformeln zu demonstrieren und auf typische Eigenschaften der angesprochenen Schätzaufgaben einzugehen. Diese Aufgaben sind allerdings nur als einfache Übungsaufgaben und nicht als Anwendungsbeispiele aus der Praxis gedacht, da praktische Aufgaben in der Regel einen Digitalrechner zur Lösung erfordern.

Wie in der 2. Auflage des ersten Bandes wurde auch in dieser neuen Auflage des zweiten Bandes eine Nomenklatur verwendet, die sich so weit wie möglich an die DIN 13 303 anlehnt. Leider behandelt diese Empfehlung nur die Beschreibung von Zustandsvariablen, während hier vornehmlich Zufallsprozesse auftreten, so daß die Empfehlung nach DIN dem Sinne nach auf Prozesse erweitert werden mußte. Sie ist konsistent zur Nomenklatur im ersten Band.

In der 2. Auflage dieses Bandes sind die bereits erwähnten Anwendungsbeispiele hinzugekommen, um den Bezug zur Praxis zu vertiefen. Ferner wurde der Abschnitt über Zustandsvariable erweitert. Das Kapitel über Kalman-Bucy-Filter wurde demgegenüber etwas gekürzt, weil sie in ihrer praktischen Bedeutung gegenüber den Kalman-Filtern zurücktreten.

Für die Hinweise und Anregungen von Fachkollegen, wissenschaftlichen Mitarbeitern und Studenten, die das Entstehen dieses Buches sehr gefördert haben, möchte ich mich an dieser Stelle besonders bedanken.

Mein Dank gilt Frau C. McCloskey und Frau G. Daum für die Erstellung des Rohentwurfs auf einer Textverarbeitungsanlage und Frau S. Kühn für das Zeichnen der Bilder. Frau G. Kreutzer und Herr Dipl.-Ing. A. Wernz haben freundlicherweise das Manuskript kritisch durchgesehen. Den Mitarbeitern des Springer Verlags danke ich für die kooperative Zusammenarbeit und die Ermunterung zur Neuauflage des Buches. Nicht vergessen sei auch ein Dank an meine Frau, die mich ohne Murren viele Stunden über die normale Arbeitszeit hinaus an diesem Buch arbeiten ließ.

Karlsruhe, im Mai 1988   Kristian Kroschel

Inhaltsverzeichnis

1 Aufgaben der Signalschätzung

Die Signalschätzung ist eine der Aufgaben der statistischen Nachrichtentheorie. Sie besitzt, wie sich noch zeigen wird, viele Gemeinsamkeiten mit den übrigen Aufgabenbereichen der statistischen Nachrichtentheorie, der Signalerkennung und der Parameterschätzung [1].

Zur Beschreibung der Signalschätzung verwendet man das Modell eines Nachrichtenübertragungssystems, wie es Bild 1.1 zeigt. Die Quelle liefert als Ereignis ein zeitabhängiges Signal $a(\tau)$, das irgendein Nachrichtensignal sein kann, z.B. die Position eines Flugkörpers oder die Durchflußmenge an einem Ventil. Dieses Signal ist eine Musterfunktion des zugehörigen Zufallsprozesses $a(\tau)$. Je nachdem, ob dieses Signal zeitkontinuierlich oder zeitdiskret ist, hat man für die Zeit τ den Wert $\tau=t$ oder $\tau=kT$ zu setzen. Dabei wird im Falle eines zeitdiskreten Signals angenommen, daß dieses aus äquidistanten Abtastwerten besteht, d.h. daß T die konstante Abtastperiode und k eine ganze Zahl ist.

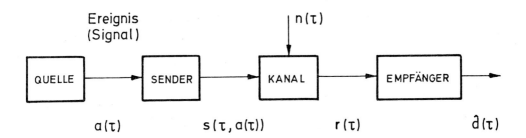

Bild 1.1   Nachrichtenübertragungssystem (Signalschätzung).
          Für $\tau=t$ kontinuierliche, für $\tau=kT$ zeitdiskrete Signale

Das Signal $a(\tau)$ wird im Sender in ein zur Übertragung über den nachfolgenden Nachrichtenkanal geeignetes Signal $s(\tau,a(\tau))$ umgesetzt, d.h. der Sender hat die Funktion eines Modulators, der hier linear sein soll.

Bei der Übertragung wird $s(\tau,a(\tau))$ im Kanal additiv durch eine Musterfunktion $n(\tau)$ des Rauschprozesses $n(\tau)$ gestört, so daß dem Empfänger die Summe $r(\tau)$ aus dem Nutzsignal $s(\tau,a(\tau))$ und der Störung $n(\tau)$ zur Verfügung steht. Der Empfänger hat die Aufgabe, mit Hilfe von $r(\tau)$ einen Schätzwert $\hat{d}(\tau)$ zu bestimmen, der möglichst gut mit einem gewünschten Signal $d(\tau)$ übereinstimmt. Dieses Signal $d(\tau)$ ist ein aus $a(\tau)$ abgeleitetes Signal, im einfachsten Fall stimmt es mit $a(\tau)$ überein.

In diesem Fall kann man die Signalschätzung auch als eine Erweiterung der Parameterschätzung interpretieren: Statt des konstanten Parameters a wie bei der Parameterschätzung liefert hier die Quelle ein zeitabhängiges Signal $a(\tau)$, dessen Amplitude man als einen zeitabhängigen Parameter auffassen kann.

Die Betrachtungen sollen hier auf lineare Systeme beschränkt werden. Das hat zur Folge, daß der Empfänger, der bei Einspeisung von $r(\tau)$ den Schätzwert $\hat{d}(\tau)$ liefert, und dasjenige System, das aus $a(\tau)$ das vorgegebene Signal $d(\tau)$ formt, lineare Systeme sind.

Man unterscheidet drei besonders wichtige Formen der linearen Transformation von $a(\tau)$ in $d(\tau)$:

1. Wenn $d(\tau)$ nur vom aktuellen Wert und von vergangenen Werten von $a(\tau)$ abhängt, d.h. von $a(\alpha)$ für $-\infty < \alpha \leq \tau$, spricht man von **Filterung**.
Der einfachste Fall ist dabei

$$d(\tau) = a(\tau) \quad . \tag{1.1}$$

2. Wenn $d(\tau)$ von den Werten von $a(\alpha)$ für $-\infty < \alpha \leq \tau+\delta$ mit $\delta > 0$ abhängt, spricht man von **Prädiktion** oder **Extrapolation**.
Der einfachste Fall ist hier

$$d(\tau) = a(\tau+\delta) \quad , \delta > 0 \quad . \tag{1.2}$$

Weil hier $d(\tau)$ von zukünftigen Werten von $a(\tau)$ abhängt, läßt sich dieses Problem nur für rauschfreie bekannte deterministische Signale $a(\tau)$ exakt lösen. In dem hier betrachteten Fall ist $a(\tau)$

als Nachrichtensignal aber stets die Musterfunktion eines Zufallsprozesses und damit stochastisch, so daß hier immer ein mehr
oder weniger großer Fehler auftritt. Dieser Fehler hängt von den
Eigenschaften des Signalprozesses $a(\tau)$ ab, die sich z.B. in der
Autokorrelationsfunktion ausdrücken. Im Extremfall eines weißen
Prozesses ist die Prädiktion nicht möglich, da beliebig dicht
aufeinanderfolgende Signalwerte statistisch unabhängig voneinander sind.

3. Hängt $d(\tau)$ von den Werten von $a(\alpha)$ für $-\infty < \alpha \leq \tau - \delta$ mit $\delta > 0$ ab,
so spricht man von **Interpolation** oder **Glättung**. Im Englischen ist
dafür die Bezeichnung "smoothing" üblich.
Im einfachsten Fall gilt

$$d(\tau) = a(\tau - \delta) \quad , \quad \delta > 0 \quad . \tag{1.3}$$

Zunächst erscheint dieser Fall trivial, wenn man die Kenntnis von
$a(\alpha)$ für $-\infty < \alpha \leq \tau$ voraussetzt. Berücksichtigt man jedoch, daß
lediglich die gestörte Version von $a(\tau)$ dem Empfänger zur
Verfügung steht und daß bei einer Vergrößerung des
Beobachtungsintervalls die Kenntnis des Störprozesses $n(\tau)$
anwächst, so wird deutlich, daß man zum Zeitpunkt $\alpha = \tau$ den Wert
$a(\tau - \delta)$ besser schätzen kann als den Wert $a(\tau)$ selbst. Ferner kann
es von Interesse sein, einen Wert $a(\tau - \delta)$ zu schätzen, wenn er der
Anfangswert eines zum Zeitpunkt $\alpha = \tau - \delta$ begonnenen Vorganges ist.

Faßt man die Fälle nach (1.1), (1.2) und (1.3) zusammen, so
erhält man (siehe Bild 1.2)

$$d(\tau) = a(\tau + \delta) \begin{cases} \delta = 0 & \text{Filterung} \\ \delta > 0 & \text{Prädiktion} \\ \delta < 0 & \text{Interpolation} \end{cases} \tag{1.4}$$

Wegen der Störungen $n(\tau)$ auf dem Kanal ist es grundsätzlich nicht
möglich, das gewünschte Signal $d(\tau)$ aus dem gestörten Empfangssignal exakt zu bestimmen. Der Empfänger liefert vielmehr durch
eine lineare Transformation von $r(\tau)$ den Schätzwert $\hat{d}(\tau)$. Um ein
Maß für die Abweichung zwischen $\hat{d}(\tau)$ und $d(\tau)$ zu erhalten, bildet
man wie bei der Parameterschätzung [1] den Schätzfehler $e(\tau)$

$$e(\tau) = \hat{d}(\tau) - d(\tau) \quad . \tag{1.5}$$

Tab. 1.1 Filterung, Prädiktion und Interpolation für den zeitkontinuierlichen Fall $\tau=t$

Eingangssignal	$a(t)$
Impulsantwort	$h(t)$ o—o $H(s)$
Ausgangssignal	$d(t) = h(t) * a(t)$

Filterung

Das Ausgangssignal $d(t)$ hängt vom Eingangssignal $a(\alpha)$ im Intervall $-\infty < \alpha \le t$ ab. Das Filter ist kausal.

Einfachster Fall

$$h(t) = \delta_0(t) \qquad\qquad d(t) = a(t)$$

Prädiktion

Das Ausgangssignal $d(t)$ hängt vom Eingangssignal $a(\alpha)$ im Intervall $-\infty < \alpha \le t+\delta$, $\delta > 0$ ab. Das Filter ist **nicht** kausal.

Einfachster Fall

$$h(t) = \delta_0(t+\delta) \qquad\qquad d(t) = a(t+\delta) , \quad \delta > 0$$

Interpolation

Das Ausgangssignal $d(t)$ hängt vom Eingangssignal $a(\alpha)$ im Intervall $-\infty < \alpha \le t-\delta$, $\delta > 0$ ab. Das Filter ist kausal.

Einfachster Fall

$$h(t) = \delta_0(t-\delta) \qquad\qquad d(t) = a(t-\delta) , \quad \delta > 0$$

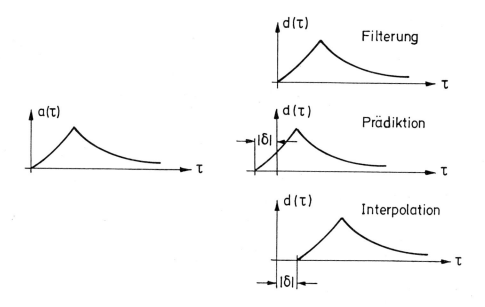

Bild 1.2   Zur Veranschaulichung von Filterung, Prädiktion und
           Interpolation

Ein Modellsystem, das die Bildung dieses Schätzfehlers verdeutlicht, zeigt Bild 1.3.

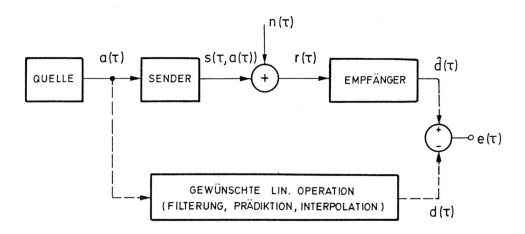

Bild 1.3   Modellsystem zur Bildung des Schätzfehlers e(τ)

Man könnte nun wie bei der Parameterschätzung eine sogenannte
Kostenfunktion [1] zur Gewichtung des Fehlers e(τ) angeben. Am
gebräuchlichsten ist jedoch auch hier wie bei anderen Schätzproblemen die quadratische Gewichtung des Fehlers, weshalb aus-

schließlich der mittlere quadratische Fehler als Optimalitätskriterium herangezogen werden soll. Diese Annahme hat auch noch folgenden Vorteil: Der Empfänger soll nach Voraussetzung ein lineares System sein. Bei der Betrachtung linearer Schätzeinrichtungen zur Parameterschätzung konnte aber gezeigt werden, daß für das optimale, den mittleren quadratischen Schätzfehler minimierende System das sogenannte Orthogonalitätsprinzip [1] gelten muß. Dieses Prinzip besagt, daß der Erwartungswert aus dem Schätzfehler und dem gestörten Empfangssignal verschwinden muß, sofern zur Berechnung des Schätzfehlers der optimale Schätzwert verwendet wird. Bei der Signalschätzung ist der Schätzfehler aber nach (1.5) gegeben, und das gestörte Empfangssignal ist $r(\alpha)$, das z.B. im Intervall von τ_0 bis τ zur Verfügung steht. Weil der mittlere quadratische Schätzfehler im gesamten Beobachtungsintervall von $r(\alpha)$ zum Minimum werden soll, gilt für das Orthogonalitätsprinzip bei der Signalschätzung:

$$E(e(\tau) \cdot r(\alpha)) = 0 \qquad \text{für } \tau_0 \leq \alpha \leq \tau \quad . \qquad (1.6)$$

Damit ist aber die entscheidende Beziehung genannt, aus der sich alle hier zu betrachtenden optimalen Systeme zur Signalschätzung herleiten lassen.

Bisher wurde angenommen, daß die Quelle ein eindimensionales Signal $a(\tau)$ liefert. Die hier angestellten Betrachtungen gelten jedoch ebenso, wenn die Quelle mehrdimensionale Signalvektoren $\underline{a}(\tau)$ liefert. Die verwendeten Systeme müssen dann entsprechend viele Ein- und Ausgänge haben, damit der M-dimensionale, zeitabhängige Signalvektor $\underline{a}(\tau)$ verarbeitet werden kann.

Es wurde noch nichts über die Eigenschaften der Signale, der Nutz- und Störsignale, ausgesagt. Die zugehörigen Prozesse können, wie bereits erwähnt, kontinuierlich oder zeitdiskret sein. Ferner kann es sich um stationäre oder instationäre Prozesse handeln. Zunächst wird der einfachere Fall stationärer Prozesse betrachtet, bei denen das gestörte Empfangssignal $r(\alpha)$ dem Empfänger im Zeitintervall $-\infty < \alpha \leq \tau$ zur Verfügung steht. Die im Sinne des minimalen mittleren quadratischen Schätzfehlers optimalen Empfänger sind die Wiener-Filter, die man auch Wiener-Kolmogoroff-Filter nennt, da Wiener und Kolmogoroff gleichzeitig und ohne voneinander davon zu wissen diese Filter Anfang der vierzi-

ger Jahre hergeleitet haben. Diese Filter werden für kontinuierliche und zeitdiskrete Signale beschrieben.

Sind die Prozesse instationär, so ist der optimale Empfänger ein
zeitvariables System, ein Kalman-Filter, das ebenfalls für kontinuierliche und zeitdiskrete Signale betrachtet wird. Während
bei stationären Prozessen die Autokorrelationsfunktion nur von
einem Zeitparameter abhängt, so daß man durch Fourier-Transformation die entsprechende Leistungsdichte erhält, und die zeitinvarianten Schätzsysteme sich deshalb im Zeitbereich durch ihre
Impulsantwort oder im Frequenzbereich durch ihre Systemfunktion
beschreiben lassen, gelingt dies bei instationären Prozessen
nicht. Man verwendet deshalb hier ein Prozeßmodell, das auf den
Zustandsgleichungen [15] aufbaut, da man mit dieser Beschreibungsweise auch zeitvariable Systeme geeignet darstellen kann.
Eine Übersicht über die einzelnen Schätzaufgaben zeigt die nachfolgende Tab. 1.2.

Tab. 1.2 Übersicht über die Signalschätzaufgaben bei der statistischen Nachrichtentheorie

	Prozesse Prozeßbeschreibung	
	stationär Korrelationsfunktion Leistungsdichte	instationär Zustandsvariablen- modell
kontinuierlich	Wiener-Filter $\tau_0 = t_0 = -\infty$ keine Anfangswerte $a_0(t)$ 0—o $A_0(s)$	Kalman-Bucy-Filter $\tau_0 = t_0 = 0$ mit Anfangswerten Zustandsraum
diskret	diskrete Wiener-Filter $\tau_0 = k_0 = -\infty$ keine Anfangswerte $a_0(k)$ 0—o $A_0(z)$	Kalman-Filter $\tau_0 = k_0 = 0$ mit Anfangswerten Zustandsraum

2 Wiener-Filter

Beim Entwurf eines Systems sind stets die drei Gesichtspunkte [1]

    1. Struktur des Systems

    2. Optimalitätskriterium

    3. Kenntnis über die verarbeiteten Signale

zu berücksichtigen. Es soll sich bei den hier zu untersuchenden Systemen zur Signalschätzung um lineare zeitinvariante Systeme handeln, wodurch die Struktur bereits festgelegt ist. Zur mathematischen Beschreibung des gesuchten Systems kann man deshalb dessen Impulsantwort verwenden. Durch die Festlegung auf lineare Systeme ist es nur möglich, das optimale lineare Schätzsystem herzuleiten. Es könnte also sein, daß ein nichtlineares System ein besseres Schätzergebnis als das gefundene lineare liefert. Andererseits hat die Festlegung auf lineare zeitinvariante Systeme den Vorteil, daß man ihre Funktion mathematisch sehr einfach durch die Impulsantwort beschreiben kann. Als Optimalitätskriterium wird hier der mittlere quadratische Schätzfehler verwendet, wobei der Fehler selbst nach (1.5) zu berechnen ist.

Die Signal- und Störprozesse sind hier zumindest schwach stationär. Deshalb kann man sie durch ihre Autokorrelations- und Kreuzkorrelationsfunktion bzw. deren Fourier-Transformierte, die Leistungs- und Kreuzleistungsdichte [4] beschreiben. Für die Kreuzkorrelationsfunktion zweier im Verbund stationärer zeitkontinuierlicher Prozesse $x(t)$ und $y(t)$ gilt:

$$s_{xy}(\tau) = E(x(t) \cdot y(t-\tau)) \quad \circ\!\!-\!\!\circ \quad S_{xy}(f) \quad . \qquad (2.1)$$

Wenn die Prozesse eine Gaußdichte besitzen, dann stellt die Festlegung des Schätzsystems auf Linearität keine Einschränkung der Optimalität dar. Denn man kann zeigen [6], daß von allen linearen und nichtlinearen Systemen bei Prozessen mit Gaußdichte die linearen auf ein absolutes Minimum des mittleren quadratischen Schätzfehlers führen.

2.1 Wiener-Filter für kontinuierliche stationäre Prozesse

Dieser Fall wird von der klassischen Theorie der Signalschätzung behandelt: Die betrachteten Signale sind kontinuierlich, so daß für den Zeitparameter hier $\tau=t$ zu setzen ist. Die Signal- und Störprozesse sind mindestens schwach stationär, und das gestörte Empfangssignal $r(\alpha)$ steht im Intervall $-\infty<\alpha\leq t$ zur Verfügung. Es wird angenommen, daß die betrachteten Signale eindimensional sind. Eine Erweiterung auf mehrdimensionale Signalvektoren ist jedoch dadurch möglich, daß man die betrachteten Systeme der Dimension entsprechend mehrfach parallel aufbaut. Gesucht wird dabei dasjenige kausale, zeitinvariante Filter, das auf den minimalen mittleren quadratischen Schätzfehler nach (1.5) führt.

2.1.1 Aufgabenstellung und Annahmen

Weil die Funktion des Senders in Bild 1.3 bei der hier zu lösenden Aufgabe keine Rolle spielt, soll er unberücksichtigt bleiben. Dann stimmt das im gestörten Empfangssignal $r(t)$ enthaltene Nutzsignal $s(t,a(t))$ mit dem von der Quelle gelieferten Signal $a(t)$ überein. Dies stellt keine Einschränkung auf lineare Modulationsverfahren dar, da man sich den Sender als idealen Modulator vorstellen kann, dem am Eingang des Empfängers ein idealer Demodulator gegenübersteht. Dadurch vereinfacht sich Bild 1.3 zu der Darstellung in Bild 2.1.

Das zu entwerfende Wiener-Filter soll die Impulsantwort $a_0(t)$ bzw. die Systemfunktion $A_0(s)$ besitzen. Weil das Filter kausal sein soll, gilt:

$$a_0(t) = 0 \quad \text{für } t < 0 \quad . \tag{21.1}$$

Das Eingangssignal des Filters ist

$$r(t) = a(t) + n(t) \quad , \tag{21.2}$$

wobei a(t) und n(t) Musterfunktionen von Zufallsprozessen sind. Diese nach Voraussetzung zumindest schwach stationären Prozesse sollen verschwindende Mittelwerte besitzen.

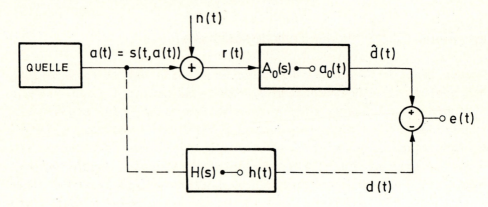

Bild 2.1   Lineare zeitinvariante Signalschätzung

Es wird angenommen, daß die Autokorrelationsfunktionen und Leistungsdichten dieser Prozesse bekannt sind:

$$s_{aa}(\tau) = E(a(t) \cdot a(t-\tau)) \ 0\!-\!\!\!-\!\!o \ S_{aa}(s) = \int_{-\infty}^{+\infty} s_{aa}(\tau) \ e^{-s\tau} \ d\tau \tag{21.3}$$

$$s_{nn}(\tau) = E(n(t) \cdot n(t-\tau)) \ 0\!-\!\!\!-\!\!o \ S_{nn}(s) = \int_{-\infty}^{+\infty} s_{nn}(\tau) \ e^{-s\tau} \ d\tau \quad , \tag{21.4}$$

wobei man die Leistungsdichten durch zweiseitige Laplace-Transformation aus den Autokorrelationsfunktionen gewinnt [4].

Ebenso sollen die Kreuzkorrelationsfunktion und die Kreuzleistungsdichte der im Verbund stationären Prozesse a(t) und n(t) bekannt sein:

$$s_{an}(\tau) = E(a(t) \cdot n(t-\tau)) \ \ 0\!-\!\!\!-\!\!o \ \ S_{an}(s) \quad . \tag{21.5}$$

Die Impulsantwort $a_0(t)$ des Wiener-Filters ist so zu wählen, daß die mittlere quadratische Abweichung zwischen dem Schätzwert $\hat{d}(t)$ eines gewünschten Signals d(t) und diesem selbst zum Minimum wird. Dieses gewünschte Signal entsteht nach Bild 2.1 durch lineare Filterung aus a(t). Das nicht als kausal vorausgesetzte Vergleichssystem besitze die Impulsantwort h(t) und die System-

funktion H(s) o—0 h(t), die gegebenenfalls durch zweiseitige
Laplace-Transformation aus h(t) gewonnen wird.

Die Impulsantwort h(t) nimmt für die drei Fälle Filterung, Prädiktion und Interpolation nach (1.1), (1.2) und (1.3) die Form

$$h(t) = \delta_0(t+\delta) \left[\begin{array}{ll} \delta = 0 & \text{Filterung} \\ \delta > 0 & \text{Prädiktion} \\ \delta < 0 & \text{Interpolation} \end{array} \right. \qquad (21.6)$$

an. Daraus folgt für die Systemfunktion [2]:

$$H(s) = e^{+s\delta} \quad . \qquad (21.7)$$

Bei der nun folgenden Bestimmung der optimalen Impulsantwort
$a_0(t)$ soll keine dieser speziellen Annahmen gemacht werden, vielmehr wird $a_0(t)$ 0—o $A_0(s)$ als Funktion von h(t) 0—o H(s) bestimmt.

2.1.2 Die Wiener-Hopf-Integralgleichung

Um die Impulsantwort $a_0(t)$ des optimalen linearen Filters zu
berechnen, das auf ein Minimum des mittleren quadratischen
Schätzfehlers e(t) nach (1.5) führt, wird das in der Beziehung
(1.6) genannte Orthogonalitätsprinzip verwendet. Dabei soll der
mittlere quadratische Schätzfehler im gesamten Zeitintervall zum
Minimum werden, in dem das gestörte Empfangssignal $r(\alpha)$ zur
Verfügung steht. Weil hier keine Einschwingvorgänge berücksichtigt werden sollen, ist $r(\alpha)$ aber im Intervall von $-\infty$ bis zum
aktuellen Zeitpunkt t verfügbar. Drückt man den Zeitparameter α
in einer für die weitere Rechnung geeigneten Form aus, so erhält
man für das Orthogonalitätsprinzip:

$$E(e(t) \cdot r(t-\beta)) = E((\hat{d}(t) - d(t)) \cdot r(t-\beta)) = 0 \qquad (21.8)$$

$$-\infty < t-\beta = \alpha \leq t \quad \text{bzw.} \quad \beta \geq 0 \quad .$$

Das geschätzte Signal $\hat{d}(t)$ entsteht durch Filterung des gestörten
Empfangssignals r(t) mit einem Filter der Impulsantwort $a_0(t)$:

$$\hat{d}(t) = \int_0^\infty a_0(\alpha)\ r(t-\alpha)\ d\alpha \quad , \tag{21.9}$$

wobei die Integrationsgrenzen sich aus der Beschränkung des Zeit-
parameters α von $r(t-\alpha)$ nach (21.8) und aus der Kausalität von
$a_0(\alpha)$ ergeben.

Das gewünschte Signal $d(t)$ läßt sich ebenfalls als Faltungsinte-
gral darstellen. Nach Bild 2.1 sind die miteinander zu faltenden
Funktionen die nicht als kausal vorausgesetzte Impulsantwort $h(t)$
und das von der Quelle gelieferte Signal $a(t)$:

$$d(t) = \int_{-\infty}^{+\infty} h(\alpha)\ a(t-\alpha)\ d\alpha \quad . \tag{21.10}$$

Setzt man nun $\hat{d}(t)$ nach (21.9) und $d(t)$ nach (21.10) in (21.8)
ein, so folgt:

$$E\left(\left(\int_0^\infty a_0(\alpha)\ r(t-\alpha)\ d\alpha - \int_{-\infty}^{+\infty} h(\alpha)\ a(t-\alpha)\ d\alpha\right)\cdot r(t-\beta)\right) = 0$$

$$\text{für } \beta \geq 0 \quad . \tag{21.11}$$

Vertauscht man Integration und Erwartungswertbildung, so erhält
man die gesuchte Bestimmungsgleichung für $a_0(t)$ in Form der
Wiener-Hopf-Integralgleichung:

$$\int_0^\infty a_0(\alpha)\ s_{rr}(\beta-\alpha)\ d\alpha - \int_{-\infty}^{+\infty} h(\alpha)\ s_{ar}(\beta-\alpha)\ d\alpha$$

$$= a_0(\beta) * s_{rr}(\beta) - h(\beta) * s_{ar}(\beta) = f(\beta) = 0$$

$$\text{für } \beta \geq 0 \tag{21.12}$$

mit den Korrelationsfunktionen

$$E(r(t-\alpha)\cdot r(t-\beta)) = s_{rr}(\beta-\alpha) \tag{21.13}$$

$$E(a(t-\alpha)\cdot r(t-\beta)) = s_{ar}(\beta-\alpha) \quad . \tag{21.14}$$

Diese Korrelationsfunktionen lassen sich mit Hilfe von (21.3),
(21.4) und (21.5) berechnen:

$$s_{rr}(\beta-\alpha) = s_{rr}(\tau)$$

$$= E((a(t)+n(t))\cdot(a(t-\tau)+n(t-\tau)))$$

$$= E(a(t)\cdot a(t-\tau)) + E(a(t)\cdot n(t-\tau))$$

$$+ E(n(t)\cdot a(t-\tau)) + E(n(t)\cdot n(t-\tau))$$

$$= s_{aa}(\tau) + s_{an}(\tau) + s_{na}(\tau) + s_{nn}(\tau)$$

$$= s_{aa}(\tau) + s_{an}(\tau) + s_{an}(-\tau) + s_{nn}(\tau) \quad \circ\!\!-\!\!\circ \quad S_{rr}(s)$$

$$(21.15)$$

$$s_{ar}(\beta-\alpha) = s_{ar}(\tau)$$

$$= E(a(t)\cdot(a(t-\tau)+n(t-\tau)))$$

$$= E(a(t)\cdot a(t-\tau)) + E(a(t)\cdot n(t-\tau))$$

$$= s_{aa}(\tau) + s_{an}(\tau) \quad \circ\!\!-\!\!\circ \quad S_{ar}(s) \quad . \quad (21.16)$$

Damit sind alle in der Wiener-Hopf-Gleichung (21.12) auftretenden Größen bekannt, so daß man sie zur Bestimmung von $a_0(t)$ verwenden kann.

Zur Lösung der Gleichung benutzt man die Tatsache, daß sie für $\beta \geq 0$ verschwindet, für $\beta < 0$ aber irgendwelche, von Null verschiedene Werte annehmen kann.

2.1.3 Lösung der Wiener-Hopf-Integralgleichung

Unterwirft man die Impulsantwort $a_0(t)$ eines stabilen kausalen Systems der Laplace-Transformation, so erhält man eine Systemfunktion $A_0(s)$, die in der gesamten rechten komplexen s-Halbebene analytisch, d.h. polfrei ist. Umgekehrt ist die Laplace-Transformierte $F(s)$ einer Funktion $f(t)$, die für $t \geq 0$ verschwindet, in der linken komplexen s-Halbebene analytisch. Rechts analytische Funktionen werden hier mit einem hochgestellten "+"-Zeichen charakterisiert. Ihre Pole liegen alle in der linken s-Halbebene, die zugehörigen Zeitfunktionen verschwinden für Zeiten $t < 0$. Ent­sprechend werden links analytische Funktionen mit einem hochge­stellen "-"-Zeichen gekennzeichnet, alle ihre Pole liegen in der rechten komplexen s-Halbebene, und die zugehörigen Zeitfunktionen verschwinden für Zeiten $t > 0$. Bildet man die Laplace-Transformierte der Wiener-Hopf-Integralgleichung, so muß der Ausdruck

$$A_0(s) \cdot S_{rr}(s) - H(s) \cdot S_{ar}(s) = F(s) = F^-(s) \qquad (21.17)$$

wegen des Geltungsbereichs von (21.12) in der ganzen linken s-Halbebene analytisch sein.

Wegen der Symmetrieeigenschaften der Autokorrelationsfunktion $s_{rr}(\tau)$ bezüglich $\tau=0$ ist die zugehörige Leistungsdichte $S_{rr}(s)$ symmetrisch bezüglich $s=0$. Deshalb kann man $S_{rr}(s)$ in einen in der rechten Halbebene analytischen Anteil $S_{rr}^+(s)$ und einen in der linken Halbebene analytischen Anteil $S_{rr}^-(s)$ aufspalten. Dann gilt:

$$S_{rr}(s) = S_{rr}^+(s) \cdot S_{rr}^-(s) \qquad (21.18)$$

$$S_{rr}^-(s) = S_{rr}^+(-s) \qquad . \qquad (21.19)$$

Der zweite Summand in (21.17) soll in folgender Weise zerlegt werden:

$$H(s) \cdot S_{ar}(s) = S_{rr}^-(s) \cdot Y(s) \qquad . \qquad (21.20)$$

Der Anteil $S_{rr}^-(s)$ ist aus (21.19) bestimmbar. Für die Restfunktion $Y(s)$ gilt damit:

$$Y(s) = \frac{H(s) \cdot S_{ar}(s)}{S_{rr}^-(s)} \qquad . \qquad (21.21)$$

Setzt man $S_{rr}(s)$ nach (21.18) und (21.20) in (21.17) ein, so folgt:

$$(A_0(s) \cdot S_{rr}^+(s) - Y(s)) \cdot S_{rr}^-(s) = F(s) = F^-(s) \qquad . \qquad (21.22)$$

Dieser gesamte Ausdruck soll links analytisch sein, aber nur der abgespaltene Faktor $S_{rr}^-(s)$ erfüllt diese Bedingung. Nun sind $A_0(s)$ und $S_{rr}^+(s)$ nach Voraussetzung rechts analytisch. $Y(s)$ kann man aber in eine Summe von rechts und links analytischen Anteilen zerlegen. Aus (21.21) folgt:

$$Y(s) = Y^+(s) + Y^-(s)$$

$$= \left[\frac{H(s) \cdot S_{ar}(s)}{S_{rr}^-(s)} \right]^+ + \left[\frac{H(s) \cdot S_{ar}(s)}{S_{rr}^-(s)} \right]^- \qquad . \qquad (21.23)$$

Damit (21.22) links analytisch wird, müssen alle Anteile, die rechts analytisch sind, verschwinden, d.h. es muß

$$A_0(s) \; S_{rr}^+(s) \; - \; \left[\frac{H(s) \cdot S_{ar}(s)}{S_{rr}^-(s)} \right]^+ \; = \; 0 \quad . \tag{21.24}$$

gelten. Für $A_0(s)$ folgt daraus:

$$A_0(s) \; = \; \frac{1}{S_{rr}^+(s)} \; \cdot \; \left[\frac{H(s) \cdot S_{ar}(s)}{S_{rr}^-(s)} \right]^+ \quad . \tag{21.25}$$

Damit ist eine Bestimmungsgleichung für die Systemfunktion $A_0(s)$ des Wiener-Filters gefunden. Um sie aus den gegebenen Größen $S_{rr}(s)$, $S_{ar}(s)$ und $H(s)$ zu berechnen, sind folgende Schritte nötig:

1. Man zerlegt $S_{rr}(s)$ jeweils in einen Anteil, der in der rechten bzw. in der linken komplexen s-Halbebene analytisch ist. Dazu faßt man alle Pole **und** Nullstellen in der linken Halbebene zu $S_{rr}^+(s)$, alle Pole **und** Nullstellen in der rechten Halbebene zu $S_{rr}^-(s)$ zusammen.

2. Man vertauscht die Pole und Nullstellen von $S_{rr}^+(s)$, um dessen Kehrwert zu bestimmen.

3. Man faßt $H(s)$, $S_{ar}(s)$ und $1/S_{rr}^-(s)$ zu einer Restfunktion $Y(s)$ zusammen. Für einfache Pole von $Y(s)$ z.B. gilt [2]:

$$Y(s) \; = \; \sum_{i=1}^{n} \frac{R_i}{s-s_{\infty i}} \; = \; \sum_{i=1}^{n^+} \frac{R_i}{s-s_{\infty i}} \; + \; \sum_{i=1}^{n^-} \frac{R_i}{s-s_{\infty i}} \quad . \tag{21.26}$$

Alle Summanden mit Polstellen $s_{\infty i}$ in der linken s-Halbebene werden zu $Y^+(s)$ zusammengefaßt:

$$Y^+(s) \; = \; \sum_{i=1}^{n^+} \frac{R_i}{s-s_{\infty i}} \tag{21.27}$$

Bei mehrfachen Polen gilt eine entsprechende Herleitung.

4. Das Produkt aus $1/S_{rr}^+(s)$ und $Y^+(s)$ ergibt die gesuchte Systemfunktion $A_0(s)$ des Wiener-Filters.

Tab. 2.1 Wiener-Filter, Bezeichnungen

===

Gegeben:

Gestörtes Empfangssignal	$r(\alpha) = a(\alpha) + n(\alpha)$
	$-\infty < \alpha \leq t$
Autokorrelationsfunktionen	$s_{aa}(\tau) \quad \circ\!\!-\!\!\circ \quad S_{aa}(s)$
von Signal und Störung	$s_{nn}(\tau) \quad \circ\!\!-\!\!\circ \quad S_{nn}(s)$
Kreuzkorrelationsfunktion	$s_{an}(\tau) \quad \circ\!\!-\!\!\circ \quad S_{an}(s)$
für Signal und Störung	

Impulsantwort h(t) des Systems $\qquad$ $h(t) \quad \circ\!\!-\!\!\circ \quad H(s)$
zur Erzeugung des gewünschten
Signals d(t)
(System auch nichtkausal) $\qquad\qquad d(t) = \int_{-\infty}^{+\infty} h(\tau)\, a(t-\tau)\, d\tau$

Gesucht:

Impulsantwort $a_0(t)$ des $\qquad$ $a_0(t) \quad \circ\!\!-\!\!\circ \quad A_0(s)$
Optimalfilters zur Erzeugung
des Schätzsignals $\hat{d}(t)$
(System kausal) $\qquad\qquad\qquad \hat{d}(t) = \int_0^{\infty} a_0(\alpha)\, r(t-\alpha)\, d\alpha$

Minimale Fehlervarianz $\qquad\qquad s_{ee}(0) = E((\hat{d}(t) - d(t))^2)$

Lösungsansatz:

Für das optimale Filter, das den mittleren quadratischen Schätzfehler zum Minimum macht, gilt das **Orthogonalitätsprinzip**:

$$E(e(t)\cdot r(t-\beta)) = E((\hat{d}(t)-d(t))\cdot r(t-\beta)) = 0 \qquad \text{für } \beta \geq 0$$

Für negative Zeiten β kann der Ausdruck einen beliebigen Wert
annehmen. Da der Schätzwert $\hat{d}(t)$ von der gesuchten Impulsantwort
$a_0(t)$ des Wiener-Filters abhängt, liefert das Orthogonalitäts-
theorem eine implizite Lösung für $a_0(t)$.

===

Das hier geschilderte Verfahren läßt sich nur dann anwenden, wenn
Y(s) eine gebrochen rationale Funktion in s ist. Das ist aber
nicht der Fall, wenn H(s) nach (21.7) für $\delta \neq 0$ berechnet wird.

In diesem Fall, d.h. bei Prädiktion und Interpolation, ist Y(s)
zunächst in den Zeitbereich zu transformieren und die zugehörige
Zeitfunktion y(t) in einen Anteil für t<0 und einen für t≥0
aufzuspalten, die man mit $y^-(t)$ bzw. $y^+(t)$ bezeichnet. Durch
Rücktransformation von $y^+(t)$ in den Frequenzbereich erhält man
dann $Y^+(s)$, mit dessen Hilfe man nach (21.25) die Übertragungsfunktion $A_0(s)$ des Wiener-Filters berechnen kann. Auf dieses
Verfahren wird genauer im Abschnitt 2.3.1 eingegangen.

Es ist zu bemerken, daß das hier genannte Verfahren zur Lösung
der Wiener-Hopf-Integralgleichung nur dann zum Ziel führt, wenn
die Leistungsdichte $S_{rr}(s)$ als gebrochen rationale Funktion zur
Verfügung steht. Geht man davon aus, daß häufig nur Meßdaten von
r(t) zur Verfügung stehen, so müßte zunächst eine Modellierung
der Leistungsdichte $S_{rr}(s)$ erfolgen. Andernfalls müßte man die
Wiener-Hopf-Integralgleichung numerisch lösen. Eine weitere Mög-
lichkeit besteht darin, auf die Kausalität bei der Lösung
zunächst zu verzichten, indem man den Ausdruck (21.17) zu Null
setzt und nach der gesuchten Systemfunktion $A_0(s)$ auflöst:

$$A_0(s) = \frac{H(s) \cdot S_{ar}(s)}{S_{rr}(s)} \quad . \qquad (21.28)$$

Die so gewonnene Systemfunktion ist wegen der in $S_{rr}(s)$ und H(s)
enthaltenen links analytischen Anteile nicht kausal und entspricht dem später näher beschriebenen Infinite-Lag-Filter, das
sich durch eine entsprechend große Laufzeit praktisch kausal
machen läßt. Eine Lösung, die auf diesem Ansatz beruht, wird in
Abschnitt 2.4.2 näher betrachtet.

2.1.4 Minimaler mittlerer quadratischer Schätzfehler

Der mittlere quadratische Schätzfehler nach (1.5) ist gegeben
durch

$$E((\hat{d}(t) - d(t))^2) = s_{ee}(0) \quad , \qquad (21.29)$$

ist also durch die Autokorrelationsfunktion $s_{ee}(\tau)$ des Schätz-
fehlerprozesses $e(t)$ für $\tau=0$ bestimmt.

Der mittlere quadratische Schätzfehler soll hier als Funktion der optimalen Impulsantwort $a_0(t)$ des Wiener-Filters nach Abschnitt 2.1.3 angegeben werden.

Setzt man $\hat{d}(t)$ nach (21.9) und $d(t)$ nach (21.10) in (21.29) ein, so folgt:

$$s_{ee}(0) = E((\hat{d}(t) - d(t))^2)$$

$$= E((\int_0^\infty a_0(\beta)\ r(t-\beta)\ d\beta - \int_{-\infty}^{+\infty} h(\beta)\ a(t-\beta)\ d\beta)$$

$$\cdot (\int_0^\infty a_0(\alpha)\ r(t-\alpha)\ d\alpha - \int_{-\infty}^{+\infty} h(\alpha)\ a(t-\alpha)\ d\alpha))$$

$$= E(\int_0^\infty a_0(\beta)\cdot (\int_0^\infty a_0(\alpha)\ r(t-\alpha)\ d\alpha$$

$$\underline{- \int_{-\infty}^{+\infty} h(\alpha)\ a(t-\alpha)\ d\alpha)\cdot r(t-\beta)\ d\beta)}$$

$$- E(\int_{-\infty}^{+\infty} h(\beta)\cdot (\int_0^\infty a_0(\alpha)\ r(t-\alpha)\ d\alpha$$

$$- \int_{-\infty}^{+\infty} h(\alpha)\ a(t-\alpha)\ d\alpha)\cdot a(t-\beta)\ d\beta) \quad .$$

$$(21.30)$$

Vertauscht man die Bildung des Erwartungswertes mit der Integration, erhält man im ersten Summanden den der Wiener-Hopf-Gleichung (21.11) entsprechenden und in (21.30) unterstrichenen Ausdruck, der von einem Integral umschlossen wird, das für $\beta \geq 0$ auszuführen ist. Weil die Wiener-Hopf-Integralgleichung aber für $\beta \geq 0$ verschwindet, sofern für $a_0(\alpha)$ die Impulsantwort des optimalen Systems nach (21.25) eingesetzt wird, muß der erste Summand in (21.30) verschwinden.

Für den minimalen mittleren quadratischen Fehler erhält man damit aber:

$$s_{ee}(0) = \int_{-\infty}^{+\infty} \int_{-\infty}^{+\infty} h(\beta)\ h(\alpha)\ s_{aa}(\beta-\alpha)\ d\alpha\ d\beta$$

$$- \int_{-\infty}^{+\infty} \int_0^\infty h(\beta)\, a_0(\alpha)\, s_{ra}(\beta-\alpha)\, d\alpha\, d\beta \quad . \tag{21.31}$$

Verwendet man noch die aus der Wiener-Hopf-Integralgleichung (21.12) abgeleitete Beziehung

$$\int_{-\infty}^{+\infty} h(\beta)\, s_{ra}(\beta-\alpha)\, d\beta = \int_{-\infty}^{+\infty} h(\beta)\, s_{ar}(\alpha-\beta)\, d\beta$$

$$= \int_0^\infty a_0(\beta)\, s_{rr}(\beta-\alpha)\, d\beta \qquad \text{für } \alpha \geq 0 \quad , \tag{21.32}$$

so erhält man für den Schätzfehler die Form

$$s_{ee}(0) = \int_{-\infty}^{+\infty} \int_{-\infty}^{+\infty} h(\beta)\, h(\alpha)\, s_{aa}(\beta-\alpha)\, d\alpha\, d\beta$$

$$- \int_0^\infty \int_0^\infty a_0(\beta)\, a_0(\alpha)\, s_{rr}(\beta-\alpha)\, d\alpha\, d\beta \quad . \tag{21.33}$$

Man erkennt, daß der Schätzfehler nicht nur von $a_0(t)$, der Impulsantwort des optimalen Systems, sondern auch von $h(t)$, der Impulsantwort desjenigen Systems abhängt, das aus $a(t)$ das gewünschte Signal $d(t)$ formt. Der genaue Zahlenwert von $s_{ee}(0)$ läßt sich deshalb nur dann berechnen, wenn $h(t)$ z.B. nach (21.6) festgelegt wird.

2.2 Wiener-Filter für zeitdiskrete stationäre Prozesse

Aus Gründen der geforderten Genauigkeit ist es problematisch, Wiener-Filter als kontinuierliche Systeme zu realisieren. Da heute leistungsfähige Signalprozessoren angeboten werden, wird man deshalb die Realisierung als digitales System vorziehen. Aus diesem Grunde soll nun für zeitdiskrete Signale das entsprechende optimale Filter zur Signalschätzung hergeleitet werden, wie dies im vorausgehenden Abschnitt für kontinuierliche Signale geschah.

Für den Zeitparameter ist zunächst $\tau=kT$ zu setzen, wobei T die konstante Zeitdifferenz zweier aufeinanderfolgender Abtastwerte und k eine ganze Zahl ist. Der Abtastwert eines zeitdiskreten

Tab. 2.2   Wiener-Hopf-Integralgleichung

Für die Impulsantwort $a_0(t)$ des optimalen Wiener-Filters gilt die
Wiener-Hopf-Integralgleichung:

$$\int_0^\infty a_0(\alpha)\, s_{rr}(\beta-\alpha)\, d\alpha - \int_{-\infty}^{+\infty} h(\alpha)\, s_{ar}(\beta-\alpha)\, d\alpha = 0$$

$$\text{für } \beta \geq 0$$

Korrelationsfunktionen in der Wiener-Hopf-Integralgleichung:

$$s_{rr}(\tau) = s_{aa}(\tau) + s_{an}(\tau) + s_{an}(-\tau) + s_{nn}(\tau)$$

$$s_{rr}(\tau) \quad 0\!\!-\!\!o \quad S_{rr}(s)$$

$$s_{ar}(\tau) = s_{aa}(\tau) + s_{an}(\tau)$$

$$s_{ar}(\tau) \quad 0\!\!-\!\!o \quad S_{ar}(s)$$

Systemfunktion des optimalen Wiener-Filters:

$$A_0(s) = \frac{1}{S_{rr}^+(s)} \cdot \left[\frac{H(s) \cdot S_{ar}(s)}{S_{rr}^-(s)} \right]^+$$

"+" bzw. "-" bezeichnet den Teil der Funktion, der in der rechten
bzw. linken s-Halbebene analytisch ist.

Minimaler mittlerer quadratischer Schätzfehler:

$$s_{ee}(0) = \int_{-\infty}^{+\infty} \int_{-\infty}^{+\infty} h(\beta)\, h(\alpha)\, s_{aa}(\beta-\alpha)\, d\alpha\, d\beta$$

$$- \int_0^\infty \int_0^\infty a_0(\beta)\, a_0(\alpha)\, s_{rr}(\beta-\alpha)\, d\alpha\, d\beta$$

mit der Impulsantwort $a_0(t)$ des optimalen Wiener-Filters und der
Impulsantwort $h(t)$ des Vergleichssystems zur Modellierung von
Filterung, Prädiktion und Interpolation.

Signals zum Zeitpunkt τ=kT ist also x(kT). Das gesamte Signal ist
durch die Menge der Abtastwerte

$$\{x(kT)\} \quad -\infty < k < +\infty \qquad\qquad (22.1)$$

gegeben.

Diese Bezeichnungsweise ist recht umständlich. Deshalb soll hier
das zeitdiskrete Signal durch die vereinfachte Darstellung eines
Abtastwertes, nämlich durch x(k) angegeben werden. Der bei allen
Abtastwerten gleiche Takt T und die Mengenklammern werden weggelassen.

Zur Transformation zeitdiskreter Signale in die komplexe z-Ebene
verwendet man die z-Transformation [16]. Für die z-Transformierte
des Signals nach (22.1) erhält man :

$$X(z) = \sum_{k=-\infty}^{\infty} x(k) \, z^{-k} \quad . \qquad\qquad (22.2)$$

Dabei handelt es sich um die zweiseitige z-Transformation, mit
der das Signal x(k) im gesamten Zeitintervall $-\infty < k < +\infty$ transfor-
miert wird.

Der Zusammenhang der z-Transformation mit der Laplace-Transformation wird durch die Beziehung

$$z = e^{sT} \qquad\qquad (22.3)$$

gegeben, wobei T der zeitliche Abstand der aufeinanderfolgenden
Abtastwerte der Zeitfunktion ist. Durch diese Vorschrift wird die
s-Ebene konform in die z-Ebene abgebildet: Die gesamte linke s-
Halbebene wird in das Innere des Einheitskreises in der z-Ebene
abgebildet, die rechte s-Halbebene liegt außerhalb dieses
Kreises.

Auf Grund dieser Zusammenhänge ist es leicht möglich, die Überlegungen und Ergebnisse für kontinuierliche Wiener-Filter auf zeitdiskrete Filter zu übertragen. Auch hier ist dasjenige Filter
gesucht, das den mittleren quadratischen Fehler, die Abweichung
zwischen dem vom Filter geschätzten Signal $\hat{d}(k)$ und einem vorgegebenen Signal d(k), zum Minimum macht.

2.2.1 Aufgabenstellung und Annahmen

Die Voraussetzungen, die bei der Schätzung kontinuierlicher Signale gemacht wurden, gelten für die zeitdiskreten Signale in entsprechender Weise.

Ersetzt man in Bild 2.1 die kontinuierlichen Signale durch die zugehörigen zeitdiskreten Signale und ersetzt die Laplace-Transformierten durch die dann geltenden z-Transformierten, so erhält man Bild 2.2.

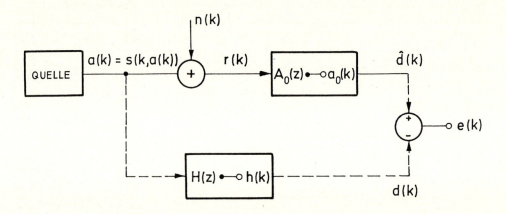

Bild 2.2   Zeitinvariante Signalschätzung zeitdiskreter Signale

Gesucht ist auch hier die Impulsantwort $a_0(k)$ des linearen Filters, das auf eine minimale mittlere quadratische Abweichung zwischen dem geschätzten Signal $\hat{d}(k)$ und dem vorgegebenen Signal $d(k)$ führt. Da das Filter kausal sein soll, muß

$$a_0(k) = 0 \qquad \text{für } k < 0 \qquad\qquad (22.4)$$

gelten. Das gestörte Eingangssignal des Filters ist

$$r(k) = a(k) + n(k) \quad . \qquad\qquad (22.5)$$

Für die mindestens schwach stationären Prozesse $a(k)$ und $n(k)$ kennt man die Autokorrelationsfunktionen und Leistungsdichten

$$s_{aa}(j) = E(a(k) \cdot a(k-j)) \quad 0\!\!-\!\!o \quad S_{aa}(z) \qquad\qquad (22.6)$$

$$s_{nn}(j) = E(n(k) \cdot n(k-j)) \quad 0\!\!-\!\!o \quad S_{nn}(z) \qquad\qquad (22.7)$$

sowie die Kreuzkorrelationsfunktion und Kreuzleistungsdichte

$$s_{an}(j) = E(a(k) \cdot n(k-j)) \quad 0\!-\!\!\!-\!\!o \quad S_{an}(z) \quad . \tag{22.8}$$

Für die drei Fälle Filterung, Prädiktion und Interpolation wird
hier das System, das bei Einspeisung von a(k) das gewünschte
Signal d(k) liefert, durch

$$h(k) = \delta_0(k+\delta) \quad 0\!-\!\!\!-\!\!o \quad H(z) = z^{+\delta} \tag{22.9}$$

beschrieben. Dabei ist δ eine ganze Zahl. Für $\delta=0$ beschreibt
(22.9) die Filterung, für $\delta>0$ die Prädiktion und für $\delta<0$ die
Interpolation des Signals a(k).

2.2.2 Berechnung des optimalen zeitdiskreten Filters

Für das zeitdiskrete Filter, das auf ein Minimum der mittleren
quadratischen Abweichung zwischen dem geschätzten Signal $\hat{d}(k)$ und
dem gewünschten Signal d(k) führt, nimmt das Orthogonalitätsprinzip nach (21.8) die Form

$$E(e(k) \cdot r(k-j)) = E((\hat{d}(k)-d(k)) \cdot r(k-j)) = 0 \tag{22.10}$$

$$\text{für } -\infty < k-j = i \leq k \text{ bzw. } j \geq 0$$

an. Das gestörte Empfangssignal r(i) ist dabei im Intervall
$-\infty<i\leq k$ verfügbar.

Das geschätzte Signal $\hat{d}(k)$ entsteht bei Einspeisung von r(k) in
das zu berechnende Filter mit der Impulsantwort $a_0(k)$:

$$\hat{d}(k) = \sum_{i=0}^{\infty} a_0(i) \, r(k-i) \quad . \tag{22.11}$$

Wegen der Kausalität des Filters liegt die untere Grenze der
Summe bei $i=0$.

Das gewünschte Signal d(k) steht am Ausgang des Filters mit der
Impulsantwort h(k) zur Verfügung:

$$d(k) = \sum_{i=-\infty}^{\infty} h(i) \, a(k-i) \quad . \tag{22.12}$$

Weil dieses Filter auch den Fall der Prädiktion einschließen soll, liegt hier die untere Grenze der Summation bei $i=-\infty$.

Setzt man (22.11) und (22.12) in (22.10) ein, erhält man die der Wiener-Hopf-Integralgleichung entsprechende Beziehung für zeitdiskrete Signale:

$$E((\sum_{i=0}^{\infty} a_0(i)\ r(k-i) - \sum_{i=-\infty}^{\infty} h(i)\ a(k-i))\cdot r(k-j)) = 0$$

$$\text{für } j \geq 0 \qquad (22.13)$$

$$\sum_{i=0}^{\infty} a_0(i)\ s_{rr}(j-i) - \sum_{i=-\infty}^{\infty} h(i)\ s_{ar}(j-i)$$

$$= a_0(j) * s_{rr}(j) - h(j) * s_{ar}(j) = f(j) = 0$$

$$\text{für } j \geq 0 \qquad . \qquad (22.14)$$

Die Korrelationsfunktionen $s_{rr}(j)$ und $s_{ar}(j)$ berechnet man wie für den kontinuierlichen Fall in (21.15) und (21.16):

$$s_{rr}(j) = s_{aa}(j) + s_{an}(j) + s_{an}(-j) + s_{nn}(j) \quad 0\!\!-\!\!\circ \quad S_{rr}(z) \quad (22.15)$$

$$s_{ar}(j) = s_{aa}(j) + s_{an}(j) \quad 0\!\!-\!\!\circ \quad S_{ar}(z) \qquad . \qquad (22.16)$$

Zur Bestimmung der Impulsantwort $a_0(k)$ des optimalen Filters ist (22.14) nach $a_0(k)$ aufzulösen. Dabei geht man wie beim kontinuierlichen Filter vor.

Zunächst ist die z-Transformierte der Faltungssumme in (22.14) zu bilden:

$$A_0(z) \cdot S_{rr}(z) - H(z) \cdot S_{ar}(z) = F(z) = F^i(z) \qquad . \qquad (22.17)$$

Der Ausdruck (22.14) ist eine Funktion von j und soll für $j \geq 0$ verschwinden. Im kontinuierlichen Fall hatte die entsprechende Forderung die Folge, daß die Laplace-Transformierte der Wiener-Hopf-Gleichung eine in der gesamten linken s-Halbebene analytische Funktion sein mußte. Durch die Beziehung (22.3) wird aber die linke s-Halbebene in das Innere des Einheitskreises der z-Ebene, die rechte s-Halbebene in das Äußere des Einheitskreises abgebildet (siehe Bild 2.3). Deshalb muß die Funktion F(z) nach (22.17) im Inneren des Einheitskreises der z-Ebene analytisch sein. Außerhalb des Einheitskreises analytische Funktionen werden hier mit einem hochgestellten "a" bezeichnet. Ihre Pole liegen

alle innerhalb des Einheitskreises, die zugehörigen Zeitfunktionen verschwinden für Zeiten k<0. Innerhalb des Einheitskreises
analytische Funktionen kennzeichnet ein hochgestelltes "i", alle
ihre Pole liegen außerhalb des Einheitskreises, und die zugehörigen Zeitfunktionen verschwinden für k>0.

Um durch Wahl von $A_0(z)$ zu erreichen, daß $F(z)$ in (22.17) eine im
Innern des Einheitskreises analytische Funktion wird, verwendet
man eine dem kontinuierlichen Fall entsprechende Herleitung.
Dabei zerlegt man die Leistungsdichte $S_{rr}(z)$ in das Produkt aus
einem Anteil $S_{rr}^i(z)$, der innerhalb, und einem Anteil $S_{rr}^a(z)$, der
außerhalb des Einheitskreises analytisch ist, d.h. dort keine
Singularitäten oder Polstellen besitzt:

$$S_{rr}(z) = S_{rr}^i(z) \cdot S_{rr}^a(z) \qquad (22.18)$$

mit

$$S_{rr}^i(z) = S_{rr}^a(z^{-1}) \quad . \qquad (22.19)$$

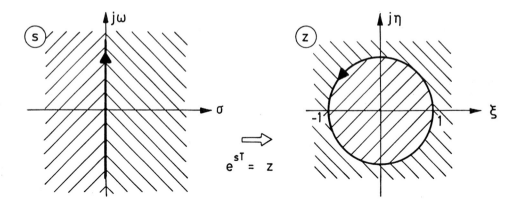

Bild 2.3   Abbildung der s-Ebene in die z-Ebene

Ferner setzt man

$$H(z) \cdot S_{ar}(z) = S_{rr}^i(z) \cdot Y(z) \quad , \qquad (22.20)$$

so daß für (22.17) gilt:

$$(A_0(z) \cdot S_{rr}^a(z) - Y(z)) \cdot S_{rr}^i(z) = 0 \quad . \qquad (22.21)$$

Da der gesamte Ausdruck innerhalb des Einheitskreises analytisch sein soll, muß dies auch für den Ausdruck in der Klammer gelten. Dazu spaltet man $Y(z)$ in die Summe zweier Anteile auf, die innerhalb bzw. außerhalb des Einheitskreises analytisch sind. Mit (22.20) gilt:

$$Y(z) = Y^i(z) + Y^a(z)$$

$$= \left[\frac{H(z) \cdot S_{ar}(z)}{S^i_{rr}(z)} \right]^i + \left[\frac{H(z) \cdot S_{ar}(z)}{S^i_{rr}(z)} \right]^a . \qquad (22.22)$$

Damit ist der Anteil des Klammerausdrucks in (22.21), der außerhalb des Einheitskreises analytisch ist und deshalb verschwinden soll:

$$A_0(z) \, S^a_{rr}(z) - Y^a(z) = 0 . \qquad (22.23)$$

Dabei ist $A_0(z)$ wegen (22.4) außerhalb des Einheitskreises analytisch.

Aus (22.23) folgt mit (22.22) für die z-Transformierte der Impulsantwort des gesuchten optimalen Filters:

$$A_0(z) = \frac{1}{S^a_{rr}(z)} \left[\frac{H(z) \cdot S_{ar}(z)}{S^i_{rr}(z)} \right]^a . \qquad (22.24)$$

Um die Impulsantwort $a_0(k)$ des Filters zu erhalten, ist dieser Ausdruck in den Zeitbereich zurückzutransformieren. Dazu ist die Kenntnis der Leistungsdichten und der Systemfunktion $H(z)$ erforderlich. Weil hier keine speziellen Annahmen für diese Größen gemacht werden sollen, stellt (22.24) die Lösung des gegebenen Problems dar.

2.2.3 Minimaler mittlerer quadratischer Schätzfehler

Analog zu (21.29) gilt für den mittleren quadratischen Schätzfehler zeitdiskreter Signale:

$$E((\hat{d}(k) - d(k))^2) = s_{ee}(0) . \qquad (22.25)$$

Zur Berechnung dieses Fehlers setzt man $\hat{d}(k)$ nach (22.11) und $d(k)$ nach (22.12) in (22.25) ein. Dadurch wird der Fehler $s_{ee}(0)$ eine Funktion der Impulsantwort $a_0(k)$:

$$s_{ee}(0) = E((\sum_{i=0}^{\infty} a_0(i)\, r(k-i) - \sum_{i=-\infty}^{\infty} h(i)\, a(k-i))$$

$$\cdot(\sum_{j=0}^{\infty} a_0(j)\, r(k-j) - \sum_{j=-\infty}^{\infty} h(j)\, a(k-j))) \qquad . \quad (22.26)$$

Nimmt man an, daß $a_0(k)$ die Impulsantwort des optimalen Filters ist, dann wird $s_{ee}(0)$ zum Minimum. Ferner gilt dann die der Wiener-Hopf-Integralgleichung entsprechende Beziehung (22.13), so daß für $s_{ee}(0)$ folgt:

$$s_{ee}(0) = E(\sum_{i=0}^{\infty} a_0(i) \cdot (\sum_{j=0}^{\infty} a_0(j) r(k-j) - \sum_{j=-\infty}^{\infty} h(j) a(k-j)) \cdot r(k-i))$$

$$- E(\sum_{i=-\infty}^{\infty} h(i) \cdot (\sum_{j=0}^{\infty} a_0(j) r(k-j) - \sum_{j=-\infty}^{\infty} h(j) a(k-j)) \cdot a(k-i))$$

$$= E(\sum_{i=-\infty}^{\infty} h(i)$$

$$\cdot (\sum_{j=-\infty}^{\infty} h(j)\, a(k-j) - \sum_{j=0}^{\infty} a_0(j)\, r(k-j)) \cdot a(k-i))$$

$$= \sum_{i=-\infty}^{\infty} \sum_{j=-\infty}^{\infty} h(i)\, h(j)\, s_{aa}(j-i)$$

$$- \sum_{i=0}^{\infty} \sum_{j=0}^{\infty} a_0(i)\, a_0(j)\, s_{rr}(j-i) \qquad . \qquad (22.27)$$

Der erste Summand im ersten Teil der Gleichung verschwindet wie in (21.30), weil er die der Wiener-Hopf-Integralgleichung entsprechende Beziehung (22.13) enthält und weil die diesen Ausdruck umschließende Summe für $i \geq 0$ gebildet wird. Ferner wurde die Beziehung (22.13) dazu verwendet, um den Ausdruck für den Schätzfehler zu vereinfachen.

Damit ist eine Formel für den mittleren quadratischen Schätzfehler bei der Schätzung zeitdiskreter Signale gefunden. Seine Auswertung hängt auch hier von der Wahl von $h(k)$ ab, das eine der

Tab. 2.3   Wiener-Filter für zeitdiskrete Prozesse

Es gelten die für zeitdiskrete Signale entsprechend formulierten Voraussetzungen von Tabelle 2.1. Die Zeitparameter sind statt t und τ nun k und j, die Integrale sind durch Summen zu ersetzen.

Gesucht ist das lineare zeitinvariante kausale Filter für zeitdiskrete Signale, das die Abweichung zwischen geschätztem und gewünschtem Signal im quadratischen Mittel zum Minimum macht.

Der Wiener-Hopf-Integralgleichung entspricht

$$\sum_{i=0}^{\infty} a_0(i)\, s_{rr}(j-i) - \sum_{i=-\infty}^{\infty} h(i)\, s_{ar}(j-i) = 0$$

$$\text{für } j \geq 0$$

Systemfunktion des zeitdiskreten Optimalfilters:

$$A_0(z) = \frac{1}{S_{rr}^a(z)} \left[\frac{H(z) \cdot S_{ar}(z)}{S_{rr}^i(z)} \right]^a$$

"a" bzw. "i" bezeichnet den Teil einer Funktion, der außerhalb bzw. innerhalb des Einheitskreises der z-Ebene analytisch ist.

Minimaler mittlerer quadratischer Schätzfehler:

$$s_{ee}(0) = \sum_{i=-\infty}^{\infty} \sum_{j=-\infty}^{\infty} h(i)\, h(j)\, s_{aa}(j-i)$$

$$- \sum_{i=0}^{\infty} \sum_{j=0}^{\infty} a_0(i)\, a_0(j)\, s_{rr}(j-i)$$

Formen nach (22.9) annehmen kann.

Vergleicht man die Ergebnisse für das Wiener-Filter bei kontinuierlichen und das Filter bei zeitdiskreten Prozessen miteinander,
so stellt man weitgehende Übereinstimmung fest (siehe auch
Tab. 2.2 und Tab. 2.3). An die Stelle der Integrale treten bei
dem zeitdiskreten Wiener-Filter Summen, und statt der rechts-
bzw. linksseitig analytischen Funktionen treten solche auf, die
außerhalb bzw. innerhalb des Einheitskreises analytisch sind. Der
Vorteil der zeitdiskreten Wiener-Filter bei der Berechnung des
jeweils analytischen Anteils besteht darin, daß hier stets gebrochen rationale Funktionen in z auftreten, so daß man die Berechnung der Systemfunktion stets im Frequenzbereich ausführen
könnte. Ein später folgendes Anwendungsbeispiel zeigt jedoch, daß
auch hier die Berechnung im Zeitbereich günstiger sein kann.

2.3 Eigenschaften von Wiener-Filtern

In diesem Abschnitt sollen die Eigenschaften von Wiener-Filtern
bei Filterung, Prädiktion und Interpolation an einem einfachen
kontinuierlichen Signalprozeß gezeigt werden. Die dabei gewonnenen Ergebnisse gelten aber ebenso für zeitdiskrete Wiener-Filter,
für die ein Anwendungsbeispiel in Abschnitt 2.4 folgt.

Ferner wird ein Vergleich zwischen einem optimalen Wiener-Filter
und einem Filter zur Störunterdrückung gezogen, bei dem konven-
tionelle Entwurfsgesichtspunkte - Trennung von einem Nutzsignal
gegenüber einem breitbandigen Hintergrundrauschen - herangezogen
werden.

2.3.1 Schätzung einfacher Signalprozesse

Der Fehler bei der Signalschätzung wird wesentlich von den Para-
metern des Quellenprozesses beeinflußt. Parameter sind u.a. die
Bandbreite des Quellenprozesses, das Signal-zu-Rauschverhältnis
und die Prädiktions- bzw. Interpolationszeit.

Das Modell für die hier gestellte Aufgabe zeigt Bild 2.4. Gesucht
wird dabei die Impulsantwort $a_0(t)$ des optimalen Wiener-Filters

38

für die drei Signalschätzaufgaben Prädiktion, Filterung und Interpolation unter Verwendung der Korrelationsfunktionen von Quel-
len- und Störsignal. Es wird angenommen, daß Quellen- und Störprozeß nicht miteinander korreliert sind.

Das Nutzsignal a(t), eine Musterfunktion des Quellenprozesses
a(t), entsteht durch Transformation des weißen Prozesses u(t) mit
einem Formfilter, das die Impulsantwort g(t) besitzt. Für g(t)
gelte:

$$g(t) = b \cdot e^{-ct} \delta_{-1}(t) \qquad c \geq 0 \quad , \tag{23.1}$$

wobei $\delta_{-1}(t)$ den Einheitssprung bezeichnet.

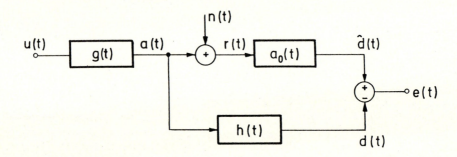

Bild 2.4   Modell zur Signalschätzung mit Wiener-Filtern

Daraus folgt für die Systemfunktion des Formfilters:

$$G(s) = \frac{b}{c+s} \quad . \tag{23.2}$$

Nimmt man an, daß der weiße Prozeß u(t) die Leistungsdichte
$U_w = U = 1$ besitzt, so gilt für die Leistungsdichte $S_{aa}(s)$ des
Nutzsignals

$$S_{aa}(s) = U \cdot G(s) \cdot G(-s)$$

$$= \frac{b}{c+s} \cdot \frac{b}{c-s} = \frac{b^2}{2c} \cdot \left(\frac{1}{c+s} + \frac{1}{c-s} \right) \tag{23.3}$$

im Konvergenzgebiet $-c < \mathrm{Re}\{s\} < +c$. Durch inverse Laplace-Transformation erhält man die Autokorrelationsfunktion $s_{aa}(\tau)$ des Nutzsignalprozesses:

$$s_{aa}(\tau) = \frac{b^2}{2c} (e^{-c\tau} \delta_{-1}(\tau) + e^{+c\tau} \delta_{-1}(-\tau))$$

$$= \frac{b^2}{2c} \cdot e^{-c|\tau|} \quad . \tag{23.4}$$

Der Störprozeß n(t) sei weiß mit der Rauschleistungsdichte $N_w = N$, so daß für seine Autokorrelationsfunktion

$$s_{nn}(\tau) = N \cdot \delta_0(\tau) \tag{23.5}$$

gilt. Das Vergleichssystem mit der Impulsantwort h(t) dient zur Simulation der Schätzaufgaben Filterung, Prädikation und Interpolation. Für h(t) kann man

$$h(t) = \delta_0(t+\delta) \begin{bmatrix} \delta < 0 & \text{Interpolation} \\ \delta = 0 & \text{Filterung} \\ \delta > 0 & \text{Prädiktion} \end{bmatrix} \tag{23.6}$$

schreiben und für die Systemfunktion

$$H(s) = e^{s\delta} \quad . \tag{23.7}$$

Mit diesen Angaben läßt sich das Wiener-Filter mit der Systemfunktion nach (21.25) berechnen:

$$A_0(s) = \frac{1}{S_{rr}^+(s)} \left[\frac{H(s) \, S_{ar}(s)}{S_{rr}^-(s)} \right]^+ \quad . \tag{23.8}$$

Für die Leistungsdichte des gestörten Empfangssignalprozesses r(t) gilt bei deren Berechnung über die zugehörige Autokorrelationsfunktion:

$$S_{rr}(s) \circ\!\!-\!\!0 \quad s_{rr}(\tau) = E(r(t) \cdot r(t-\tau))$$

$$= E((a(t)+n(t)) \cdot (a(t-\tau)+n(t-\tau)))$$

$$= s_{aa}(\tau) + s_{nn}(\tau)$$

$$S_{rr}(s) = S_{aa}(s) + S_{nn}(s) \quad , \tag{23.9}$$

wobei das Symbol $\circ\!\!-\!\!0$ die Laplace-Transformation beschreibt. Für die Kreuzleistungsdichte $S_{ar}(s)$ gilt wegen der Unkorreliertheit

40

der Prozesse $a(t)$ und $n(t)$ entsprechend:

$$S_{ar}(s) \quad \circ\!\!-\!\!0 \quad s_{ar}(\tau) = E(a(t) \cdot r(t-\tau))$$

$$= E(a(t) \cdot (a(t-\tau)+n(t-\tau)))$$

$$= s_{aa}(\tau)$$

$$S_{ar}(s) = S_{aa}(s) \qquad . \tag{23.10}$$

Aus (23.9) folgt mit (23.3) und (23.5) für die Leistungsdichte $S_{rr}(s)$ des gestörten Empfangssignalprozesses $r(t)$

$$S_{rr}(s) = \frac{b^2}{(c+s) \cdot (c-s)} + N = \frac{b^2 + N(c^2-s^2)}{(c+s) \cdot (c-s)}$$

$$= \frac{(b^2+N\cdot c^2)^{\frac{1}{2}} + (N)^{\frac{1}{2}} s}{c + s} \cdot \frac{(b^2+N\cdot c^2)^{\frac{1}{2}} - (N)^{\frac{1}{2}} s}{c - s}$$

$$= S_{rr}^{+}(s) \cdot S_{rr}^{-}(s) \tag{23.11}$$

sowie für die Kreuzleistungsdichte $S_{ar}(s)$ mit (23.10)

$$S_{ar}(s) = \frac{b^2}{(c+s) \cdot (c-s)} \qquad . \tag{23.12}$$

Zur Vereinfachung der Darstellung wird das Signal-zu-Rauschverhältnis æ eingeführt, d.h. der Quotient aus dem quadratischen Mittelwert $s_{aa}(0)$ des Signalprozesses und der Rauschleistung innerhalb der äquivalenten Rauschbandbreite F des Signalprozesses $a(t)$:

$$æ = \frac{s_{aa}(0)}{N \cdot F} \qquad . \tag{23.13}$$

Für die äquivalente Rauschbandbreite gilt mit Bild 2.5 und (23.4) bzw. (23.3):

$$\int_{-\infty}^{+\infty} S_{aa}(f)\, df = s_{aa}(0) = \frac{b^2}{2c} \overset{!}{=} F \cdot S_{aa}(s)\Big|_{s=0}$$

$$= F \cdot \frac{b^2}{c^2} \tag{23.14}$$

oder

$$F = \frac{c}{2} \qquad (23.15)$$

und schließlich für das Signal-zu-Rauschverhältnis mit der Definition nach (23.13)

$$æ = \frac{b^2}{c^2 \cdot N} \qquad . \qquad (23.16)$$

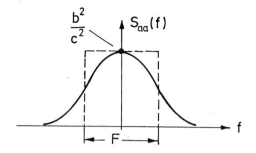

Bild 2.5   Zur Definition der äquivalenten Rauschbandbreite

Setzt man (23.7), (23.11) und (23.12) in (23.8) ein, so folgt für die Systemfunktion $A_0(s)$ des Wiener-Filters schließlich:

$$A_0(s) = \frac{c+s}{(N)^{\frac{1}{2}} \cdot (c(æ+1)^{\frac{1}{2}}+s)} \cdot \left[\frac{e^{s\delta} \cdot b^2}{(c+s) \cdot (N)^{\frac{1}{2}} \cdot (c(æ+1)^{\frac{1}{2}}-s)} \right]^+$$

$$= \frac{b^2}{N} \cdot \frac{c+s}{c(æ+1)^{\frac{1}{2}}+s} \cdot \left[\frac{e^{s\delta}}{(c+s) \cdot (c(æ+1)^{\frac{1}{2}}-s)} \right]^+ \qquad . \qquad (23.17)$$

Mit der Hilfsfunktion

$$X(s) = \frac{1}{(c+s) \cdot (c(æ+1)^{\frac{1}{2}}-s)}$$

$$= \frac{1}{c(1+(æ+1)^{\frac{1}{2}})} \cdot \left[\frac{1}{c(æ+1)^{\frac{1}{2}}-s} + \frac{1}{c+s} \right] \qquad (23.18)$$

bzw. ihrer inversen Laplace-Transformierten

$$x(t) = \frac{1}{c(1+(\text{æ}+1)^{\frac{1}{2}})} \cdot \left[\begin{array}{ll} e^{+c(\text{æ}+1)^{\frac{1}{2}}t} & t < 0 \\ e^{-ct} & t \geq 0 \end{array} \right. \tag{23.19}$$

und den Hilfsfunktionen

$$Y(s) = e^{s\delta} X(s) \quad \circ\!\!-\!\!\circ \quad y(t) = x(t+\delta) \tag{23.20}$$

$$Z(s) = \frac{b^2}{N} \frac{c+s}{c(\text{æ}+1)^{\frac{1}{2}}+s} = \text{æ} \cdot c^2 \frac{c+s}{c(\text{æ}+1)^{\frac{1}{2}}+s} \tag{23.21}$$

gilt weiter:

$$A_0(s) = Z(s) \cdot Y^+(s) \quad , \tag{23.22}$$

wobei nur der rechts analytische Anteil $Y^+(s)$ von den Signal-schätzfällen Filterung, Prädiktion oder Interpolation beeinflußt wird. Diese Signalschätzfälle sollen nun im einzelnen betrachtet werden.

Für den Fall der Filterung gilt mit $\delta=0$:

$$Y^+(s) = X^+(s) = \frac{1}{c(1+(\text{æ}+1)^{\frac{1}{2}})} \cdot \frac{1}{c+s} \quad . \tag{23.23}$$

Mit (23.21), (23.22) und (23.23) erhält man für die Systemfunktion des Wiener-Filters:

$$A_0(s) = \frac{b^2}{N} \cdot \frac{c+s}{c(\text{æ}+1)^{\frac{1}{2}}+s} \cdot \frac{1}{c(1+(\text{æ}+1)^{\frac{1}{2}})} \cdot \frac{1}{c+s}$$

$$= \frac{\text{æ} \cdot c}{1+(\text{æ}+1)^{\frac{1}{2}}} \cdot \frac{1}{c(\text{æ}+1)^{\frac{1}{2}}+s} \tag{23.24}$$

bzw. nach inverser Laplace-Transformation für dessen Impuls-antwort:

$$a_0(t) = \frac{\text{æ} \cdot c}{1+(\text{æ}+1)^{\frac{1}{2}}} \cdot e^{-c(\text{æ}+1)^{\frac{1}{2}}t} \quad t \geq 0 \quad . \tag{23.25}$$

Für den Fall der Prädiktion folgt mit $\delta > 0$ entsprechend:

$$y^+(t) = y(t) \cdot \delta_{-1}(t) = x(t+\delta) \cdot \delta_{-1}(t)$$

$$= \frac{1}{c(1+(\text{æ}+1)^{\frac{1}{2}})} \cdot e^{-c(t+\delta)} \, \delta_{-1}(t) \qquad\qquad (23.26)$$

und nach der Laplace-Transformation

$$Y^+(s) = \frac{e^{-c\delta}}{c(1+(\text{æ}+1)^{\frac{1}{2}})} \cdot \frac{1}{c+s} \qquad\qquad (23.27)$$

Für die Systemfunktion des Wiener-Filters gilt damit

$$A_0(s) = \frac{\text{æ}\cdot c\cdot e^{-c\delta}}{1+(\text{æ}+1)^{\frac{1}{2}}} \cdot \frac{1}{c(\text{æ}+1)^{\frac{1}{2}}+s} \qquad\qquad (23.28)$$

und für die zugehörige Impulsantwort

$$a_0(t) = \frac{\text{æ}\cdot c}{1+(\text{æ}+1)^{\frac{1}{2}}} \, e^{-c(\text{æ}+1)^{\frac{1}{2}}(t+\delta)} \qquad t \geq 0 \quad , \qquad (23.29)$$

d.h. die Impulsantwort bei Prädiktion unterscheidet sich gegenüber der bei Filterung nur um den Faktor $c^{-c\delta}$, der direkt von der Prädiktionszeit δ abhängt und wegen $\delta>0$ mit wachsendem δ kleiner wird.

Schließlich gilt für die Interpolation mit $\delta<0$:

$$y^+(t) = y(t)\cdot\delta_{-1}(t) = x(t+\delta)\cdot\delta_{-1}(t) = x(t-|\delta|)\cdot\delta_{-1}(t)$$

$$= \frac{1}{c(1+(\text{æ}+1)^{\frac{1}{2}})} \cdot \begin{bmatrix} 0 & t < 0 \\ e^{+c(\text{æ}+1)^{\frac{1}{2}}(t-|\delta|)} & 0 \leq t \leq |\delta| \\ e^{-c(t-|\delta|)} & |\delta| \leq t < \infty \end{bmatrix} .$$

$$\qquad\qquad (23.30)$$

Die Laplace-Transformation liefert für diesen Ausdruck:

$$Y^+(s) = \frac{1}{c(1+(\text{æ}+1)^{\frac{1}{2}})} \cdot [\int_0^{|\delta|} e^{+c(\text{æ}+1)^{\frac{1}{2}}(t-|\delta|)} \, e^{-st} \, dt$$

$$+ \int_{|\delta|}^{+\infty} e^{-c(t-|\delta|)} \, e^{-st} \, dt \,]$$

$$= \frac{1}{c(1+(\text{æ}+1)^{\frac{1}{2}})} \cdot [\, e^{-c(\text{æ}+1)^{\frac{1}{2}}|\delta|} \int_0^{|\delta|} e^{+(c(\text{æ}+1)^{\frac{1}{2}}-s)t} \, dt$$

$$+ e^{+c|\delta|} \int_{|\delta|}^{+\infty} e^{-(c+s)t} \, dt \;]$$

$$= \frac{e^{-s|\delta|}}{(c(\ae+1)^{\frac{1}{2}}-s)\cdot(c+s)} - \frac{e^{-c(\ae+1)^{\frac{1}{2}}|\delta|}}{c(1+(\ae+1)^{\frac{1}{2}})} \frac{1}{c(\ae+1)^{\frac{1}{2}}-s} \qquad . \tag{23.31}$$

Damit folgt für die Systemfunktion des Wiener-Filters:

$$A_0(s) = \frac{\ae\cdot c}{1+(\ae+1)^{\frac{1}{2}}} \cdot \frac{c(1+(\ae+1)^{\frac{1}{2}}) \, e^{-s|\delta|} - e^{-c(\ae+1)^{\frac{1}{2}}|\delta|}(c+s)}{(c(\ae+1)^{\frac{1}{2}}-s)\cdot(c(\ae+1)^{\frac{1}{2}}+s)}$$

$$= \frac{1}{2} \frac{\ae\cdot c}{(\ae+1)^{\frac{1}{2}}} \cdot \Big[\underbrace{\frac{1}{c(\ae+1)^{\frac{1}{2}}-s}}_{①} (\underbrace{e^{-s|\delta|} - e^{-c(\ae+1)^{\frac{1}{2}}|\delta|}}_{②})$$

$$+ \underbrace{\frac{1}{(c(\ae+1)^{\frac{1}{2}}+s)}}_{③} (\, e^{-s|\delta|} + \underbrace{\frac{(\ae+1)^{\frac{1}{2}}-1}{(\ae+1)^{\frac{1}{2}}+1} e^{-c(\ae+1)^{\frac{1}{2}}|\delta|}}_{④}\,) \Big]$$

und für dessen Impulsantwort $\tag{23.32}$

$$a_0(t) = \frac{1}{2} \frac{\ae\cdot c}{(\ae+1)^{\frac{1}{2}}} \; [\; \underbrace{e^{+c(\ae+1)^{\frac{1}{2}}(t-|\delta|)} \, \delta_{-1}(-(t-|\delta|))}_{①}$$

$$- \underbrace{e^{+c(\ae+1)^{\frac{1}{2}}(t-|\delta|)} \, \delta_{-1}(-t)}_{②}$$

$$+ \underbrace{e^{-c(\ae+1)^{\frac{1}{2}}(t-|\delta|)} \, \delta_{-1}(t-|\delta|)}_{③}$$

$$+ \underbrace{\frac{(\ae+1)^{\frac{1}{2}}-1}{(\ae+1)^{\frac{1}{2}}+1} e^{-c(\ae+1)^{\frac{1}{2}}(t+|\delta|)} \, \delta_{-1}(t)}_{④} \;] \quad , \tag{23.33}$$

wobei die Bedeutung der einzelnen Signalabschnitte aus Bild 2.6 folgt. Für die Impulsantwort in ihrer endgültigen Form gilt schließlich:

$$a_0(t) = \frac{\ae\cdot c}{2(\ae+1)^{\frac{1}{2}}} \; [\; e^{-c(\ae+1)^{\frac{1}{2}}|t-|\delta||}$$

$$+ \frac{(\ae+1)^{\frac{1}{2}}-1}{(\ae+1)^{\frac{1}{2}}+1} e^{-c(\ae+1)^{\frac{1}{2}}(t+|\delta|)} \;] \quad . \tag{23.34}$$

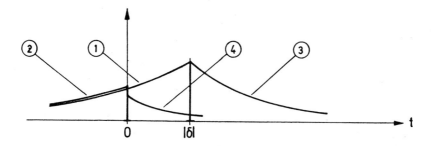

Bild 2.6   Komponenten der Impulsantwort für Interpolation

An der Rechnung und ihrem Ergebnis wird deutlich, daß die Interpolation den kompliziertesten Fall der Signalschätzung darstellt.
Ferner erkennt man an $A_0(s)$, daß es sich nicht mehr um eine
gebrochen rationale Systemfunktion handelt. Man kann das Filter
also nur durch Approximation realisieren.

Einen Vergleich der Impulsantworten für $|\delta|=0,5$, das Signal-zu-
Rauschverhältnis æ=10 und die Abklingkonstante c=1 zeigt Bild
2.7. Typisch bei der Interpolation ist die Spitze bei $|\delta|=0,5$,
Filterung und Prädiktion besitzen bis auf die Dämpfungskonstante
$e^{-c\delta}=e^{-0,5}$ dieselbe Impulsantwort. Den Einfluß der Abklingkonstanten c auf die Impulsantwort bei Filterung zeigt Bild 2.8. Je
kleiner c wird, desto flacher wird der Verlauf der Impulsantwort,
d.h. die Integrationszeit des Filters erhöht sich. Ein kleiner
Wert von c entspricht starker Korreliertheit des Quellensignals,

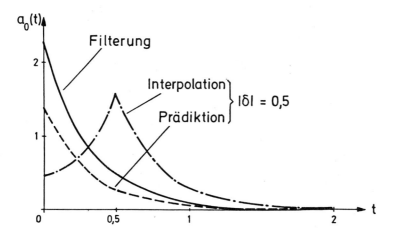

Bild 2.7   Vergleich der Impulsantworten

46

so daß eine vergrößerte Integrationszeit eine Verbesserung des Schätzergebnisses erwarten läßt.

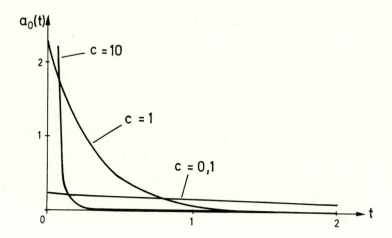

Bild 2.8   Einfluß der Abklingkonstanten c auf die Impulsantwort bei Filterung

Interessant ist ein Vergleich der Schätzfehler bei den einzelnen Signalschätzaufgaben. Mit der Impulsantwort $h(t)=\delta_0(t+\delta)$ des Vergleichssystems folgt für den Schätzfehler nach (21.33):

$$s_{ee}(0) = \iint_{-\infty}^{+\infty} h(\alpha)\, h(\beta)\, s_{aa}(\beta-\alpha)\, d\alpha\, d\beta$$

$$- \iint_0^{\infty} a_0(\alpha)\, a_0(\beta)\, s_{rr}(\beta-\alpha)\, d\alpha\, d\beta$$

$$= s_{aa}(0) - \iint_0^{\infty} a_0(\alpha)\, a_0(\beta)\, s_{rr}(\beta-\alpha)\, d\alpha\, d\beta \quad .$$

$$(23.35)$$

Der Ansatz

$$A_0(s) = Z(s)\cdot Y^+(s) \quad \circ\!\!-\!\!\circ \quad z(t)*y^+(t) = a_0(t) \qquad (23.36)$$

aus (23.22) führt nach folgender Zwischenrechnung

$$\iint_0^{\infty} a_0(\alpha)\, a_0(\beta)\, s_{rr}(\beta-\alpha)\, d\alpha\, d\beta$$

$$= \iint_0^{\infty} \int_{-\infty}^{+\infty} y^+(\tau)\, z(\alpha-\tau)\, d\tau \int_{-\infty}^{+\infty} y^+(t)\, z(\beta-t)\, dt\, s_{rr}(\beta-\alpha)\, d\alpha\, d\beta$$

$$= \iint_0^\infty y^+(\tau) \; y^+(t) \iint_{-\infty}^{+\infty} z(\alpha-\tau) \; z(\beta-t) \; s_{rr}(\beta-\alpha) \; d\alpha \; d\beta \; d\tau \; dt$$

$$\iint_{-\infty}^{+\infty} z(u) \; z(v) \; s_{rr}((t-\tau)-u+v) \; du \; dv$$

$$= z(t) \quad * \quad z(-t) \quad * \quad s_{rr}(t-\tau)$$

$$\frac{b^2}{(N)^{\frac{1}{2}}} \frac{1}{S_{rr}^+(s)} \quad \frac{b^2}{(N)^{\frac{1}{2}}} \frac{1}{S_{rr}^-(s)} \quad S_{rr}(s) \cdot e^{-s\tau}$$

$$= \frac{b^4}{N} e^{-s\tau} \quad \circ\!\!-\!\!\circ \quad \frac{b^4}{N} \delta_0(t-\tau) \qquad (23.37)$$

auf den Schätzfehler:

$$s_{ee}(0) = s_{aa}(0) - \frac{b^4}{N} \iint_0^\infty y^+(\tau) \; y^+(t) \; \delta_0(t-\tau) \; d\tau \; dt$$

$$= s_{aa}(0) - \frac{b^4}{N} \int_0^\infty (y^+(t))^2 \; dt$$

$$= \frac{b^2}{2c} - \frac{b^4}{N} \int_0^\infty (y^+(t))^2 \; dt \qquad (23.38)$$

bzw. seine normierte Form

$$\frac{s_{ee}(0)}{s_{aa}(0)} = 1 - \frac{2b^2 c}{N} \int_0^\infty (y^+(t))^2 \; dt \qquad . \qquad (23.39)$$

Daraus folgt für die **Filterung** mit

$$y^+(t) = \frac{1}{c(1+(\ae+1)^{\frac{1}{2}})} e^{-ct} \qquad (23.40)$$

schließlich

$$\frac{s_{ee}(0)}{s_{aa}(0)} = 1 - \frac{2b^2 c}{N} \cdot \frac{1}{c^2(1+(\ae+1)^{\frac{1}{2}})^2} \cdot \frac{1}{2c}$$

$$= \frac{2}{1+(\ae+1)^{\frac{1}{2}}} \qquad . \qquad (23.41)$$

Für die **Prädiktion** mit $\delta > 0$ und

$$y^+(t) = \frac{e^{-c\delta}}{c(1+(æ+1)^{\frac{1}{2}})} \, e^{-ct} \tag{23.42}$$

gilt entsprechend:

$$\frac{s_{ee}(0)}{s_{aa}(0)} = 1 - \frac{2b^2c}{N} \cdot \frac{e^{-2c\delta}}{c^2(1+(æ+1)^{\frac{1}{2}})^2} \cdot \frac{1}{2c}$$

$$= \frac{2(1+(1+æ)^{\frac{1}{2}}) + æ(1-e^{-2c\delta})}{(1+(1+æ)^{\frac{1}{2}})^2} \tag{23.43}$$

und für die Interpolation folgt mit $\delta < 0$ und

$$y^+(t) = \frac{1}{c(1+(æ+1)^{\frac{1}{2}})} \left[\begin{array}{ll} e^{+c(æ+1)^{\frac{1}{2}}(t-|\delta|)} & 0 \le t < |\delta| \\ e^{-c(t-|\delta|)} & |\delta| \le t < \infty \end{array} \right. \tag{23.44}$$

als normierter Schätzfehler

$$\frac{s_{ee}(0)}{s_{aa}(0)} = 1 - \frac{2b^2c}{N} \frac{1}{c^2(1+(æ+1)^{\frac{1}{2}})^2}$$

$$\cdot \left[e^{-2c(æ+1)^{\frac{1}{2}}|\delta|} \frac{1}{2c(æ+1)^{\frac{1}{2}}} (e^{+2c(æ+1)^{\frac{1}{2}}|\delta|} - 1) \right.$$

$$\left. + e^{+2c|\delta|} \frac{1}{2c} e^{-2c|\delta|} \right]$$

$$= \frac{1}{(æ+1)^{\frac{1}{2}}} \left[1 + \frac{æ}{(1+(æ+1)^{\frac{1}{2}})^2} e^{-2c(æ+1)^{\frac{1}{2}}|\delta|} \right] \, . \tag{23.45}$$

Die Bilder 2.9 und 2.10 zeigen den normierten Schätzfehler als Funktion der Zeit δ. Im Bild 2.9 wurde zusätzlich das Signal-zu-Rauschverhältnis parametriert, die Abklingkonstante ist $c=1$, im Bild 2.10 ist das Signal-zu-Rauschverhältnis $æ=10$ und die Abklingkonstante parametriert. Grundsätzlich gilt, daß mit verbessertem Signal-zu-Rauschverhältnis der Schätzfehler sinkt, wobei allerdings bei zunehmender Prädiktionszeit der maximale Fehler erreicht wird und auch bei beliebig großer Interpolationszeit $|\delta|$ der Fehler nicht zu Null wird. Dieser Restfehler ergibt sich aus (23.45) und umfaßt nur den ersten Term, da der zweite Term für $|\delta| \infty$ verschwindet. Man bezeichnet das zugehörige Filter wegen der unendlichen Laufzeit als Infinite-Lag-Filter.

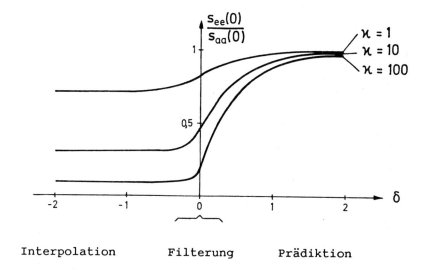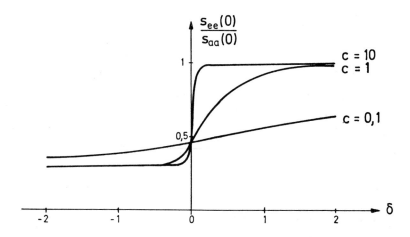

Interpolation   Filterung   Prädiktion

Bild 2.9   Schätzfehler. Parameter: Signal-zu-Rauschverhältnis

Je größer die Abklingkonstante c ist, d.h. je breitbandiger der
Quellenprozeß ist, desto schneller werden bei Prädiktion und
Interpolation die asymptotischen Endwerte erreicht. Dies bedeutet, daß es nicht sinnvoll ist, die Interpolationszeit über einen
bestimmten Wert anwachsen zu lassen. Dasselbe gilt für die Prädiktion: bei zu großer Prädiktionszeit wird der Fehler so groß,
daß das Schätzergebnis nicht mehr sinnvoll ist.

Bild 2.10   Schätzfehler. Parameter: Abklingkonstante

2.3.2 Vergleich von Wiener-Filtern mit konventionell entworfenen Filtern

In diesem Abschnitt soll gezeigt werden, welchen Gewinn in Bezug auf den Schätzfehler man beim Einsatz von Wiener-Filtern an Stelle von Filtern erzielt, die nach konventionellen Gesichtspunkten entworfen wurden.

Der zu schätzende Nutzsignalprozeß a(t) soll wie im Abschnitt 2.3.1 durch Filterung eines weißen Prozesses mit einem Tiefpaß erster Ordnung entstehen. Für das Leistungsdichtespektrum kann man deshalb mit (23.3) und $s=j\omega$ schreiben

$$S_{aa}(\omega) \doteq \frac{b^2}{c^2+\omega^2} \quad . \tag{23.46}$$

Der sich additiv überlagernde Störprozeß n(t) sei weiß mit dem Leistungsdichtespektrum

$$S_{nn}(\omega) = N \qquad -\infty < \omega < \infty \quad . \tag{23.47}$$

Beide Spektren zeigt Bild 2.11. Es soll die Aufgabe gelöst werden, Nutz- und Störsignal möglichst gut voneinander zu trennen, indem zum einen nach konventionellen Überlegungen entworfene frequenzselektive Filter, zum anderen Wiener-Filter verwendet werden.

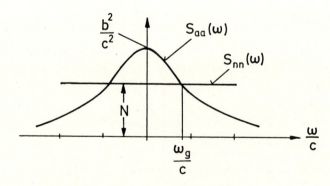

Bild 2.11   Leistungsdichtespektren von Nutzsignalprozeß a(t) und Störsignalprozeß n(t)

Vom Standpunkt konventioneller Überlegungen wird man ein Filter verwenden, das eine Grenzfrequenz ω_g besitzt, die durch den

Schnittpunkt der Spektren von Nutz- und Störprozeß gegeben ist. Für ω_g gilt dann

$$S_{aa}(\omega_g) \overset{!}{=} S_{nn}(\omega_g) \qquad (23.48)$$

$$\frac{b^2}{c^2+\omega_g^2} = N \qquad (23.49)$$

und schließlich

$$\omega_g = \left[\frac{b^2}{N} - c^2 \right]^{\frac{1}{2}} = c \left[\frac{b^2}{c^2 N} - 1 \right]^{\frac{1}{2}} = c(\text{æ}-1)^{\frac{1}{2}} \quad , \qquad (23.50)$$

wobei æ das in (23.16) definierte Signal-zu-Rauschverhältnis bezeichnet.

Zur Signalschätzung soll als einfachste Lösung ein Filter erster Ordnung, ein RC-Tiefpaß mit der Grenzfrequenz $\omega_g=1/RC$ und der Impulsantwort

$$a_0(t) = \omega_g \, e^{-\omega_g t} \qquad (23.51)$$

sowie dem Frequenzgang

$$A_0(j\omega) = \frac{\omega_g}{j\omega+\omega_g} = \frac{c(\text{æ}-1)^{\frac{1}{2}}}{j\omega+c(\text{æ}-1)^{\frac{1}{2}}} \quad , \qquad (23.52)$$

verwendet werden, wobei ω_g nach (23.50) ersetzt wurde.

Zum Vergleich wird ein optimales Wiener-Filter verwendet, wie es im Abschnitt 2.3.1 hergeleitet wurde und das nach (23.24) den Frequenzgang

$$A_0(j\omega) = \frac{\text{æ}\cdot c}{1+(\text{æ}+1)^{\frac{1}{2}}} \cdot \frac{1}{j\omega+c(\text{æ}+1)^{\frac{1}{2}}} \qquad (23.53)$$

besitzt. Als Gütekriterium für beide Filter dient wie im Abschnitt 2.3.1 der auf die Leistung $s_{aa}(0)$ des Nutzsignalprozesses bezogene Schätzfehler $s_{ee}(0)$.

Für den Schätzfehler gilt nach (21.30) für den Fall der Filterung, d.h. für $d(t)=a(t)$:

$$s_{ee}(0) = E((\int_0^\infty a_0(\alpha) \ r(t-\alpha) \ d\alpha - a(t))$$

$$\cdot (\int_0^\infty a_0(\beta) \ r(t-\beta) \ d\beta - a(t))$$

$$= \iint_0^\infty a_0(\alpha) \ a_0(\beta) \ s_{rr}(\beta-\alpha) \ d\alpha \ d\beta$$

$$- \int_0^\infty a_0(\alpha) \ s_{ra}(-\alpha) \ d\alpha - \int_0^\infty a_0(\beta) \ s_{ra}(-\beta) \ d\beta$$

$$+ s_{aa}(0) \quad . \tag{23.54}$$

Sind die Prozesse $a(t)$ und $n(t)$ unkorreliert, gilt wegen der Symmetrie jeder Autokorrelationsfunktion:

$$s_{ra}(-\alpha) = E(r(t-\alpha)\cdot a(t))$$

$$= E((a(t-\alpha)+n(t-\alpha))\cdot a(t))$$

$$= s_{aa}(-\alpha) = s_{aa}(\alpha) \quad . \tag{23.55}$$

Für den Schätzfehler folgt damit:

$$s_{ee}(0) = \iint_0^\infty a_0(\alpha) \ a_0(\beta) \ s_{rr}(\beta-\alpha) \ d\alpha \ d\beta$$

$$- 2 \int_0^\infty a_0(\alpha) \ s_{aa}(\alpha) \ d\alpha + s_{aa}(0) \quad . \tag{23.56}$$

Normiert man den Schätzfehler auf den Maximalwert $s_{aa}(0)$ und setzt für die Korrelationsfunktionen die aus (23.4), (23.5) und (23.9) folgenden Werte sowie für $a_0(\tau)$ die Impulsantwort des RC-Tiefpasses ein, so gilt weiter:

$$\frac{s_{ee}(0)}{s_{aa}(0)} = \frac{2c}{b^2} \cdot \omega_g^2 \ (\iint_0^\infty e^{-\omega_g(\alpha+\beta)} \cdot \frac{b^2}{2c} e^{-c|\beta-\alpha|} \ d\alpha \ d\beta$$

$$+ N \int_0^\infty e^{-2\omega_g\alpha} \ d\alpha \ ) - 2\omega_g \int_0^\infty e^{-\omega_g\alpha} \ e^{-c\alpha} \ d\alpha + 1 \quad .$$

$$\tag{23.57}$$

Löst man die Integrale und führt die Grenzfrequenz ω_g nach (23.50) mit dem Signal-zu-Rauschverhältnis æ nach (23.16) ein, so folgt:

$$\frac{s_{ee}(0)}{s_{aa}(0)} = \frac{(æ-1)^{\frac{1}{2}}}{(æ-1)^{\frac{1}{2}}+1} + \frac{(æ-1)^{\frac{1}{2}}}{æ} - 2 \ \frac{(æ-1)^{\frac{1}{2}}}{(æ-1)^{\frac{1}{2}}+1} + 1$$

$$= \frac{2\text{æ}-1+(\text{æ}-1)^{\frac{1}{2}}}{\text{æ}((\text{æ}-1)^{\frac{1}{2}}+1)} \cdot \qquad (23.58)$$

Dieses Ergebnis gilt nur für æ>1, da nur in diesem Fall eine sinnvolle Lösung für die Grenzfrequenz ω_g nach (23.50) erzielbar ist. Zu vergleichen ist dieser normierte Fehler mit dem beim entsprechenden Wiener-Filter erzielbaren nach (23.41). Bild 2.12 zeigt das Ergebnis dieses Vergleichs.

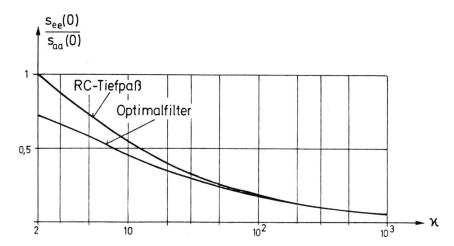

Bild 2.12 Normierter Schätzfehler als Funktion des Signal-zu-Rauschverhältnisses für ein optimales Wiener-Filter und einem nach konventionellen Überlegungen dimensionierten RC-Tiefpaß

Grundsätzlich ist das Wiener-Filter dem nach konventionellen Gesichtspunkten entworfenen Filter überlegen, wobei der Gewinn nur bei niedrigen Signal-zu-Rauschverhältnissen von Bedeutung ist. Allerdings ist gerade dies der Bereich, bei dem es auf eine Verbesserung des Signal-zu-Rauschverhältnisses ankommt. Dabei ist zu beachten, daß dieser Gewinn nicht etwa durch höheren Aufwand in Form eines Filters höherer Ordnung erzielt wird, sondern lediglich durch eine andere Wahl der freien Parameter des Filters erster Ordnung.

Das hier gezeigte Ergebnis gilt auch, wenn man Filter höherer Ordnung einsetzt. Als Optimalfilter kommt ein Interpolationsfilter mit unendlicher Interpolationszeit, ein sogenanntes Infinite-Lag-Filter, in Betracht. Dem entspricht bei den konventionellen Systemen ein idealer Tiefpaß, der ebenfalls nur mit unendlich großer Laufzeit realisierbar wäre. Auch hier zeigt sich, wie in Bild 2.13 dargestellt, die Überlegenheit des Wiener-Filters, ohne daß ein höherer Realisierungsaufwand erforderlich wird. Lediglich die Wahl anderer Parameter führt zu dem überlegenen Ergebnis. Die Berechnung des in Bild 2.13 gezeigten Ergebnisses wird hier nicht durchgeführt, da sie der Berechnung entspricht, die für das in Bild 2.12 gezeigte Ergebnis angestellt wurde. Der höhere Aufwand für das Wiener-Filter als Infinite-Lag-Filter bzw. den idealen Tiefpaß führt erwartungsgemäß zu einem kleineren Restfehler.

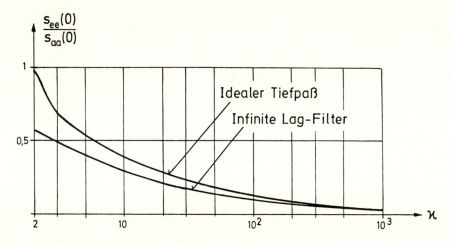

Bild 2.13 Normierter Schätzfehler als Funktion des Signal-zu-Rauschverhältnisses für ein optimales Infinite-Lag-Filter und einen entsprechenden idealen Tiefpaß

Dieser ist allerdings nicht wesentlich kleiner als der mit einem Wiener-Filter erster Ordnung erzielbare, so daß der höhere Aufwand sich in der Regel nicht lohnt.

2.4 Anwendungsbeispiele von Wiener-Filtern

Als Beispiele für die Anwendung von zeitdiskreten Wiener-Filtern zur Signalschätzung werden die Redundanzreduktion durch Differenz-Puls-Code-Modulation (DPCM) und die Geräuschreduktion bei Sprachübertragung beschrieben. Diese Beispiele stammen aus der Nachrichtentechnik bzw. Datenübertragung. Es gibt daneben noch weitere mögliche Anwendungsgebiete, z.B. in der Regelungstechnik, die hier aus Platzgründen nicht diskutiert werden.

2.4.1 DPCM-Codierer zur Redundanzreduktion

Bei der Nachrichtenübertragung versucht man, möglichst redundanz-
freie Signale zu übertragen, wenn ein Kanal nur geringer Übertra-
gungskapazität zur Verfügung steht. Die am Sender entzogene Redundanz wird am Empfänger wieder zugesetzt. Die Extraktion der
Redundanz im Sender bezeichnet man als Quellencodierung. Ein
Beispiel für Quellencodierungsverfahren ist die Differenz-Puls-
Code-Modulation, kurz DPCM.

Die Redundanz eines Zufallsprozesses läßt sich an seiner Autokorrelationsfunktion ablesen. Da Nachrichtensignale Zufallsprozesse
darstellen, kann man diese Aussage auch auf sie anwenden. Zwei
Extremfälle von Zufallsprozessen stellen der weiße Prozeß und
eine Gleichspannung dar, wobei der erste Prozeß ganz redundanz-
frei, der zweite vollkommen redundanzbehaftet ist. Dies zeigt
sich deutlich an ihren Korrelationsfunktionen in Bild 2.14.

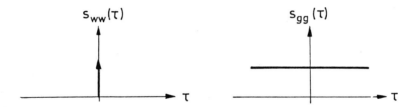

Bild 2.14 Korrelationsfunktionen $s_{ww}(\tau)$ eines weißen Prozesses
           und $s_{gg}(\tau)$ einer Gleichspannung

Reale Nachrichtenprozesse gehören zu keinem dieser Extremfälle,
ihre Korrelationsfunktion wird deshalb eine Mittelstellung annehmen, indem sie von ihrem Maximalwert bei $\tau=0$ allmählich nach
Null abklingt. Bei der DPCM versucht man nun, die sich darin
ausdrückende Redundanz zu extrahieren, so daß ein Prozeß entsteht, der einem weißen Prozeß ähnlicher wird, wie Bild 2.15
zeigt.

Die Struktur des DPCM-Codierers zeigt Bild 2.16. Vom abgetasteten
Quellensignal a(k), einer Musterfunktion des Nutzsignalprozesses
â(k), wird der Schätzwert â(k) abgezogen, den der Prädiktor aus
den zeitlich zurückliegenden Werten r(k-1) bestimmt. Das Verzögerungsglied um einen Takt mit der Übertragungsfunktion H(z)=1/z
dient dazu, die Zeit, die für die Signalverarbeitungsoperationen

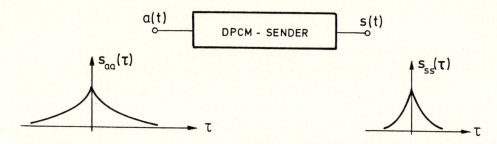

Bild 2.15 Wirkung des DPCM-Senders auf den Eingangsprozeß a(t)

wie Quantisierung, Addition usw. benötigt wird, im Modell zu
berücksichtigen. Im realisierten System findet man diese Komponente nicht, da die realen Quantisierer und Addierer stets eine
von Null verschiedene Verarbeitungszeit benötigen.

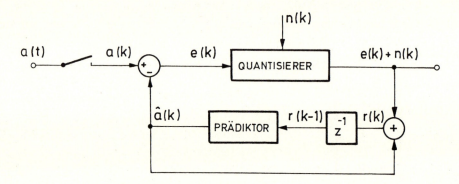

Bild 2.16 Struktur des DPCM-Codierers

Das Eingangssignal des Prädiktors und damit auch r(k) ist wegen
des Quantisierers durch additiv überlagertes Quantisierungsrauschen n(k) gestört. Insgesamt gilt für r(k):

$$r(k) = e(k) + n(k) + \hat{a}(k)$$

$$= a(k) - \hat{a}(k) + n(k) + \hat{a}(k)$$

$$= a(k) + n(k) \quad . \tag{24.1}$$

Als Modell für den Quellenprozeß a(k) wird angenommen, daß ein
Formfilter mit der Übertragungsfunktion $A_Q(z)$ aus einem weißen
Prozeß der Leistungsdichte U eine Musterfunktion a(k) des Quellenprozesses a(k) formt. Mit der Systemfunktion des Formfilters
erster Ordnung

$$A_Q(z) = \frac{b}{z-c} \quad , \quad |c| < 1 \tag{24.2}$$

gilt für die Leistungsdichte des Signalprozesses a(k):

$$S_{aa}(z) = U \cdot A_Q(z) \, A_Q(z^{-1})$$

$$= U \, \frac{b}{z-c} \, \frac{b}{1/z-c}$$

$$= \frac{U \cdot b^2}{c} \, \frac{z}{(z-c) \cdot (1/c-z)} \quad . \tag{24.3}$$

Das optimale zeitdiskrete Wiener-Filter zur Signalschätzung besitzt nach (22.24) die Übertragungsfunktion:

$$A_0(z) = \frac{1}{S_{rr}^a(z)} \left[\frac{H(z) \, S_{ar}(z)}{S_{rr}^i(z)} \right]^a \quad . \tag{24.4}$$

Es wird angenommen, daß das Quantisierungsrauschen weiß

$$s_{nn}(j) = N \, \delta_0(j) \quad 0\!-\!\!-\!o \quad S_{nn}(z) = N \tag{24.5}$$

und mit dem Quellensignal unkorreliert ist

$$s_{ar}(j) = E(a(k) \cdot r(k-j))$$

$$= E(a(k) \cdot (a(k-j)+n(k-j)))$$

$$= s_{aa}(j) \quad 0\!-\!\!-\!o \quad S_{aa}(z) \quad . \tag{24.6}$$

Für die Leistungsdichte des gestörten Empfangssignals folgt dann:

$$s_{rr}(j) = E(r(k) \cdot r(k-j))$$

$$= E((a(k)+n(k)) \cdot (a(k-j)+n(k-j)))$$

$$= s_{aa}(j) + s_{nn}(j) \tag{24.7}$$

$$S_{rr}(z) = S_{aa}(z) + S_{nn}(z)$$

$$= \frac{U \cdot b^2}{c} \cdot \frac{z}{(z-c) \cdot (1/c-z)} + N$$

$$= N \cdot \frac{-z^2 + z(\frac{1}{c} + c + \frac{U}{N}\frac{b^2}{c}) - 1}{(z - c)\cdot(1/c - z)}$$

$$= N \frac{(z-C)\cdot(1/C-z)}{(z-c)\cdot(1/c-z)} = S_{rr}^a(z) \cdot S_{rr}^i(z) \qquad (24.8)$$

mit

$$C = \frac{1}{2}(\frac{1}{c} + c + \frac{U}{N}\frac{b^2}{c}) - \left[(\frac{1}{2}(\frac{1}{c} + c + \frac{U}{N}\frac{b^2}{c}))^2 - 1 \right]^{\frac{1}{2}}, \qquad |C| < 1$$

$$(24.9)$$

$$\frac{1}{C} = \frac{1}{2}(\frac{1}{c} + c + \frac{U}{N}\frac{b^2}{c}) + \left[(\frac{1}{2}(\frac{1}{c} + c + \frac{U}{N}\frac{b^2}{c}))^2 - 1 \right]^{\frac{1}{2}}, \qquad \frac{1}{|C|} > 1.$$

$$(24.10)$$

Für den Prädiktor, der den Schätzwert $\hat{a}(k+1)$ aus dem gestörten Empfangssignal $r(k)$ bzw. $\hat{a}(k)$ aus $r(k-1)$ bestimmt, gilt mit

$$H(z) = z \qquad (24.11)$$

schließlich

$$A_0(z) = \frac{1}{S_{rr}^a(z)} \left[\frac{z\, S_{aa}(z)}{S_{rr}^i(z)} \right]^a$$

$$= \frac{1}{N} \frac{z-c}{z-C} \left[\frac{Ub^2}{c} \frac{z^2}{(z-c)} \frac{1/c-z}{(1/c-z)} \frac{1/c-z}{1/C-z} \right]^a$$

$$= \frac{Ub^2}{Nc} \frac{1}{1/C-c} \frac{z-c}{z-C} \left[z^2 (\frac{1}{z-c} + \frac{1}{1/C-z}) \right]^a , \qquad (24.12)$$

wobei der Pol bei $z=c$ innerhalb und der bei $z=1/c$ außerhalb des Einheitskreises der z-Ebene liegt. Aus dem Transformationspaar

$$\frac{1}{z-c} \; \circ\!\!-\!\!\circ \; \left[\begin{array}{ll} c^{k-1} & k \geq 1 \\ 0 & k < 1 \end{array} \right. \qquad (24.13)$$

folgt für den außerhalb des Einheitskreises analytischen Ausdruck in der Systemfunktion des Wiener-Filters:

$$c^{k+1}\Big|_{k\geq 0} = c\cdot c^k\Big|_{k\geq 0} \; \circ\!\!-\!\!\circ \; c\,\frac{z}{z-c} \qquad (24.14)$$

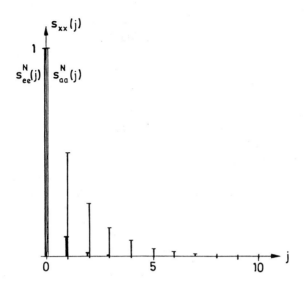

Bild 2.19   Vergleich   der Autokorrelationsfunktionen am   Ein- und
            Ausgang des DPCM-Coders

Zur   Veranschaulichung zeigt Bild 2.19 einen Vergleich der beiden
Korrelationsfunktionen.   Man erkennt deutlich,   daß der Prozeß am
Ausgang des Coders "weißer" geworden ist.

2.4.2   Geräuschreduktion bei Sprachübertragung

Geräuschreduktionsverfahren   werden   bei   Sprachübertragung   z.B.
dann notwendig,   wenn bei der Spracheingabe Freisprecheinrichtun-
gen verwendet werden und das Umgebungsgeräusch so stark ist,   daß
der ferne Teilnehmer den Sprecher nicht mehr gut verstehen kann.

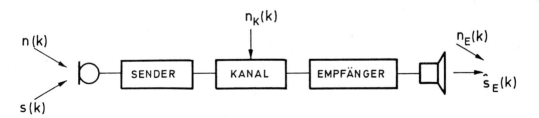

Bild 2.20   Störeinflüsse bei der Sprachsignalübertragung
            n(k): Störungen, s(k): Sprache

Allgemein   läßt sich das hier behandelte Problem durch   die   Darstellung   in Bild 2.20 veranschaulichen: Es gibt insgesamt   drei

Orte bei der Sprachsignalübertragung, an denen sich Störungen auf
die Sprache auswirken. Zunächst kann sich am Sendeort das Umgebungsgeräusch - Verkehrslärm, Bürolärm, Werkshallenlärm usw. -
dem Sprachsignal überlagern, auf der Übertragungsstrecke können
Störungen hinzukommen, und am Empfangsort kann ebenfalls Umgebungslärm die Verständigung erschweren. Hier soll aber nur der
Umgebungslärm am Sendeort betrachtet werden.

Man unterscheidet insgesamt zwei Methoden [22] der Geräuschreduktion am Sendeort: Die sogenannten Einkanal-Methoden oder Ge-
räuschunterdrückungsverfahren und die Zweikanal-Methoden oder
Geräuschkompensationsverfahren. Hier sollen nur die Einkanal-
Methoden betrachtet werden.

Bei den Einkanal-Methoden wird im Wesentlichen die Wiener-Filter-
theorie verwendet. Damit erhält man für das Geräuschunterdrük-
kungssystem das in Bild 2.21 gezeigte Modell.

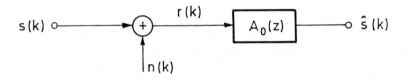

Bild 2.21   Modell des Geräuschunterdrückungssystems

Bei den Zweikanal-Methoden steht im Gegensatz zu den Einkanal-
Methoden noch ein weiteres Mikrophon zur Verfügung, in das auf
einem anderen akustischen Pfad das Geräusch gelangt, ohne daß in
dieses Mikrophon ein nennenswerter Anteil der Sprache dringt.
Diese Situation läßt sich bei Fernsprechzellen antreffen, bei
denen ein Mikrophon in der Zelle, ein anderes auf dem Dach der
Zelle montiert ist.

Zum Entwurf des Geräuschunterdrückungssystems braucht man ein
Optimalitätskriterium, z.B. den minimalen mittleren quadratischen Schätzfehler wie bei den Wiener-Filtern. Es ließen sich
auch andere objektive Kriterien heranziehen, z.B. der absolute
Fehler oder ein geeignet gewichteter Fehler. In allen Fällen
ließe sich dann ein Optimalfilter herleiten. Problematisch bei
diesen Kriterien ist, daß sie nicht das Kriterium sind, nach dem
das menschliche Ohr die Qualität der Sprache beurteilt. Hier sind
subjektive Kriterien gefragt. Sie sind für den Entwurf des Sy-

stems aber nicht brauchbar, da sie nicht in Form eines Algorithmus darstellbar sind [23].

Es soll deshalb das objektive Kriterium des minimalen mittleren
quadratischen Schätzfehlers bei den folgenden Herleitungen verwendet werden. Problematisch ist dabei, wie sich die Sprach-
verständlichkeit als Funktion dieses Kriteriums verhält. Umgekehrt ist aber auch die Signifikanz und der Aufwand bei subjekti-
ven Kriterien problematisch.

Für das optimale Wiener-Filter gilt, sofern man die Kausalitäts-
forderung zunächst nicht beachtet, mit (21.28) und H(s)=1 bei
einem nicht mit dem Sprachsignalprozeß s(k) korrelierten Störprozeß n(k):

$$A_0(\Omega) = \frac{S_{ss}(\Omega)}{S_{rr}(\Omega)} = \frac{S_{ss}(\Omega)}{S_{ss}(\Omega) + S_{nn}(\Omega)} \quad , \qquad (24.38)$$

wobei $S_{ss}(\Omega)$ das Spektrum des Sprachsignalprozesses a(t)=s(t) und
$S_{nn}(\Omega)$ das Spektrum des Störsignalprozesses n(t) ist, wie man
auch aus Bild 2.22 entnehmen kann.

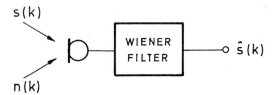

Bild 2.22 Wiener-Filter zur Geräuschunterdrückung
          s(k): Sprachsignal, n(k): Geräusch

Problematisch bei diesem Ansatz ist, daß Sprache und Störungen
instationäre Prozesse sind und deren Leistungsdichten im Frequenzgang nach (24.38) sich streng genommen nicht bestimmen lassen. Ferner steht nur die Summe r(k) aus Sprache und Störung am
Filtereingang zur Verfügung, obwohl zum Entwurf des Systems –
siehe Zähler des Frequenzgangs - die Leistungsdichte des ungestörten Sprachsignals erforderlich ist. Daraus folgt, daß zum
Entwurf des Schätzsystems die charakteristischen Größen des unbekannten Sprachsignalprozesses selbst geschätzt werden müssen. Die
Lösung des Problems besteht darin, daß die Leistungsdichte des

gestörten Eingangssignalprozesses r(k) durch das Kurzzeitspektrum approximiert wird.

Dazu wird das Eingangssignal r(k) in Blöcke von ca. 10 bis 20 ms Dauer zerlegt, so daß man den zugehörigen Signalprozeß noch als stationär betrachten kann, wie aus der Literatur [23] zu entnehmen ist. Anschließend erfolgt die Abtastung mit 8 kHz und die Umsetzung mit einem D/A-Wandler in digitale Daten. Der so gewonnene Datenblock wird mit einer Fensterfunktion - z.B. einem Bartlett- oder Hamming-Fenster [24] - gewichtet, um die bei der digitalen Signalverarbeitung mit schneller Fourier-Transformation (FFT) auftretenden Störeffekte abzumildern. Schließlich wird die FFT auf diesen Datenblock angewendet, wobei sich bei der genannten Abtastfrequenz eine Länge der FFT von z.B. 128 ergibt. Die Datenblöcke überlappen sich zum Teil, um einen besseren Übergang zwischen den einzelnen Blöcken zu gewährleisten. Als Ergebnis dieser Operationen erhält man für die Approximation der Leistungsdichte von r(k):

$$S_{rr}(\Omega) \; -> \; |R(\Omega) * W(\Omega)|^2 = |R_w(\Omega)|^2 \quad , \tag{24.39}$$

wobei $W(\Omega)$ das Spektrum der Fensterfunktion bezeichnet. Die Leistungsdichte des Sprachsignals läßt sich nun in folgender Weise ersetzen, die auch zu der Bezeichnung Spektralsubtraktionsverfahren führte:

$$S_{ss}(\Omega) \; -> \; |R_w(\Omega)|^2 - \hat{E}(|N_w(\Omega)|^2) \quad , \tag{24.40}$$

wobei die Leistungsdichte des Störprozesses n(k) durch den angegebenen Schätzwert ersetzt wird. Da der Störprozeß zeitveränderlich ist, muß er adaptiv an die sich ändernde Geräuschumgebung angepaßt werden, wozu die Rekursionsbeziehung

$$\hat{E}(|N_w(\Omega,k)|^2) = p \cdot |N_w(\Omega,k)|^2 + (1-p) \cdot \hat{E}(|N_w(\Omega,k-1)|^2) \tag{24.41}$$

verwendet wird. Die Zeitabhängigkeit des Schätzwerts wird durch den Zeitparamater k zum Ausdruck gebracht. Die Geschwindigkeit der Adaption wird durch den Parameter p gesteuert, wobei p umso kleiner gewählt werden kann, je stationärer der Prozeß ist.

Mit der Geräuschkenngröße

$$NYR(\Omega,\alpha) = \frac{\hat{E}(|N_W(\Omega,k)|^{2\alpha})}{|R_W(\Omega)|^{2\alpha}} \qquad (24.42)$$

erhält man mit (24.38), (24.39) und (24.40) den Frequenzgang des Schätzsystems

$$A_0(\Omega) = (1 - a \cdot NYR(\Omega,\alpha))^\beta \quad , \qquad (24.43)$$

bei dem die Parameter α, β und a zur Verbesserung des subjektiven Eindrucks benutzt werden können [25]. Wenn der Momentanwert der geschätzten Leistungsdichte $\hat{E}(|N_W(\Omega)|^2)$ für irgendeinen Wert von Ω größer als der Schätzwert $|R_W(\Omega)|^2$ für die Leistungsdichte des gestörten Sprachsignals ist, wird der Schätzwert für die Leistungsdichte des Sprachsignals nach (24.40) negativ, was der Definition der Leistungsdichte widerspricht. In diesem Fall setzt man für den entsprechenden Wert des Frequenzgangs den Wert Null oder einen Wert b ein, den man als spectral floor bezeichnet und der ebenfalls den subjektiven Höreindruck zu verbessern hilft. Durch Wahl von a, den sogenannten Überschätzfaktor, läßt sich der Einfluß des Schätzwerts für das Störspektrum $\hat{E}(|N_W(\Omega,k)|^{2\alpha})$ auf die Übertragungsfunktion steuern: Wenn die Schätzung sehr gut ist, kann man für a einen kleinen, sonst muß man einen größeren Wert wählen. Typisch sind Werte zwischen a=1 und a=4.

Für das Schätzsystem wählt man eine lineare Phase, da die Analyse der das System bestimmenden Zufallsprozesse keine Aussage über die zu wählende Phase liefert. Deshalb besitzt das geschätzte Sprachsignal $\hat{s}(k)$ dieselbe Phase wie das gestörte Sprachsignal $r(t)$ am Eingang des Systems, so daß sich in der Regel eine Abweichung zwischen der Phase des ungestörten und des geschätzten Sprachsignals ergibt.

Damit erhält man die folgenden Frequenzgänge:

Wiener-Filter: $\alpha = 1$, $\beta = 1$

$$A_0(\Omega) = \begin{cases} 1 - a \cdot NYR(\Omega,1), & 1 - a \cdot NYR(\Omega,1) > b \\ b & , \quad 1 - a \cdot NYR(\Omega,1) < b \end{cases} \qquad (24.44)$$

Teilbandleistungen: $\alpha = 1$, $\beta = \frac{1}{2}$

$$A_0(\Omega) = \begin{cases} (1 - a \cdot NYR(\Omega,1))^{\frac{1}{2}}, & (1 - a \cdot NYR(\Omega,1))^{\frac{1}{2}} > b \\ b & , \quad (1 - a \cdot NYR(\Omega,1))^{\frac{1}{2}} < b \end{cases} \qquad (24.45)$$

68

Teilbandbetrag: $\alpha = \frac{1}{2}$, $\beta = 1$

$$A_0(\Omega) = \left\{ \begin{array}{ll} 1 - a \cdot NYR(\Omega,\frac{1}{2}), & 1 - a \cdot NYR(\Omega,\frac{1}{2}) > b \\ b & , & 1 - a \cdot NYR(\Omega,\frac{1}{2}) < b \end{array} \right. \qquad (24.46)$$

In Bild 2.23 sind die Charakteristiken der verschiedenen Schätz-systeme für die Parameter a=1 und b=0,1 als Funktion der Ge-räuschkenngröße (24.42) dargestellt.

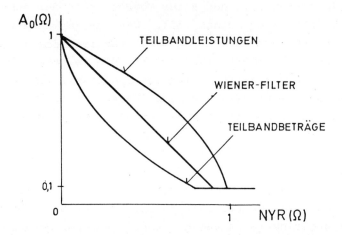

Bild 2.23 Charakteristiken von Spektralsubtraktionsverfahren

Von den beschriebenen Spektralsubtraktionssystemen liefert in der Praxis das Verfahren der Teilbandbeträge die subjektiv am gün-

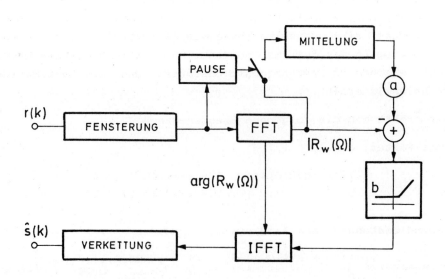

Bild 2.24 Blockschaltbild des Spektralsubtraktionssystems

stigsten beurteilten Resultate. Die Struktur dieses Systems zeigt
Bild 2.24, bei dem die erforderlichen Leistungsdichten mit Hilfe
der FFT berechnet werden und die Schätzung des Störspektrums nach
(24.41) in den Sprachpausen erfolgt, weswegen ein Sprachpausende-
tektor erforderlich ist.

Typische Werte für die Verbesserung des Signal-zu-Rauschverhältnisses liegen in der Größenordnung von 5 bis 10 dB bei dem hier
beschriebenen Verfahren, wobei nur eine geringe Änderung der
statistischen Parameter des breitbandigen Umgebungsgeräuschs
vorausgesetzt wird. In diesem Fall ist der Adaptionsparameter p
kleiner als 0,5 zu wählen.

2.5 Zusammenfassung

Wiener-Filter stellen optimale Systeme zur Signalschätzung dar,
sofern der zu schätzende Signalprozeß und die sich ihm überla-
gernden Störungen stationäre Prozesse sind. Dabei dient als Optimalitätskriterium das Minimum des mittleren quadratischen Schätzfehlers. Ferner wird vorausgesetzt, daß das System linear sein
soll. Bei Prozessen mit Gaußdichte stellt jedoch das gefundene
Filter das Optimum aller linearen und nichtlinearen Systeme dar.

Die Lösung für das hier beschriebene Signalschätzproblem wird in
Form der Wiener-Hopf-Integralgleichung angegeben, die mit Hilfe
des Orthogonalitätsprinzips hergeleitet wurde. Für das gesuchte
Filter, das sich durch seine Impulsantwort beschreiben läßt,
stellt dies eine implizite Lösung dar. Die explizite Lösung der
Integralgleichung bzw. bei zeitdiskreten Systemen und Prozessen
der entsprechenden Summengleichung läßt sich nicht allgemein
angeben. Mit relativ großem Rechenaufwand kann man nur in
bestimmten Sonderfällen eine Lösung herleiten, weshalb die praktische Anwendung der Wiener-Filter begrenzt bleibt.

Die Herleitung des Filters geht, wie bereits in der Einleitung
erwähnt wurde, auf Arbeiten von Wiener [17] und Kolmogoroff [18]
Anfang der vierziger Jahre zurück. Der wesentliche Beitrag dieser
Arbeiten besteht darin, ein System anzugeben, das Nachrichtensignale, in deren Frequenzbereich Störungen auftreten, im Sinne
des minimalen mittleren quadratischen Fehlers optimal empfangen
kann.

3 Beschreibung dynamischer Systeme durch Zustandsvariable

Im vorausgehenden Kapitel wurden die Wiener-Filter durch ihre Impulsantwort $a_0(t)$ bzw. ihre Systemfunktion $A_0(s)$ o—o $a_0(t)$ beschrieben. Diese Filter sind lineare, zeitinvariante Systeme. Die auf sie wirkenden Signalprozesse waren zumindest schwach stationär, so daß man sie durch ihre Autokorrelationsfunktionen bzw. ihre Leistungsdichten beschreiben konnte.

Will man die Beschränkung auf zeitinvariante Systeme und stationäre Prozesse fallenlassen, braucht man eine universellere Darstellungsweise für die betrachteten Systeme und Prozesse. Die Verwendung von Zustandsvariablen [15] erlaubt, zeitvariable und zeitinvariable Systeme sowie stationäre und instationäre Prozesse zu beschreiben.

3.1 Die Zustandsvektordifferentialgleichung

Ein lineares System n-ter Ordnung mit der Eingangsgröße u(t) und der Ausgangsgröße y(t) werde durch folgende Differentialgleichung n-ter Ordnung beschrieben:

$$c_n \frac{d^n y(t)}{dt^n} + c_{n-1} \frac{d^{n-1} y(t)}{dt^{n-1}} + \ldots + c_0 \, y(t)$$

$$= b_n \frac{d^n u(t)}{dt^n} + b_{n-1} \frac{d^{n-1} u(t)}{dt^{n-1}} + \ldots + b_0 \, u(t) \quad . \quad (31.1)$$

Die Koeffizienten b_i und c_i sind je nach den Eigenschaften des Systems zeitabhängig oder konstant. Wenn die Koeffizienten kon-

stant sind, kann man die Übertragungseigenschaften des nun zeit-
konstanten Systems durch die Systemfunktion beschreiben, die sich
in Übereinstimmung mit (31.1) der Form

$$A_0(s) = \frac{Y(s)}{U(s)} = \frac{b_0 + b_1 s + \ldots + b_n s^n}{c_0 + c_1 s + \ldots + c_n s^n} = \frac{Z(s)}{N(s)} \quad . \tag{31.2}$$

angeben läßt, wobei $Z(s)$ den Zähler, $N(s)$ den Nenner bezeichnet.
Die Systemfunktion läßt sich umschreiben in [26]

$$Y(s) = b_0 \frac{1}{N(s)} U(s) + b_1 \frac{s}{N(s)} U(s) + \ldots + b_n \frac{s^n}{N(s)} U(s)$$

$$= b_0 X_1(s) + b_1 X_2(s) + \ldots + b_{n-1} X_n(s) +$$

$$+ b_n \frac{s^n}{N(s)} U(s) \quad . \tag{31.3}$$

Die $X_i(s)$ sind die Laplace-Transformierten der sogenannten Zustandsvariablen, für die aus (31.3)

$$\frac{dx_1(t)}{dt} = \dot{x}_1(t) = x_2(t)$$

$$\frac{dx_2(t)}{dt} = \dot{x}_2(t) = \frac{d^2 x_1(t)}{dt^2} = x_3(t)$$

$$\vdots$$

$$\frac{dx_{n-1}(t)}{dt} = \dot{x}_{n-1}(t) = \frac{d^{n-1} x_1(t)}{dt^{n-1}} = x_n(t) \tag{31.4}$$

folgt. Für die n-te Zustandsvariable gilt mit

$$X_1(s) = \frac{1}{N(s)} U(s) = \frac{1}{c_0 + c_1 s + \ldots + c_n s^n} U(s) \tag{31.5}$$

bzw. mit (31.4) nach Umformung im Zeitbereich

$$c_0 x_1(t) + c_1 \frac{dx_1(t)}{dt} + \ldots + c_n \frac{d^n x_1(t)}{dt^n}$$

$$= c_0 x_1(t) + c_1 x_2(t) + \ldots + c_n \frac{dx_n(t)}{dt} = u(t) \tag{31.6}$$

und schließlich

$$\frac{dx_n(t)}{dt} = - \frac{c_0}{c_n} x_1(t) - \frac{c_1}{c_n} x_2(t) - \ldots - \frac{c_{n-1}}{c_n} x_n + \frac{1}{c_n} u(t) \quad .$$

(31.7)

Statt der einen Differentialgleichung n-ter Ordnung kann man mit (31.4) und (31.7) zur Beschreibung des Systems auch n Differentialgleichungen erster Ordnung verwenden. Allgemein gilt für dieses Differentialgleichungssystem:

$$\frac{dx_1(t)}{dt} = f_1(x_1(t), \ldots , x_n(t), u(t))$$
$$\vdots$$
$$\frac{dx_n(t)}{dt} = f_n(x_1(t), \ldots , x_n(t), u(t)) \quad .$$

(31.8)

Die Zustandsvariablen $x_i(t)$ kann man aus der Definition in (31.4) und (31.7) bzw. auf eine andere geeignete Weise aus der Struktur des Systems gewinnen. Die Bezeichnung "Zustandsvariable" kommt daher, daß man bei Kenntnis der Zustandsvariablen $x_i(t)$, der Koeffizienten b_i und c_i in (31.1) und der Eingangsgröße $u(t)$ den Zustand des Systems zu jedem künftigen Zeitpunkt angeben kann.

Man wählt die Zustandsvariablen dabei meist so, daß sie sinnvolle physikalische Größen beschreiben. In einem elektrischen Netzwerk sind das z.B. die Spannungen an Kondensatoren und die Ströme durch Spulen. Gegenüber der Beschreibung des Systems mit (31.1) hat die Beschreibung mit (31.8) den Vorteil, daß man das innere physikalische Verhalten beschreibt, während die Beschreibung mit (31.1) nur das Eingangs-/Ausgangs-Verhalten angibt.

Um eine formal übersichtlichere Darstellungsweise zu gewinnen, faßt man die Zustandsvariablen $x_i(t)$ zu einem n-dimensionalen Vektor $\underline{x}(t)$ zusammen. Da das System mehr als eine Eingangsgröße besitzen kann, faßt man diese zu einem p-dimensionalen Vektor $\underline{u}(t)$ zusammen. Um den Einfluß des Zustandsvektors $\underline{x}(t)$ und des Eingangsvektors $\underline{u}(t)$ auf den Zustand des Systems zu unterscheiden, schreibt man für (31.8) die Zustandsgleichung

$$\frac{d}{dt} \underline{x}(t) = \dot{\underline{x}}(t) = \underline{A}\, \underline{x}(t) + \underline{B}\, \underline{u}(t)$$

(31.9)

an, wobei auf der linken Seite der Gleichung jede Zustandsvariable differenziert wird. Die Matrix $\underline{A}$ ist quadratisch mit n
Zeilen, $\underline{B}$ besitzt n Zeilen und p Spalten. Diese Matrizen sind
zeitabhängig oder konstant in Abhängigkeit von der Zeitabhängigkeit oder Zeitkonstanz des beschriebenen Systems.

Löst man die Zustandsgleichung (31.9), so kann man den Zustand
des Systems zu jedem künftigen Zeitpunkt angeben. Der künftige
Zustand des Systems hängt über die Matrix $\underline{A}$ vom gegenwärtigen
Zustand $\underline{x}(t)$ und über die Matrix $\underline{B}$ vom Eingangsvektor $\underline{u}(t)$ ab,
wie (31.9) zeigt. Geht man dabei z.B. vom Anfangszustand $\underline{x}(0)$
aus, so zeigt Bild 3.1 das zugehörige Vektorflußdiagramm. Die
Matrizen $\underline{A}$ und $\underline{B}$ sind konstant oder zeitabhängig, je nach Art des
betrachteten Systems.

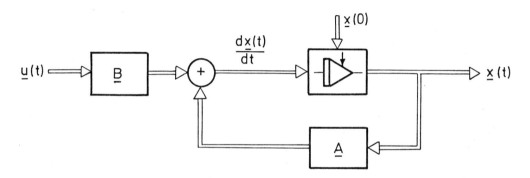

Bild 3.1   Vektorflußdiagramm eines linearen Systems

Man kann Bild 3.1 als Simulation des tatsächlichen, durch (31.9)
beschriebenen Systems auffassen. Aus diesem Simulationsmodell
kann man den Systemzustand $\underline{x}(t)$ zu jedem künftigen Zeitpunkt
entnehmen bzw. über ein geeignetes Softwarepaket numerisch mit
einem Digitalrechner ermitteln. Um nähere Aussagen über die damit
gewonnene Lösung machen zu können, soll (31.9) jedoch explizit
gelöst werden.

3.2 Lösung der Zustandsvektordifferentialgleichung

Zur Vereinfachung sei hier zunächst angenommen, daß die Matrizen
$\underline{A}$ und $\underline{B}$ in (31.9) konstant sind. Dann kann man zwei Wege be-
schreiten, um (31.9) zu lösen.

Der erste Weg führt über die Laplace-Transformation von (31.9)

$$s \underline{X}(s) - \underline{x}(0) = \underline{A} \, \underline{X}(s) + \underline{B} \, \underline{U}(s) \quad , \tag{32.1}$$

wobei $\underline{x}(0)$ den Anfangszustand des Systems angibt. Löst man nach $\underline{X}(s)$ auf

$$\underline{X}(s) = (s \, \underline{I} - \underline{A})^{-1} \, \underline{x}(0) + (s \, \underline{I} - \underline{A})^{-1} \, \underline{B} \, \underline{U}(s) \quad , \tag{32.2}$$

so kann man bei Kenntnis von $\underline{U}(s)$ durch Rücktransformation von $\underline{X}(s)$ den Zustandsvektor $\underline{x}(t)$ bestimmen. Dabei bezeichnet $\underline{I}$ die Einheitsmatrix, die wie $\underline{A}$ eine quadratische, n-zeilige Matrix ist. Zur Bestimmung von $\underline{X}(s)$ ist also die Inversion einer n-zeiligen, von s abhängigen Matrix erforderlich.

Der zweite Weg benutzt das elementare Lösungsverfahren, bei dem die Gesamtlösung aus der homogenen und der partikulären Lösung zusammengesetzt wird:

$$\underline{x}(t) = \underline{x}_h(t) + \underline{x}_p(t) \quad . \tag{32.3}$$

Für die homogene Differentialgleichung

$$\frac{d\underline{x}_h(t)}{dt} = \underline{A} \, \underline{x}_h(t) \tag{32.4}$$

wird als Lösungsansatz die Taylorreihenentwicklung um t=0 verwendet

$$\underline{x}_h(t) = \underline{k}_0 + \underline{k}_1 t + \underline{k}_2 t^2 + \dots \quad , \tag{32.5}$$

wobei die $\underline{k}_i$ Vektoren mit n konstanten Elementen sind. Durch Differenzieren von (32.4) und (32.5) sowie Vergleich der Ergebnisse für t=0 lassen sich die $\underline{k}_i$ bestimmen.

Für die nullte Ableitung gilt nach (32.5) mit t=0

$$\underline{x}_h(0) = \underline{k}_0 \quad . \tag{32.6}$$

Für die erste Ableitung gilt entsprechend

$$\frac{d\underline{x}_h(t)}{dt}\bigg|_{t=0} = \underline{k}_1 = \underline{A} \, \underline{x}_h(t)\bigg|_{t=0} = \underline{A} \, \underline{x}_h(0) \tag{32.7}$$

oder

$$\underline{A}\ \underline{x}_h(0) = \underline{k}_1 \quad .\qquad\qquad (32.8)$$

Für die zweite Ableitung erhält man mit dem Ergebnis von (32.7)

$$\frac{d^2\underline{x}_h(t)}{dt^2}\bigg|_{t=0} = 2\ \underline{k}_2 = \underline{A}\ \frac{d\underline{x}_h(t)}{dt}\bigg|_{t=0} = \underline{A}\ (\underline{A}\ \underline{x}_h(0))\qquad (32.9)$$

oder

$$\frac{1}{2}\ \underline{A}^2\ \underline{x}_h(0) = \underline{k}_2 \quad .\qquad\qquad (32.10)$$

Führt man diese Rechnung fort und setzt die Ergebnisse für die $\underline{k}_i$ in (32.5) ein, so folgt:

$$\underline{x}_h(t) = (\underline{I} + \underline{A}\ t + \frac{1}{2}\ \underline{A}^2\ t^2 + \dots)\ \underline{x}_h(0) \quad .\qquad (32.11)$$

Die unendliche Reihe in der Klammer ist gleich der Exponential-funktion, so daß die homogene Lösung

$$\underline{x}_h(t) = e^{\underline{A}t}\ \underline{x}_h(0)\qquad\qquad (32.12)$$

lautet. Man bezeichnet die Exponentialfunktion

$$e^{\underline{A}t} = \underline{\Phi}(t)\qquad\qquad (32.13)$$

als Fundamental- oder Zustandsübergangsmatrix, weil sich mit ihr der Zustand des unerregten Systems zu jedem beliebigen künftigen Zeitpunkt berechnen läßt, wenn man nur den Anfangszustand kennt.

Die partikuläre Lösung kann man mit Hilfe des Verfahrens der Variation der Konstanten angeben:

$$\underline{x}_p(t) = \underline{\Phi}(t)\ \underline{q}(t) \quad .\qquad\qquad (32.14)$$

Diese Lösung muß die Zustandsvektordifferentialgleichung (31.9) erfüllen:

$$\frac{d}{dt}\ (\underline{\Phi}(t)\ \underline{q}(t)) = \frac{d\underline{\Phi}(t)}{dt}\ \underline{q}(t) + \underline{\Phi}(t)\ \frac{d\underline{q}(t)}{dt}$$

$$= \underline{A}\ \underline{\Phi}(t)\ \underline{q}(t) + \underline{B}\ \underline{u}(t) \quad .\qquad (32.15)$$

Für die Ableitung von $\underline{\Phi}(t)$ kann man mit (32.13) schreiben

$$\frac{d\underline{\Phi}(t)}{dt} = \frac{d}{dt} \; e^{\underline{A}t} = \underline{A} \; e^{\underline{A}t} = \underline{A} \; \underline{\Phi}(t) \qquad . \tag{32.16}$$

Dies in (32.15) eingesetzt liefert

$$\underline{A} \; \underline{\Phi}(t) \; \underline{q}(t) + \underline{\Phi}(t) \; \frac{d\underline{q}(t)}{dt} = \underline{A} \; \underline{\Phi}(t) \; \underline{q}(t) + \underline{B} \; \underline{u}(t) \tag{32.17}$$

bzw.

$$\frac{d\underline{q}(t)}{dt} = \underline{\Phi}^{-1}(t) \; \underline{B} \; \underline{u}(t) \tag{32.18}$$

oder

$$\underline{q}(t) = \int_0^t \underline{\Phi}^{-1}(\tau) \; \underline{B} \; \underline{u}(\tau) \; d\tau \qquad . \tag{32.19}$$

Die partikuläre Lösung nach (32.14) ist damit bekannt. Zusammen mit der homogenen Lösung (32.12) ist die gesamte Lösung

$$\underline{x}(t) = \underline{x}_h(t) + \underline{x}_p(t)$$

$$= \underline{\Phi}(t) \; \underline{x}(0) + \int_0^t \underline{\Phi}(t) \; \underline{\Phi}^{-1}(\tau) \; \underline{B} \; \underline{u}(\tau) \; d\tau \qquad , \tag{32.20}$$

weil aus (32.14) und (32.19) $\underline{x}_p(0)=0$ folgt. Damit gilt aber auch $\underline{x}_h(0)=\underline{x}(0)$.

3.3 Eigenschaften der Zustandsübergangsmatrix

Nach (32.16) erfüllt die Zustandsübergangsmatrix $\underline{\Phi}(t)$ die homogene Differentialgleichung des Systems

$$\frac{d\underline{\Phi}(t)}{dt} = \underline{A} \; \underline{\Phi}(t) \qquad , \tag{33.1}$$

die deshalb zur Berechnung von $\underline{\Phi}(t)$ verwendet werden kann.

Wenn man annimmt, daß der Anfangszustand des Systems nicht zur Zeit $t=0$, sondern für $t=t_0$ gegeben ist, hängt die Reihenentwicklung für $\underline{x}_h(t)$ nach (32.5) von t_0 ab, so daß auch die Zustandsübergangsmatrix von t_0 abhängt. Dies wird durch die Bezeichnung $\underline{\Phi}(t,t_0)$ ausgedrückt. Für zeitinvariante Systeme gilt jedoch

$$\underline{\Phi}(t,t_0) = \underline{\Phi}(t-t_0) = e^{\underline{A} \cdot (t-t_0)} \quad , \tag{33.2}$$

d.h. die Zustandsübergangsmatrix hängt nur von der Zeitdifferenz ab.

Das Produkt zweier Matrizen für zwei Zeitintervalle, die aneinandergrenzen, ist durch

$$\underline{\Phi}(t-t_1) \, \underline{\Phi}(t_1-t_0) = e^{\underline{A}(t-t_1)} \, e^{\underline{A}(t_1-t_0)}$$

$$= e^{\underline{A}(t-t_1+t_1-t_0)} = \underline{\Phi}(t-t_0) \quad . \tag{33.3}$$

gegeben. Setzt man $t=t_0$, so folgt:

$$\underline{\Phi}(t-t_0)\Big|_{t=t_0} = e^{\underline{A}(t-t_0)}\Big|_{t=t_0} = e^{\underline{A} \cdot 0} = \underline{I} \quad . \tag{33.4}$$

Mit (33.3) gilt dann

$$\underline{\Phi}(t_0-t_1) \, \underline{\Phi}(t_1-t_0) = \underline{I} \tag{33.5}$$

bzw.

$$\underline{\Phi}(t_0-t_1) = \underline{\Phi}^{-1}(t_1-t_0) \quad . \tag{33.6}$$

Speziell gilt für $t_0=0$ und $t_1=t$:

$$\underline{\Phi}(-t) = \underline{\Phi}^{-1}(t) \quad . \tag{33.7}$$

Verwendet man (33.3) und (33.7) in (32.19), so folgt für die Lösung der Zustandsvektordifferentialgleichung bei beliebigem Anfangszeitpunkt t_0:

$$\underline{x}(t) = \underline{\Phi}(t-t_0) \, \underline{x}(t_0) + \int_{t_0}^{t} \underline{\Phi}(t) \, \underline{\Phi}^{-1}(\tau) \, \underline{B} \, \underline{u}(\tau) \, d\tau$$

$$= \underline{\Phi}(t-t_0) \, \underline{x}(t_0) + \int_{t_0}^{t} \underline{\Phi}(t-\tau) \, \underline{B} \, \underline{u}(\tau) \, d\tau \quad . \tag{33.8}$$

Wenn das System zeitvariabel ist, hängen die Matrizen $\underline{A}$ und $\underline{B}$ von der Zeit ab. Dann ist die Zustandsübergangsmatrix nicht mehr eine Funktion der betrachteten Zeitdifferenz, und die Bezeichnung (33.2) gilt nicht mehr. Zur Berechnung von $\underline{\Phi}(t,\tau)$ ist dann (33.1) bei zeitabhängiger Matrix $\underline{A}(t)$ zu lösen. Mit der Lösung von $\partial\underline{\Phi}(t,t_0)/\partial t=\underline{A}(t)\cdot\underline{\Phi}(t,t_0)$ für $\underline{\Phi}(t,t_0)$ gilt für den Zustandsvektor

$$\underline{x}(t) = \underline{\Phi}(t,t_0)\ \underline{x}(t_0) + \int_{t_0}^{t}\underline{\Phi}(t,\tau)\ \underline{B}(\tau)\ \underline{u}(\tau)\ d\tau \quad , \qquad (33.9)$$

wobei der erste Term die Antwort des unerregten Systems bezeichnet und der zweite durch Erregung mit $\underline{u}(t)$ entsteht.

Im übrigen gelten die hier genannten Eigenschaften der Zustandsübergangsmatrix für zeitinvariante Systeme entsprechend für die Matrix $\underline{\Phi}(t,\tau)$ zeitvariabler Systeme.

3.4 Vollständige Systembeschreibung durch Zustandsvariable

In (31.1) bzw. (31.3) wurde angenommen, daß das System eine Ausgangsgröße $y(t)$ und eine Eingangsgröße $u(t)$ besitzt. Dies ist eine sehr spezielle Annahme. Ein allgemeines lineares System besitzt q Ausgangsgrößen $y_i(t)$, die durch Linearkombinationen aus den n Zustandsvariablen und den p Eingangsgrößen $u_i(t)$ gebildet werden. Faßt man die Ausgangsgrößen zu einem Vektor $\underline{y}(t)$ zusammen, so erhält man eine (31.9) entsprechende Beziehung

$$\underline{y}(t) = \underline{C}\ \underline{x}(t) + \underline{D}\ \underline{u}(t) \quad . \qquad (34.1)$$

Je nach den Eigenschaften des Systems sind die Matrizen $\underline{C}$ und $\underline{D}$ zeitabhängig oder konstant. Die Matrix $\underline{C}$ ist q-zeilig und n-spaltig, $\underline{D}$ besitzt q Zeilen und p Spalten.

Die vollständige Systembeschreibung für zeitkonstante oder zeitvariable lineare Systeme ist durch die Zustandsgleichungen (31.9) und (34.1) möglich, die wegen ihrer Bedeutung hier zusammen angegeben werden

$$\frac{d\underline{x}(t)}{dt} = \underline{A}(t)\ \underline{x}(t) + \underline{B}(t)\ \underline{u}(t)$$

$$\underline{y}(t) = \underline{C}(t)\ \underline{x}(t) + \underline{D}(t)\ \underline{u}(t) \quad . \qquad (34.2)$$

Das zugehörige Vektorflußdiagramm zeigt Bild 3.2, das in seinem oberen Teil Bild 3.1 zur Darstellung der ersten Zustandsgleichung enthält.

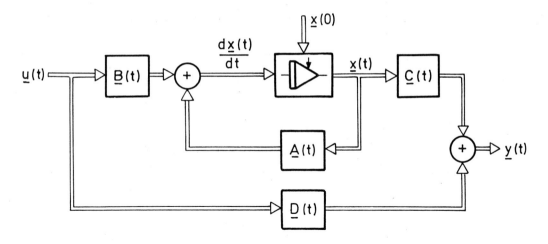

Bild 3.2   Vektorflußdiagramm des vollständigen linearen Systems

Weil man mit den Zustandsgleichungen nach (34.2) lineare zeitin-
variante. Systeme darstellen kann, muß man aus (34.2) auch die
Systemmatrix bzw. die Matrix der Impulsantworten eines derartigen
Systems bestimmen können. Nimmt man an, daß das System sich zum
Zeitpunkt t=0 im entspannten Zustand befindet, dann sind die
Laplace-Transformierten der Zustandsgleichungen für die konstan-
ten Matrizen $\underline{A}$, $\underline{B}$, $\underline{C}$ und $\underline{D}$ durch

$$s \ \underline{X}(s) = \underline{A} \ \underline{X}(s) + \underline{B} \ \underline{U}(s)$$

$$\underline{Y}(s) \quad = \underline{C} \ \underline{X}(s) + \underline{D} \ \underline{U}(s)$$

(34.3)

gegeben. Elimination von $\underline{X}(s)$ führt auf die Systemmatrix

$$\underline{A}_0(s) = \underline{C} \ (s \ \underline{I} - \underline{A})^{-1} \ \underline{B} + \underline{D} \quad .$$

(34.4)

Durch inverse Laplace-Transformation von $\underline{A}_0(s)$ kann man nun die
Matrix der Impulsantworten finden, womit das System auch im
Zeitbereich bezüglich seines Eingangs-/Ausgangsverhaltens be-
schrieben ist.

Die Elimination von $\underline{X}(s)$ zeigt, daß die Zustandsgleichungen mehr
Information über das betrachtete System enthalten als z.B. die
nach (34.4) berechnete Systemmatrix, die lediglich eine Aussage
über das Eingangs-/Ausgangsverhalten, nicht jedoch über die innere Struktur macht. Die Kenntnis der inneren Struktur ist aber

immer dann wichtig, wenn man das System realisieren will.

3.5 Beschreibung zeitdiskreter Systeme durch Zustandsvariable

Es sollen nun die Zustandsgleichungen für zeitdiskrete Systeme abgeleitet werden. Dabei wird vorausgesetzt, daß die Abtastwerte der zeitdiskreten Signale äquidistant im Abstand T aufeinander folgen, wobei T so zu wählen ist, daß das Abtasttheorem eingehalten wird.

Die Zustandsgleichungen für zeitdiskrete Systeme sollen hier ausgehend von der Lösung der Zustandsgleichungen für kontinuierliche Systeme gewonnen werden. Es sind auch andere Herleitungen möglich, bei denen die Analogie zwischen den Differential- gleichungen der kontinuierlichen und den Differenzengleichungen der zeitdiskreten Systeme deutlicher wird. Andererseits lassen sich die bei der nun folgenden Herleitung gewonnenen Ergebnisse anschaulicher auf apparative Realisierungen übertragen.

Der Zustandsvektor eines zeitinvarianten kontinuierlichen Systems ist nach (33.8):

$$\underline{x}(t) = \underline{\Phi}(t-t_0) \; \underline{x}(t_0) + \int_{t_0}^{t} \underline{\Phi}(t-\tau) \; \underline{B} \; \underline{u}(\tau) \; d\tau \quad . \qquad (35.1)$$

Diese Gleichung beschreibt den Übergang des Systems vom Anfangs- zustand zum Zeitpunkt t_0 zum aktuellen Zeitpunkt t.

Ein zeitdiskretes Signal, also auch der Zustandsvektor, wird zu diskreten Zeiten iT beobachtet. Es soll nun der Übergang des Systems vom Zeitpunkt $t_0=kT$ zum Zeitpunkt $t=(k+1)T$ bestimmt wer- den. Setzt man diese Zeiten in (35.1) ein, so folgt:

$$\underline{x}((k+1)T) = \underline{\Phi}((k+1)T-kT) \; \underline{x}(kT)$$

$$+ \int_{kT}^{(k+1)T} \underline{\Phi}((k+1)T-\tau) \; \underline{B} \; \underline{u}(\tau) \; d\tau \quad . \qquad (35.2)$$

Der kontinuierliche Signalvektor $\underline{u}(\tau)$ in (35.2) geht in den festen, im Zeitintervall $kT \leq \tau < (k+1)T$ konstanten Vektor $\underline{u}(kT)$ über, weil $\underline{u}(\tau)$ zur Zeit kT abgetastet wird und sich dieser Abtastwert $\underline{u}(kT)$ bis zur Zeit $(k+1)T$ nicht mehr ändert. Damit gilt für (35.2):

$$\underline{x}((k+1)T) = \underline{\Phi}(T)\ \underline{x}(kT)$$

$$+ \int_{kT}^{(k+1)T} \underline{\Phi}((k+1)T-\tau)\ d\tau\ \underline{B}\ \underline{u}(kT) \qquad . \qquad (35.3)$$

Bei einem zeitinvarianten System ist das Integral in (35.3) vom Abtastzeitpunkt kT unabhängig. Damit gilt

$$\int_{kT}^{(k+1)T} \underline{\Phi}((k+1)T-\tau)\ d\tau = \int_{0}^{T} \underline{\Phi}(T-\tau)\ d\tau = \int_{0}^{T} \underline{\Phi}(\tau)d\tau \qquad , \qquad (35.4)$$

wie auch Bild 3.3 veranschaulicht. Für (35.3) folgt damit:

$$\underline{x}((k+1)T) = \underline{\Phi}(T)\ \underline{x}(kT) + \int_{0}^{T} \underline{\Phi}(\tau)\ d\tau\ \underline{B}\ \underline{u}(kT) \qquad . \qquad (35.5)$$

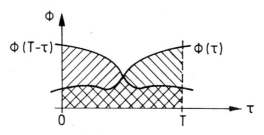

Bild 3.3   Zur Veranschaulichung von (35.4)

Mit dieser Beziehung kann man den Zustandsvektor des zugehörigen zeitdiskreten Systems zu jedem beliebigen Zeitpunkt bestimmen, indem man (35.5) wiederholt anwendet.

Um eine Form der Gleichung zu finden, die der für kontinuierliche Systeme nach (31.9) entspricht, wobei an Stelle der Ableitung des Zustandsvektors dessen Änderung zum nachfolgenden Abtastzeitpunkt betrachtet wird, setzt man in (35.5)

$$\underline{\Phi}(T) = \underline{A}_T \qquad (35.6)$$

$$\int_{0}^{T} \underline{\Phi}(\tau)\ d\tau\ \underline{B} = \underline{B}_T \qquad (35.7)$$

und erhält

$$\underline{x}((k+1)T) = \underline{A}_T\ \underline{x}(kT) + \underline{B}_T\ \underline{u}(kT) \qquad . \qquad (35.8)$$

Für die zweite Zustandsgleichung des kontinuierlichen Systems kann man die entsprechende Gleichung des zeitdiskreten Systems angeben:

$$\underline{y}(kT) = \underline{C}_T \; \underline{x}(kT) + \underline{D}_T \; \underline{u}(kT) \tag{35.9}$$

mit

$$\underline{C}_T = \underline{C} \tag{35.10}$$

$$\underline{D}_T = \underline{D} \quad . \tag{35.11}$$

Vereinbarungsgemäß wird in den Argumenten der zeitdiskreten Signale die Abtastperiode T nicht angegeben. Damit gilt für die Zustandsgleichungen des zeitdiskreten Systems

$$\underline{x}(k+1) = \underline{A}_T \; \underline{x}(k) + \underline{B}_T \; \underline{u}(k)$$

$$\tag{35.12}$$

$$\underline{y}(k) \quad = \underline{C}_T \; \underline{x}(k) + \underline{D}_T \; \underline{u}(k) \quad .$$

Bild 3.4 zeigt dazu das Vektorflußdiagramm, das ganz dem Vektorflußdiagramm für kontinuierliche Systeme nach Bild 3.2 entspricht. Statt des Integrierers wird hier ein Halteglied verwendet. Die z-Transformierte der Impulsantwort dieses Systems ist 1/z und entspricht der Laplace-Transformierten der Impulsantwort des Integrierers mit der Systemfunktion 1/s. Diese Analogie wurde durch die hier angegebene Herleitung der Zustandsgleichungen des zeitdiskreten Systems erzielt.

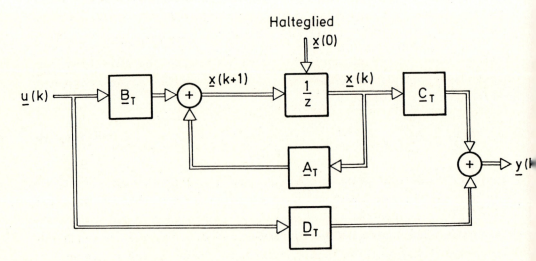

Bild 3.4 Vektorflußdiagramm des zeitdiskreten linearen Systems

Das Halteglied hält den Abtastwert an seinem Eingang über eine Periode der Dauer T unverändert fest und gibt ihn dann an das nachfolgende Element des Systems weiter.

Bei zeitvariablen Systemen hängen die Matrizen $\underline{A}_T$, $\underline{B}_T$, $\underline{C}_T$ und $\underline{D}_T$ der Zustandsgleichungen (35.12) vom Zeitparameter k ab:

$$\underline{x}(k+1) = \underline{A}_T(k)\,\underline{x}(k) + \underline{B}_T(k)\,\underline{u}(k)$$

$$\underline{y}(k) \;\;= \underline{C}_T(k)\,\underline{x}(k) + \underline{D}_T(k)\,\underline{u}(k) \qquad . \tag{35.13}$$

Aus (35.3) und (35.7) folgt für die Matrizen $\underline{A}_T(k)$ und $\underline{B}_T(k)$

$$\underline{A}_T(k) = \underline{\Phi}((k+1)T, kT)$$

$$\underline{B}_T(k) = \int_{kT}^{(k+1)T} \underline{\Phi}((k+1)T, \tau)\,\underline{B}(\tau)\,d\tau \qquad , \tag{35.14}$$

während für die Matrizen $\underline{C}_T(k)$ und $\underline{D}_T(k)$

$$\underline{C}_T(k) = \underline{C}(kT) \qquad , \qquad \underline{D}_T(k) = \underline{D}(kT) \tag{35.15}$$

gilt.

Die Zustandsgleichungen erlauben in der angegebenen Form die Berechnung des Zustandes zum Zeitpunkt $(k+1)T$, wenn man den Zustand zur Zeit kT kennt. Will man den Zustand des Systems zur Zeit nT bestimmen, wenn man den Anfangszustand $\underline{x}(0)$ kennt, so muß man, wie im Anschluß an (35.5) gesagt wurde, die Zustandsgleichung wiederholt anwenden. Daraus erhält man ein Gleichungssystem, das man rekursiv für den gesuchten Zustand $\underline{x}(n)$ lösen kann. Setzt man k=0 bis k=n-1 in die erste Beziehung von (35.13) ein und löst nach $\underline{x}(n)$ auf, so erhält man

$$\underline{x}(n) = \prod_{j=n-1}^{0} \underline{A}_T(j)\,\underline{x}(0) + \sum_{j=0}^{n-1}\left[\prod_{i=n-1}^{j+1} \underline{A}_T(i)\right] \underline{B}_T(j)\,\underline{u}(j) \quad . \tag{35.16}$$

Bei der Produktbildung ist hier stets mit der unteren Grenze zu beginnen. Für den zweiten Term dieser Gleichung ist ferner folgende Regel zu beachten: Beim letzten Summanden, also für j=n-1, wird die obere Grenze des Produkts größer als die untere. In diesem Fall ist das Produkt nicht auszuführen, sondern gleich der Einheitsmatrix $\underline{I}$ zu setzen. Für (35.16) gilt also:

Tab. 3.1 Zustandsgleichungen, Definitionen

===

Zustandsgleichungen

Definitionen:

$\underline{u}(t)$, $\underline{u}(k)$	Eingangsvektoren, p-dimensional
$\underline{x}(t)$, $\underline{x}(k)$	Zustandsvektoren, n-dimensional
$\underline{y}(t)$, $\underline{y}(k)$	Ausgangsvektoren, q-dimensional
$\underline{A}(t)$, $\underline{A}_T(k)$	Matrizen, n Zeilen, n Spalten
$\underline{B}(t)$, $\underline{B}_T(k)$	Matrizen, n Zeilen, p Spalten
$\underline{C}(t)$, $\underline{C}_T(k)$	Matrizen, q Zeilen, n Spalten
$\underline{D}(t)$, $\underline{D}_T(k)$	Matrizen, q Zeilen, p Spalten

Bei zeitinvarianten Systemen fällt das Argument t bzw. k der Matrizen $\underline{A}$, $\underline{B}$, $\underline{C}$ und $\underline{D}$ weg, so daß diese Matrizen konstante Elemente enthalten.

Zustandsgleichungen:

a) kontinuierliche Systeme

$$\frac{d\underline{x}(t)}{dt} = \dot{\underline{x}}(t) = \underline{A}(t)\,\underline{x}(t) + \underline{B}(t)\,\underline{u}(t)$$

$$\underline{y}(t) = \underline{C}(t)\,\underline{x}(t) + \underline{D}(t)\,\underline{u}(t)$$

b) zeitdiskrete Systeme, Abtastperiode T

$$\underline{x}(k+1) = \underline{A}_T(k)\,\underline{x}(k) + \underline{B}_T(k)\,\underline{u}(k)$$

$$\underline{y}(k) = \underline{C}_T(k)\,\underline{x}(k) + \underline{D}_T(k)\,\underline{u}(k)$$

Statt der Argumente t=(k+1)T bzw. t=kT wurde zur Abkürzung hier k+1 bzw. k gesetzt.

===

Tab. 3.2 Lösung der Zustandsgleichungen

===

Lösung der Zustandsgleichungen

$\underline{\Phi}(t,t_0)$ Zustandsübergangsmatrix oder Fundamentalmatrix, n Spalten und Zeilen, beschreibt den Übergang des Systems vom Zustand zur Zeit t_0 in den Zustand des Systems zur laufenden Zeit t.

Zustandsvektoren

a) kontinuierliche Systeme

  α) zeitvariabel

$$\underline{x}(t) = \underline{\Phi}(t,t_0)\ \underline{x}(t_0) + \int_{t_0}^{t} \underline{\Phi}(t,\tau)\ \underline{B}(\tau)\ \underline{u}(\tau)\ d\tau$$

  ß) zeitinvariant

$$\underline{x}(t) = \underline{\Phi}(t-t_0)\ \underline{x}(t_0) + \int_{t_0}^{t} \underline{\Phi}(t-\tau)\ \underline{B}\ \underline{u}(\tau)\ d\tau$$

  mit $\underline{\Phi}(t-t_0) = \exp(\underline{A}\cdot(t-t_0))$

b) zeitdiskrete Systeme, Abtastperiode T

  α) zeitvariabel

$$\underline{x}(k) = \prod_{j=k-1}^{0}\underline{A}_T(j)\ \underline{x}(0) + \sum_{j=0}^{k-1}[\prod_{i=k-1}^{j+1}\underline{A}_T(i)]\ \underline{B}_T(j)\ \underline{u}(j)$$

Man beachte bezüglich des letzten Terms den Hinweis zu (35.16)

  ß) zeitinvariant

$$\underline{x}(k) = (\underline{A}_T)^k\ \underline{x}(0) + \sum_{j=0}^{k-1}(\underline{A}_T)^{k-1-j}\ \underline{B}_T\ \underline{u}(j)$$

  mit $\underline{A}_T = \underline{\Phi}(T) = \exp(\underline{A}T)$, $\underline{B}_T = \int_{t_0}^{t}\underline{\Phi}(\tau)\ d\tau\ \underline{B}$

===

$$\underline{x}(n) = \prod_{j=n-1}^{0} \underline{A}_T(j) \ \underline{x}(0) + \sum_{j=0}^{n-2} [\prod_{i=n-1}^{j+1} \underline{A}_T(i)] \ \underline{B}_T(j) \ \underline{u}(j)$$

$$+ \ \underline{B}_T(n-1) \ \underline{u}(n-1) \quad . \qquad (35.17)$$

Diese Schreibweise wurde gewählt, um bei später folgenden Aus-drücken ähnlicher Form, bei denen dieselbe Regel zu beachten ist, eine übersichtlichere Darstellung zu gewinnen.

3.6 Alternative Form der Zustandsgleichungen

Statt der Zustandsgleichungen in der Form von (34.2) und (35.13), bei der man vier Matrizen verwendet, ist auch eine andere Form üblich, die nur drei Matrizen benötigt. Man wird häufig sogar bei den bisher betrachteten Zustandsgleichungen nur drei Matrizen brauchen, da die vierte, die Matrix $\underline{D}$ bzw. $\underline{D}_T$, die Durchgangs-matrix zur Beschreibung des Durchgangs von $\underline{u}(t)$ bzw. $\underline{u}(k)$ durch das System, oft gleich Null ist.

Die Zustandsgleichungen, bei denen grundsätzlich nur drei Matri-zen auftreten, haben die Form

$$\frac{d\underline{x}'(t)}{dt} = \underline{A}'(t) \ \underline{x}'(t) + \underline{B}'(t) \ \underline{u}'(t)$$

$$\underline{y}(t) \quad = \underline{C}'(t) \ \underline{x}'(t) \qquad\qquad (36.1)$$

bzw.

$$\underline{x}'(k+1) = \underline{A}_T'(k) \ \underline{x}'(k) + \underline{B}_T'(k) \ \underline{u}(k)$$

$$\underline{y}(k) \quad = \underline{C}_T'(k) \ \underline{x}'(k) \quad . \qquad (36.2)$$

Darin ist $\underline{x}'(t)$ bzw. $\underline{x}'(k)$ ein modifizierter Zustandsvektor, der aus dem bisherigen Zustandsvektor und dem Eingangsvektor $\underline{u}(t)$ bzw. $\underline{u}(k)$ besteht:

$$\underline{x}'(t) = \begin{bmatrix} \underline{x}(t) \\ \underline{u}(t) \end{bmatrix} \qquad \underline{x}'(k) = \begin{bmatrix} \underline{x}(k) \\ \underline{u}(k) \end{bmatrix} \quad . \qquad (36.3)$$

Vergleicht man die Zustandsgleichungen (36.1) und (36.2) mit den bisher betrachteten, so folgt für die Bedeutung der Matrizen

$$\underline{A}' = \left[\begin{array}{cc} \underline{A} & \underline{0} \\ \underline{0} & \underline{0} \end{array}\right] \qquad (36.4)$$

$$\underline{B}' = \left[\begin{array}{c} \underline{B} \\ \underline{0} \end{array}\right] \qquad (36.5)$$

$$\underline{C}' = [\ \underline{C},\ \underline{D}\ ] \quad , \qquad (36.6)$$

wobei diese Matrizen gegebenenfalls zeitabhängig sind. Setzt man $\underline{A}'$, $\underline{B}'$ und $\underline{C}'$ in dieser Form in (36.1) und (36.2) ein, erhält man die in den vorigen Abschnitten behandelten Zustandsgleichungen. Zusätzlich erhält man die Beziehungen $\underline{\dot{u}}(t)=0$ und $\underline{u}(k+1)=0$, die nicht weiter interessieren.

Verwendet man die hier entwickelte Form der Zustandsgleichungen, so läßt man die Striche in (36.1) und (36.2) weg und erhält

$$\frac{d\underline{x}(t)}{dt} = \underline{A}(t)\ \underline{x}(t) + \underline{B}(t)\ \underline{u}(t)$$

$$\underline{y}(t) = \underline{C}(t)\ \underline{x}(t) \qquad (36.7)$$

bzw.

$$\underline{x}(k+1) = \underline{A}_T(k)\ \underline{x}(k) + \underline{B}_T(k)\ \underline{u}(k)$$

$$\underline{y}(k) = \underline{C}_T(k)\ \underline{x}(k) \quad , \qquad (36.8)$$

wobei die andere Bedeutung der Vektoren und Matrizen zu beachten ist. Insbesondere bezeichnet hier $\underline{x}(t)$ bzw. $\underline{x}(k)$ nicht mehr die ursprünglichen, physikalischen Zustandsvariablen, da hier die tatsächlichen Zustandsvariablen mit den Erregungen verknüpft werden. Deshalb ist der neue Zustandsvektor auch (n+p)-dimensional, die neue Matrix $\underline{A}$ (n+p)-zeilig und -spaltig, $\underline{B}$ (n+p)-zeilig und p-spaltig und $\underline{C}$ q-zeilig und (n+p)-spaltig.

Diese Form der Darstellung sagt grundsätzlich nicht mehr über das betrachtete System aus und hat bei Rechnungen mit vielen Matrizen nur den Vorteil, mit der Minimalzahl erforderlicher Matrizen auszukommen.

3.7 Beschreibung von Prozessen durch Zustandsvariable

Stationäre und schwach stationäre Zufallsprozesse lassen sich mit

Hilfe ihrer Autokorrelationsfunktionen bzw. ihrer Leistungsdichten beschreiben. Davon wurde bei der Betrachtung der Wiener-Filter Gebrauch gemacht.

Will man auch instationäre Prozesse untersuchen, so ist diese Darstellungsweise nicht geeignet. Weil sich zeitvariable und zeitinvariante Systeme durch Zustandsvariablen beschreiben lassen, liegt es nahe, ein auf den Zustandsgleichungen basierendes Modell für stationäre und instationäre Prozesse zu entwickeln.

Bei der Nachrichtenübertragung spielen zwei Prozesse eine Rolle: der Signalprozeß $\underline{a}(\tau)$ und der Störprozeß $\underline{n}(\tau)$, wobei beide Prozesse zeitdiskrete oder kontinuierliche Vektorprozesse sein können.

Verwendet man die Zustandsgleichungen nach (36.7) bzw. (36.8) zur Beschreibung des Signalprozesses, wie er am Ausgang des Senders zur Verfügung steht, so kann man die Musterfunktion $\underline{a}(\tau)$ des Prozesses $\underline{a}(\tau)$ mit dem Zustandsvektor $\underline{x}(t)$ bzw. $\underline{x}(k)$ identifizieren. Das Ausgangssignal des Senders $\underline{y}(t)$ bzw. $\underline{y}(k)$ entspricht dann im Modell des Nachrichtenübertragungssystems nach Bild 1.1 einem Vektor $\underline{s}(t,\underline{a}(t))$ bzw. $\underline{s}(k,\underline{a}(k))$. Die Funktion des Senders kommt damit durch die Matrix $\underline{C}(t)$ bzw. $\underline{C}_T(k)$ zum Ausdruck.

Die Quelle wird durch die Matrizen $\underline{A}(t)$ und $\underline{B}(t)$ bzw. $\underline{A}_T(k)$ und $\underline{B}_T(k)$ beschrieben. Man nimmt an, daß der Prozeß $\underline{u}(t)$ bzw. $\underline{u}(k)$ ein weißer Prozeß ist, für den

$$E(\underline{u}(t)\ \underline{u}^T(\delta)) = \underline{U}(t)\ \delta_0(t-\delta) \qquad (37.1)$$

bzw.

$$E(\underline{u}(k)\ \underline{u}^T(1)) = \underline{U}(k)\ \delta_{kl} \qquad (37.2)$$

gilt. Dabei ist $\delta_0(t-\delta)$ die Dirac-Funktion und δ_{kl} das Kronecker-Symbol, so daß alle Amplitudenwerte des Prozesses, die einen beliebig kleinen zeitlichen Abstand voneinander haben, nicht miteinander korreliert sind. Die Matrix $\underline{U}(t)$ bzw. $\underline{U}(k)$ stellt die Gewichtung der Korrelationsmatrix des Steuerprozesses dar. Diese Matrix soll künftig in Vereinfachung der Sprachregelung Korrelationsmatrix genannt werden.

Für den Signalprozeß $\underline{s}(\tau,\underline{a}(\tau))$ bzw. dessen Musterfunktionen am Ausgang des Senders gelten damit die (36.7) bzw. (36.8) entsprechenden Zustandsgleichungen

$$\dot{\underline{a}}(t) = \underline{A}(t)\ \underline{a}(t) + \underline{B}(t)\ \underline{u}(t)$$

$$\underline{s}(t,\underline{a}(t)) = \underline{C}(t)\ \underline{a}(t)$$

(37.3)

bzw.

$$\underline{a}(k+1) = \underline{A}_T(k)\ \underline{a}(k) + \underline{B}_T(k)\ \underline{u}(k)$$

$$\underline{s}(k,\underline{a}(k)) = \underline{C}_T(k)\ \underline{a}(k) \quad .$$

(37.4)

Die Matrix $\underline{C}(t)$ bzw. $\underline{C}_T(k)$ richtet sich nach der Funktion des Senders. Wenn dieser z.B. aus dem Signalprozeß ein zweiseiten-band-amplitudenmoduliertes Signal formt, ist die Matrix im konti-nuierlichen Fall eine Diagonalmatrix, deren Elemente von der Form $\cos\omega_i t$ sind.

Auf dem Kanal überlagert sich dem Signalprozeß additiv ein Stör-prozeß $\underline{n}(t)$ bzw. $\underline{n}(k)$, so daß für das gestörte Empfangssignal

$$\underline{r}(t) = \underline{s}(t,\underline{a}(t)) + \underline{n}(t) = \underline{C}(t)\ \underline{a}(t) + \underline{n}(t)$$

bzw.

(37.5)

$$\underline{r}(k) = \underline{s}(k,\underline{a}(k)) + \underline{n}(k) = \underline{C}_T(k)\ \underline{a}(k) + \underline{n}(k)$$

gilt. Auch hier nimmt man an, daß der Störprozeß ein weißer Prozeß ist. Damit gilt entsprechend (37.1) und (37.2) mit der dort eingeführten Sprachregelung

$$E(\underline{n}(t)\ \underline{n}^T(\delta)) = \underline{N}(t)\ \delta_0(t-\delta)$$

(37.6)

bzw.

$$E(\underline{n}(k)\ \underline{n}^T(l)) = \underline{N}(k)\ \delta_{kl} \quad .$$

(37.7)

Zunächst scheint die Annahme, daß die Prozesse $\underline{u}(\tau)$ und $\underline{n}(\tau)$ weiß sind, sehr willkürlich und weitgehend zu sein. Bedenkt man je-doch, daß durch die Wahl der Matrizen $\underline{A}(t)$ und $\underline{B}(t)$ in (37.3) bzw. $\underline{A}_T(k)$ und $\underline{B}_T(k)$ in (37.4) der den Sender steuernde Signal-prozeß den physikalischen Gegebenheiten entsprechend festgelegt werden kann, wird die Annahme eines weißen Steuerprozesses sinn-voll. Bei stationären Prozessen bedeutet das, daß man aus dem weißen Rauschen durch Filterung jeden beliebigen farbigen Rauschprozeß formen kann.

Dagegen scheint die Beschränkung auf weiße Störprozesse im Kanal tatsächlich einschneidend und den physikalischen Verhältnissen nicht immer entsprechend. Neben dem weißen Rauschen kann auch farbiges Rauschen als Störung auftreten, das durch die Beziehungen (37.5) nicht erfaßt wird. Vielmehr müßte gelten

$$\underline{r}(t) = \underline{C}(t)\,\underline{a}(t) + \underline{n}_f(t) + \underline{n}(t)$$

bzw. $\hspace{9cm}$ (37.8)

$$\underline{r}(k) = \underline{C}_T(k)\,\underline{a}(k) + \underline{n}_f(k) + \underline{n}(k) \quad ,$$

wobei $\underline{n}_f(t)$ bzw. $\underline{n}_f(k)$ den farbigen Störanteil bezeichnet. Will man auch diesen in den Zustandsgleichungen berücksichtigen, so geht man wie bei der Elimination der Durchgangsmatrix $\underline{D}(t)$ bzw. $\underline{D}_T(k)$ in Abschnitt 3.6 vor: Man ordnet den Störanteil $\underline{n}_f(t)$ bzw. $\underline{n}_f(k)$ dem Zustandsvektor zu, der u.a. durch den weißen Steuerprozeß $\underline{u}(t)$ bzw. $\underline{u}(k)$ gebildet wird. Durch Wahl der Anteile der Matrizen $\underline{A}$ und $\underline{B}$, die die farbigen Störkomponenten im Zustandsvektor beeinflussen, kann man die physikalischen Eigenschaften des farbigen Rauschens berücksichtigen. Damit gelangt man aber wieder auf die Form der Zustandsgleichungen, die durch die Beziehungen (37.3) bis (37.5) gegeben sind, wobei freilich nur die ersten Komponenten des Zustandsvektors den ursprünglichen Signalprozeß beschreiben.

Modelle für die kontinuierlichen und zeitdiskreten Signal- und Störprozesse zeigt Bild 3.5. Dabei wurden die Komponenten nach ihrer Funktion der Quelle, dem Sender und dem Kanal nach Bild 1.1 zugeordnet.

Zur vollständigen Beschreibung der Prozesse ist außer der Angabe der Systemmatrizen sowie der Korrelationsmatrizen für den Steuerprozeß $\underline{u}(t)$ bzw. $\underline{u}(k)$ und den Störprozeß $\underline{n}(t)$ bzw. $\underline{n}(k)$ auch die Kenntnis der Mittelwerte dieser Prozesse und des Anfangswertes $\underline{a}(0)$ des Zustandsvektors erforderlich. Ferner benötigt man eine Angabe über die Korrelation zwischen Steuer- und Störprozeß. In der Regel nimmt man an, daß die Prozesse mittelwertfrei sind. Ist diese Annahme nicht zulässig, kann man den von Null verschiedenen Mittelwert als determinierten Anteil betrachten, der nach den Regeln der Systemtheorie zu behandeln ist. Bei Mittelwertfreiheit gilt:

$$E(\underline{u}(t)) = E(\underline{n}(t)) = \underline{0}$$

bzw.   (37.9)

$$E(\underline{u}(k)) = E(\underline{n}(k)) = \underline{0} \quad .$$

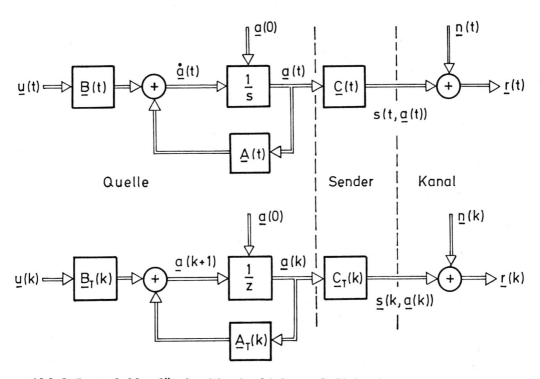

Bild 3.5 Modelle für kontinuierliche und diskrete Prozesse

Weil Steuer- und Störprozeß aus verschiedenen Quellen stammen,
nimmt man i.a. an, daß sie nicht miteinander und nicht mit der
den Anfangszustand beschreibenden Zufallsvariablen $\underline{a}(0)$ korreliert sind. Wenn man zur Vereinfachung der Schreibweise das
Matrizenformat unbeachtet läßt, kann man diesen Sachverhalt in
der Form

$$E(\underline{u}(t)\,\underline{n}^T(\tau)) = E(\underline{u}(t)\,\underline{a}^T(0)) = E(\underline{n}(t)\,\underline{a}^T(0)) = \underline{0}$$

bzw.   (37.10)

$$E(\underline{u}(k)\,\underline{n}^T(j)) = E(\underline{u}(k)\,\underline{a}^T(0)) = E(\underline{n}(k)\,\underline{a}^T(0)) = \underline{0}$$

darstellen. Annahmen über die statistischen Eigenschaften der den

Tab. 3.3 Prozeßdarstellung durch Zustandsgleichungen

Prozesse

$\underline{u}(\tau)$ Steuerprozeß

$\underline{n}(\tau)$ Störprozeß

$\underline{a}(\tau)$ Zustandsvektor (Nachrichtensignal)

$\underline{r}(\tau)$ gestörter Signalprozeß

Darstellung durch Zustandsgleichungen

a) zeitdiskrete Prozesse $(\tau=k)$. Modell für die Musterfunktionen

$$\underline{a}(k+1) = \underline{A}_T(k)\, \underline{a}(k) + \underline{B}_T(k)\, \underline{u}(k)$$

$$\underline{r}(k) \quad = \underline{C}_T(k)\, \underline{a}(k) + \underline{n}(k)$$

b) kontinuierliche Prozesse $(\tau=t)$. Modell für die Musterfunktionen

$$\dot{\underline{a}}(t) = \underline{A}(t)\, \underline{a}(t) + \underline{B}(t)\, \underline{u}(t)$$

$$\underline{r}(t) = \underline{C}(t)\, \underline{a}(t) + \underline{n}(t)$$

Annahmen

$E(\underline{u}(\tau)) = E(\underline{n}(\tau)) = \underline{0}$ Mittelwert Null

$E(\underline{u}(k)\, \underline{u}^T(1)) = \underline{U}(k)\, \delta_{kl}$ $\underline{u}(\tau)$ und $\underline{n}(\tau)$ sind weiße

$E(\underline{n}(k)\, \underline{n}^T(1)) = \underline{N}(k)\, \delta_{kl}$ Prozesse: aufeinanderfolgende Signalwerte sind

$E(\underline{u}(t)\, \underline{u}^T(\delta)) = \underline{U}(t)\, \delta_0(t-\delta)$ nicht miteinander korreliert

$E(\underline{n}(t)\, \underline{n}^T(\delta)) = \underline{N}(t)\, \delta_0(t-\delta)$

$E(\underline{u}(\tau_1)\, \underline{n}^T(\tau_2)) =$ $\underline{u}(\tau)$, $\underline{n}(\tau)$, $\underline{a}(0)$ sind nicht miteinander korreliert

$E(\underline{u}(\tau)\, \underline{a}^T(0)) \quad = E(\underline{n}(\tau)\, \underline{a}^T(0))$

$\qquad\qquad\qquad = 0$

Anfangszustand beschreibenden Zufallsvariablen $\underline{a}(0)$ zu machen, ist oft schwieriger als die Aussage über Steuer- und Störprozeß. Erforderlich sind Annahmen über dessen Mittelwert und Korrelationsmatrix. Auf Grund der physikalischen Gegebenheiten des Prozesses nimmt man zunächst einen Mittelwert $E(\underline{a}(0))$ an. Je nachdem, wie genau dieser Mittelwert den tatsächlichen Verhältnissen zu entsprechen scheint, wählt man die Elemente der Korrelationsmatrix $E(\underline{a}(0) \cdot \underline{a}^T(0))$ mehr oder weniger groß. Wenn man die exakten Anfangswerte kennt, wird die Korrelationsmatrix zu einer Diagonalmatrix, die auf der Hauptdiagonalen die Quadrate dieser Anfangswerte enthält.

Die Modellierung des Prozesses stellt eine Hauptaufgabe bei der Lösung des Schätzproblems dar, da der Schätzer in seiner Güte wesentlich von der Genauigkeit des in ihm steckenden Modells abhängt. Im Modell steckt andererseits wieder alle verfügbare a-priori-Information.

3.8 Zusammenfassung

Während man zumindest schwach stationäre Prozesse durch ihre Autokorrelationsfunktion und Leistungsdichte beschreiben kann, braucht man für instationäre Prozesse eine andere Beschreibungsweise.

Da man zeitabhängige Systeme durch die Zustandsgleichungen geeignet darstellen kann, liegt es nahe, ein Modell instationärer Prozesse aus den Zustandsgleichungen abzuleiten. Dieses Modell besteht aus einer weißen, stationären Rauschquelle, die ein durch die Zustandsgleichungen festgelegtes System speist. Der Ausgangsprozeß ist dann je nach Wahl der Matrizen des Systems stationär oder instationär. Dabei genügt es, das System durch drei Matrizen zu beschreiben, indem man den Zustandsvektor aus Komponenten des weißen Steuerprozesses und des gewünschten Ausgangsprozesses aufbaut.

Zusammenfassend kann man folgende Vorteile für dieses Prozeßmodell angeben:

1. Aus einfachen weißen Prozessen lassen sich die zu betrachtenden physikalischen Prozesse ableiten.

2. Wegen der Darstellungsweise durch Zustandsgleichungen lassen sich mathematische Operationen überschaubar durch Matrizenrechnungen durchführen.

3. Es ist eine Vielfalt von Prozessen darstellbar: stationäre und instationäre Prozesse mit vorgebbaren Korrelationsfunktionen.

4. Die Darstellungsweise durch Zustandsgleichungen eignet sich gut für die Simulation mit einem Digitalrechner.

4 Kalman-Filter

Im 2. Kapitel wurden Wiener-Filter zur Schätzung zeitkontinuierlicher und zeitdiskreter Prozesse untersucht. Dabei war folgende
Aufgabe zu lösen: Einem zumindest schwach stationären Signalprozeß $a(\tau)$ überlagerte sich additiv ein ebenfalls zumindest
schwach stationärer Störprozeß $n(\tau)$. Aus der Musterfunktion $r(\tau)$
des Empfangssignalprozesses $r(\tau)$, die auch für unendlich weit
zurückliegende Zeitpunkte zur Verfügung stand, sollte durch ein
lineares System der optimale Schätzwert für ein Signal $d(\tau)$
gewonnen werden. Dieses Signal $d(\tau)$ ließ sich durch kausale oder
nichtkausale lineare Filterung aus der Musterfunktion $a(\tau)$ des
Signalprozesses $a(\tau)$ ableiten. Als Sonderfälle der Transformation
von $a(\tau)$ in $d(\tau)$ wurden die einfache Filterung, die Prädiktion
und Interpolation betrachtet. Das Optimalitätskriterium bestand
darin, daß der mittlere quadratische Schätzfehler, die Abweichung zwischen dem Prozeß $\hat{d}(\tau)$ des Schätzwerts und dem zu schätzenden Signalprozeß $d(\tau)$, zum Minimum gemacht wurde.

Nun sollen optimale Systeme zur Signalschätzung betrachtet werden, bei denen einige der bei den Wiener-Filtern gemachten Ein-
schränkungen fallengelassen werden. Von den drei Entwurfsge-
sichtspunkten **Struktur des Systems**, **Optimalitätskriterium** und
Kenntnis über die verarbeiteten Signale, die im 2. Kapitel genannt wurden, sollen die ersten beiden unverändert bleiben:
Auch hier werden lineare Systeme zur Signalschätzung untersucht,
deren optimaler Schätzwert eine im quadratischen Mittel minimale
Abweichung zum zu schätzenden Signalwert besitzt.

Bei der Kenntnis der Signale soll jedoch die einschränkende
Annahme stationärer Prozesse, die bis zu unendlich weit zurück-
liegenden Zeitpunkten verfügbar sind, fallengelassen werden.
Statt dessen sind hier auch instationäre Prozesse zugelassen, die

nur in einem endlichen Zeitintervall beobachtbar sind. Dadurch
lassen sich auch Einschwingvorgänge berücksichtigen.

Zur Beschreibung dieser Prozesse wird die Darstellung durch
Zustandsvariable wie im 3. Kapitel verwendet. Das zu schätzende
Signal ist hier ein Vektor. Deshalb kann man nicht den quadrati-
schen Mittelwert des Fehlers nach (1.5), eine skalare Größe, als
Fehlermaß verwenden. Ein geeignetes Fehlermaß für Vektorprozesse
stellt die Fehlerkorrelationsmatrix dar, die auch bei der multi-
plen Parameterschätzung [1] Verwendung findet. Zur Erfüllung des
Optimalitätskriteriums sind hier die Hauptdiagonalelemente der
Fehlerkorrelationsmatrix

$$\underline{S}_{\underline{ee}}(\tau) = E(\underline{e}(\tau)\,\underline{e}^T(\tau)) = E((\hat{\underline{d}}(\tau)-\underline{d}(\tau))\cdot(\hat{\underline{d}}(\tau)-\underline{d}(\tau))^T) \qquad (4.1)$$

bzw. der mittlere quadratische Fehler der einzelnen Komponenten
des Fehlervektors zum Minimum zu machen.

Für den Zeitparameter τ ist dabei t bzw. k einzusetzen, je nachdem, ob man kontinuierliche oder zeitdiskrete Signalprozesse
betrachtet. Während die Wiener-Filter zunächst für kontinuierliche Prozesse untersucht wurden, soll hier mit den zeitdiskreten
Prozessen begonnen werden. Das hat zwei Gründe: Historisch
gesehen wurden auch von Kalman [19] zuerst die zeitdiskreten
Filter, dann mit Bucy [20] die im 5. Kapitel behandelten kontinuierlichen Filter behandelt. Zum anderen ist die Herleitung der
zeitdiskreten Filter etwas einfacher.

Es gibt mehrere Wege, vom Optimalitätskriterium ausgehend das
gesuchte Filter herzuleiten. Man kann z.B. wie bei den Wiener-
Filtern das Orthogonalitätsprinzip anwenden oder, was dieser
Herleitung gleichkommt, die Wiener-Hopf-Gleichung für die hier
getroffenen Annahmen erweitern [10,11]. Ein ganz anderer Weg
führt über das Maximum-a-posteriori-Kriterium zum optimalen
Schätzwert [6]. Dieser Ansatz benutzt die entsprechende Erkennt-
nis aus der Parameterschätzung, daß der Schätzwert für den zu
schätzenden Signalwert, der die größte A-posteriori-Wahrschein-
lichkeit besitzt, bei sehr allgemeinen Annahmen über die Dichtefunktion des Signalwertes den mittleren quadratischen Schätzfehler zum Minimum macht [1].

Hier soll vom Orthogonalitätsprinzip ausgegangen werden, da es

bereits bei der Herleitung der Wiener-Filter im 2. Kapitel eine
Rolle spielte. Statt der in (1.6) angegebenen Formulierung für
skalare Prozesse wird hier die entsprechende Form für Vektorprozesse verwendet

$$E(\underline{e}(\tau)\ \underline{r}^T(\alpha)) = \underline{0} \quad \text{für} \quad \tau_0 \leq \alpha \leq \tau \quad , \tag{4.2}$$

wobei $\underline{e}(\tau)$ der sich auf den verfügbaren Empfangsprozeß $\underline{r}(\alpha)$
beziehende Schätzfehlerprozeß ist, unabhängig von der Art der
später näher zu beschreibenden Schätzaufgabe. Auch hier ist wieder für zeitdiskrete Prozesse der Zeitparameter $\tau=k$, für zeitkontinuierliche $\tau=t$ einzusetzen.

4.1 Aufgabenstellung und Annahmen

Signal- und Störprozeß werden durch die Zustandsgleichungen in
der in Tab. 3.3 angegebenen Form beschrieben. Dabei wird die
Kenntnis der Matrizen $\underline{A}_T(k)$, $\underline{B}_T(k)$ und $\underline{C}_T(k)$ vorausgesetzt, d.h
der zu schätzende Prozeß $\underline{a}(k)$ muß durch ein Zustandsvariablenmo-
dell angenähert werden, wenn er nicht von vornherein in dieser
Form vorliegt. Dasselbe gelte von den Korrelationsmatrizen $\underline{N}(k)$
und $\underline{U}(k)$ und von der Annahme, daß Steuer- und Störprozeß unkorre-
lierte, mittelwertfreie weiße Prozesse sind. Diese Prozesse seien
unkorreliert mit dem Anfangszustand $\underline{a}(0)$ des Zustandsvektors
$\underline{a}(k)$, der hier den Signalprozeß darstellt.

Aus diesem Signalprozeß $\underline{a}(k)$ wird durch eine lineare Transformation der gewünschte Prozeß $\underline{d}(k)$ gewonnen. Hier gelte speziell
wie bei den Wiener-Filtern für die zugehörigen Musterfunktionen

$$\underline{d}(k) = \underline{a}(k+\delta) \quad , \tag{41.1}$$

wobei $\delta=0$ die Filterung, $\delta>0$ die Prädiktion und $\delta<0$ die Interpolation beschreibt.

In den Zustandsgleichungen nach Tab. 3.3 für zeitdiskrete Prozesse wird die Musterfunktion $\underline{a}(k+1)$ als Funktion des aktuellen
Zustandsvektors $\underline{a}(k)$ und des aktuellen Steuervektors $\underline{u}(k)$ dargestellt. Weil durch diesen Zusammenhang der Erzeugungsmechanismus
für eine Musterfunktion des interessierenden Signalprozesses

beschrieben wird, soll zunächst ein Schätzwert für die Musterfunktion $\underline{a}(k+1)$ bestimmt werden. Nach (41.1) entspricht das einer
Prädiktion um einen Schritt. Aus dem dabei gewonnenen Schätzwert
für $\underline{a}(k+1)$ lassen sich alle anderen Schätzwerte bestimmen, wie
sich später zeigen wird. Die allgemeine Prädiktion, d.h. die
Schätzung von $\underline{a}(k+\delta)$ mit $\delta>0$ basiert auf der Schätzung von $\underline{a}(k+1)$
ebenso wie die Filterung – Schätzung von $\underline{a}(k)$ – oder Interpola-
tion – Schätzung von $\underline{a}(k-\delta)$ mit $\delta>0$.

Der jeweilige Schätzwert soll optimal sein, d.h. die Hauptdiagonalelemente der Matrix $\underline{S}_{ee}(k)$ nach (4.1) sollen minimal sein. In
Bild 4.1 ist durch die unterbrochen gezeichneten Signalflußlinien
angedeutet, wie man den Schätzfehler $\underline{e}(k)=\hat{\underline{d}}(k)-\underline{d}(k)$ bestimmen
kann. Die darin enthaltene Quelle und der Sender entsprechen den
Komponenten in Bild 3.5.

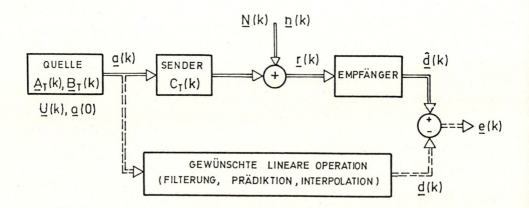

Bild 4.1   Zeitdiskrete Signalschätzung instationärer Prozesse

Der Schätzwert $\hat{\underline{d}}(k)$ ist durch eine lineare Operation aus dem
gestörten Empfangsvektor $\underline{r}(k)$ zu bestimmen. Der dazu erforderliche Empfänger, ein i.a. zeitvariables System, läßt sich durch
Zustandsgleichungen beschreiben. Seine prinzipielle Struktur
zeigt also Bild 3.4, wobei die Matrizen $\underline{A}_T$, $\underline{B}_T$ und $\underline{C}_T$ allerdings
eine andere Bedeutung haben als die gleichnamigen in Bild 4.1,
weil hier nur drei Matrizen zur Systembeschreibung verwendet
wurden (siehe Abschnitt 3.6). Zur Bestimmung dieses Empfängers
soll das Optimalitätskriterium bzw. das daraus abgeleitete Orthogonalitätsprinzip nach (4.2) verwendet werden.

Zuerst wird, wie bereits erwähnt, der optimale Empfänger zur

Prädiktion um einen Schritt hergeleitet.

4.2 Prädiktion um einen Schritt

Bei der Prädiktion um einen Schritt wird ein Schätzwert $\hat{\underline{d}}(k)$ für den Vektor $\underline{a}(k+1)$ bestimmt. Da dieser Schätzwert eine Linearkombination der verfügbaren Empfangsvektoren $\underline{r}(i)$, $0 \le i \le k$ sein soll, gilt:

$$\hat{\underline{d}}(k) = \hat{\underline{a}}(k+1|k) = \sum_{i=0}^{k} \underline{P}(i) \, \underline{r}(i) \quad . \tag{42.1}$$

Mit dieser Schreibweise wird ausgedrückt, daß der Signalvektor $\underline{a}(k+1)$ mit Hilfe der zum Zeitpunkt kT verfügbaren Empfangsvektoren $\underline{r}(i)$, $0 \le i \le k$ geschätzt wird. Die Übertragungseigenschaften des linearen Schätzsystems werden durch die Matrizen $\underline{P}(i)$ gekennzeichnet. Es sind nun diejenigen Matrizen $\underline{P}(i)$ gesucht, die die Hauptdiagonalelemente der Fehlerkorrelationsmatrix zum Minimum machen. Diese Matrizen besitzen bei fehlender Durchgangsmatrix, da $\underline{a}(k)$ ein n-dimensionaler und $\underline{r}(k)$ ein q-dimensionaler Vektor ist, n Zeilen und q Spalten.

Um die optimalen Matrizen $\underline{P}(i)$ zu bestimmen, verwendet man den Lagrange-Ansatz der Variationsrechnung. Nimmt man an, daß $\underline{P}_0(i)$ die optimalen Matrizen beschreibt, $\underline{P}_f(i)$ beliebige Matrizen gleicher Dimension sind und λ ein beliebig kleiner Faktor ist, dann lautet der Ansatz

$$\underline{P}(i) = \underline{P}_0(i) + \lambda \, \underline{P}_f(i) \quad . \tag{42.2}$$

Setzt man dies in (42.1) ein und bestimmt dann die Fehlerkorrelationsmatrix nach (4.1), so folgt

$$\underline{S}_{\underline{ee}}(k+1|k)$$

$$= E((\hat{\underline{a}}(k+1|k) - \underline{a}(k+1)) \cdot (\hat{\underline{a}}(k+1|k) - \underline{a}(k+1))^{T})$$

$$= E((\hat{\underline{a}}(k+1|k) - \underline{a}(k+1)) \cdot (\sum_{i=0}^{k} (\underline{P}_0(i) + \lambda \cdot \underline{P}_f(i)) \underline{r}(i) - \underline{a}(k+1))^{T}) \quad , \tag{42.3}$$

wobei die Schreibweise des Arguments von $\underline{S}_{\underline{ee}}(k+1|k)$ zum Ausdruck bringt, daß sich die Fehlerkorrelationsmatrix auf den Schätzwert $\hat{\underline{a}}(k+1|k)$ von $\underline{a}(k+1)$ bezieht, der mit Hilfe der Vektoren $\underline{r}(i)$, $0 \leq i \leq k$ bestimmt wurde, d.h. mit einer oberen Grenze des Beobachtungsintervalls bei k.

Nach (42.2) nimmt $\underline{S}_{ee}(k+1|k)$ für $\lambda=0$ und damit $\underline{P}(i)=\underline{P}_0(i)$ ein Minimum an. Die dafür notwendige Bedingung lautet

$$\frac{\partial \underline{S}_{ee}(k+1|k)}{\partial \lambda}\bigg|_{\lambda=0, \underline{P}(i)=\underline{P}_0(i)} \overset{!}{=} \underline{0} \qquad (42.4)$$

bzw.

$$E((\hat{\underline{a}}(k+1|k)-\underline{a}(k+1)) \cdot \sum_{i=0}^{k}(\underline{P}_f(i)\cdot\underline{r}(i))^T)$$

$$= \sum_{i=0}^{k} E((\hat{\underline{a}}(k+1|k)-\underline{a}(k+1))\cdot\underline{r}^T(i))\,\underline{P}_f^T(i) = \underline{0} \qquad (42.5)$$

mit (42.3). Weil auch die mit $\underline{P}_f(i)$ bezeichneten Matrizen beliebig sind, muß der Erwartungswert in (42.5) verschwinden, damit der gesamte Ausdruck verschwindet:

$$E((\hat{\underline{a}}(k+1|k)-\underline{a}(k+1))\cdot\underline{r}^T(i)) = \underline{0} \qquad \text{für } 0 \leq i \leq k \quad . \quad (42.6)$$

Dies ist aber für festes k nichts anderes als die Kreuzkorrelationsmatrix $\underline{S}_{er}(k+1|i)$, da $\underline{e}(k+1)=\hat{\underline{a}}(k+1|k)-\underline{a}(k+1)$ der hier auftretende Schätzfehler ist. Vergleicht man (42.6) mit dem Ansatz (22.10) für zeitdiskrete Wiener-Filter, der aus der Parameterschätzung [1] übernommen wurde, so zeigt sich, daß beide Gleichungen Formen des Orthogonalitätsprinzips sind.

Mit (42.1) und (42.6) kann nun das optimale Filter bestimmt werden. Die Beschreibung des linearen Systems durch (42.1) läßt sich unter folgendem Gesichtspunkt modifizieren: Gesucht wird nicht nur der Schätzwert $\hat{\underline{a}}(k+1|k)$ für einen festen Wert von k, sondern k ist variabel. Deshalb kann man sich zur Vereinfachung der nacheinander zu bestimmenden Schätzwerte den Formalismus der sequentiellen Parameterschätzung [1] zunutze machen: Aus dem bisher berechneten Schätzwert $\hat{\underline{a}}(k|k-1)$ und einem von dem neu eingetroffenen Empfangsvektor $\underline{r}(k)$ abhängigen Korrekturglied wird der neue Schätzwert $\hat{\underline{a}}(k+1|k)$ bestimmt. Für (42.1) bedeutet dies:

$$\hat{\underline{a}}(k+1|k) = \sum_{i=0}^{k} \underline{P}(i)\,\underline{r}(i)$$

$$= \sum_{i=0}^{k-1} \underline{P}(i) \ \underline{r}(i) + \underline{P}(k) \ \underline{r}(k)$$

$$= \underline{Q}(k) \ \underline{\hat{a}}(k|k-1) + \underline{P}(k) \ \underline{r}(k) \qquad , \qquad (42.7)$$

weil für den Schätzwert $\underline{\hat{a}}(k|k-1)$

$$\underline{\hat{a}}(k|k-1) = \sum_{i=0}^{k-1} \underline{P}'(i) \ \underline{r}(i) \qquad (42.8)$$

gilt. Die Matrizen $\underline{P}'(i)$ in (42.8) und $\underline{P}(i)$ in (42.7) für $0 \le i \le k-1$ müssen nicht identisch sein, da zu jedem Zeitpunkt die Hauptdiagonalelemente der Fehlerkorrelationsmatrix minimiert werden. Weil aber einmal k-1, zum anderen aber k Matrizen dieses Minimum bestimmen, müssen nicht k-1 Matrizen in beiden Fällen übereinstimmen. Andererseits läßt sich die Linearkombination in (42.8) durch die Multiplikation mit der Matrix $\underline{Q}(k)$ in die Linearkombination des ersten Summanden von (42.7) überführen. Während nach (42.8) $\underline{\hat{a}}(k|k-1)$ den optimalen Schätzwert bei Kenntnis des Empfangsvektors $\underline{r}(i)$ für $0 \le i \le k-1$ darstellt, kann man den ersten Summanden in (42.7)

$$\sum_{i=0}^{k-1} \underline{P}(i) \ \underline{r}(i) = \underline{Q}(k) \ \underline{\hat{a}}(k|k-1) = \underline{\hat{a}}(k+1|k-1) \qquad (42.9)$$

als optimalen Schätzwert für $\underline{a}(k+1)$ interpretieren, wenn man nur über den gestörten Empfangsvektor $\underline{r}(i)$ für $0 \le i \le k-1$ verfügen kann. In der Matrix $\underline{Q}(k)$ müssen also die dynamischen Eigenschaften des Signalprozesses beim Übergang vom Zustand zur Zeit kT zum Zustand zur Zeit (k+1)T stecken. Dies zeigt auch das später folgende Ergebnis für $\underline{Q}(k)$.

Bild 4.2 zeigt die aus (42.7) abgeleitete Struktur des Empfängers, die wesentlich mit der Empfängerstruktur für sequentielle Parameterschätzung mit den Kalman-Formeln [1] übereinstimmt. Dem bei der Parameterschätzung erforderlichen Speicher entspricht hier das Verzögerungsglied um den Takt T, gekennzeichnet durch 1/z. Auf weitere Entsprechungen wird später eingegangen.

Bei den nun folgenden Berechnungen wird auf den Parameter k als Argument der Matrizen $\underline{A}_T$, $\underline{B}_T$, $\underline{C}_T$, $\underline{N}$, $\underline{U}$, $\underline{P}$ und $\underline{Q}$ des Prozeßmodells und des Empfängers im Sinne besserer Überschaubarkeit der Formeln verzichtet. Gegebenenfalls ist die Zeitabhängigkeit dieser Matrizen zu berücksichtigen. Erforderliche Nebenrechnungen bei der

Herleitung findet man in Tab. 4.1. Der Übersichtlichkeit halber werden auch bei künftigen Herleitungen Nebenrechnungen in Tabellen zusammengefaßt.

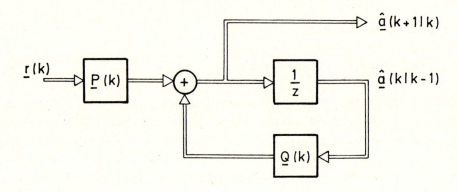

Bild 4.2 Struktur des Empfängers zur Prädiktion um einen Schritt

Setzt man in (42.6) für $\hat{\underline{a}}(k+1|k)$ den Ansatz (42.7) und für $\underline{a}(k+1)$ die Zustandsgleichung nach Tab. 3.3 ein, so folgt:

$$E((\underline{Q}\,\hat{\underline{a}}(k|k-1) + \underline{P}\,\underline{r}(k) - \underline{A}_T\,\underline{a}(k) - \underline{B}_T\,\underline{u}(k))\cdot\underline{r}^T(i))$$

$$= E((\underline{Q}\,\hat{\underline{a}}(k|k-1) + \underline{P}\,\underline{r}(k) - \underline{A}_T\,\underline{a}(k))\cdot\underline{r}^T(i)) = \underline{0}$$

$$\text{für } 0 \leq i \leq k \quad , \qquad (42.10)$$

da nach Tab. 4.1 der Erwartungswert $E(\underline{u}(k)\underline{r}^T(i))$ für $0 \leq i \leq k$ verschwindet. Setzt man für $\underline{r}(k)$ die entsprechende Zustandsgleichung aus Tab. 3.3 ein, erhält man

$$E((\underline{Q}\,\hat{\underline{a}}(k|k-1) + \underline{P}\,\underline{C}_T\,\underline{a}(k) + \underline{P}\,\underline{n}(k) - \underline{A}_T\,\underline{a}(k))\cdot\underline{r}^T(i)) = \underline{0}$$

$$\text{für } 0 \leq i \leq k \quad . \qquad (42.11)$$

Für $i \neq k$ verschwindet der Erwartungswert $E(\underline{n}(k)\underline{r}^T(i))$ nach Tab. 4.1. Damit gilt für (42.11):

$$E((\underline{Q}\,\hat{\underline{a}}(k|k-1) + \underline{P}\,\underline{C}_T\,\underline{a}(k) - \underline{A}_T\,\underline{a}(k))\cdot\underline{r}^T(i)) = \underline{0}$$

$$\text{für } 0 \leq i \leq k-1 \quad . \qquad (42.12)$$

Aus dem Orthogonalitätsprinzip nach (42.6) für $0 \leq i \leq k-1$ folgt aber

$$E((\hat{\underline{a}}(k|k-1) - \underline{a}(k))\cdot\underline{r}^T(i)) = \underline{0}$$

Tab. 4.1a   Eigenschaften von Zufallsprozessen

Voraussetzungen   (siehe auch Tab. 3.3)

$$E(\underline{u}(k)\ \underline{n}^T(1)) = \underline{0} \tag{1}$$

$$E(\underline{u}(k)\ \underline{a}^T(0)) = E(\underline{n}(k)\ \underline{a}^T(0)) = \underline{0} \tag{2}$$

$$E(\underline{u}(k)\ \underline{u}^T(i)) = \underline{U}(k)\ \delta_{ki} \tag{3}$$

$$E(\underline{n}(k)\ \underline{n}^T(i)) = \underline{N}(k)\ \delta_{ki} \tag{4}$$

$$\underline{r}(k) = \underline{C}_T\ \underline{a}(k) + \underline{n}(k) \tag{5}$$

$$\underline{a}(i) = \prod_{j=i-1}^{0} \underline{A}_T(j)\ \underline{a}(0) + \sum_{j=0}^{i-1} [\prod_{l=i-1}^{j+1}\underline{A}_T(l)]\ \underline{B}_T(j)\ \underline{u}(j) \tag{6}$$

$$\hat{\underline{a}}(k|k-1) = \sum_{i=0}^{k-1} \underline{P}^`(i)\ \underline{r}(i) \tag{7}$$

Folgerungen

Die in Klammern angegebenen Zahlen beziehen sich auf die oben genannten Voraussetzungen

$$E(\underline{n}(k)\ \underline{r}^T(i)) =$$
$$\overline{} (5) \longrightarrow \tag{I}$$

$$E(\underline{n}(k)(\underline{a}^T(i)\underline{C}_T^T+\underline{n}^T(i))) = E(\underline{n}(k)\underline{a}^T(i))\underline{C}_T^T + E(\underline{n}(k)\underline{n}^T(i)) =$$
$$(4) \overline{} (6) \longrightarrow$$

$$\underset{(2)}{E(\underline{n}(k)\underline{a}^T(0))}\ [\prod_{j=0}^{i-1}\underline{A}_T^T(j)]\ \underline{C}_T^T$$

$$+ \sum_{j=0}^{i-1} \underset{(1)}{E(\underline{n}(k)\underline{u}^T(j))}\ \underline{B}_T^T(j)\ [\prod_{l=j+1}^{i-1}\underline{A}_T^T(l)]\ \underline{C}_T^T + \underline{N}(k)\delta_{ki}$$

$$= \underline{N}(k)\ \delta_{ki}$$

Tab. 4.1b   Eigenschaften von Zufallsprozessen (Fortsetzung)

Folgerungen   (Fortsetzung)

$$E(\underline{u}(k)\ \underline{r}^T(i)) =$$
$$\qquad\qquad — (5) —> \qquad\qquad\qquad\qquad\qquad\qquad (II)$$

$$E(\underline{u}(k)(\underline{a}^T(i)\underline{C}_T^T + \underline{n}^T(i))) = E(\underline{u}(k)\underline{a}^T(i))\underline{C}_T^T =$$
$$\qquad\qquad\qquad — (1) —> \qquad\qquad — (6) —>$$

$$E(\underline{u}(k)\underline{a}^T(0))\ [\ \prod_{j=0}^{i-1}\underline{A}_T^T(j)]\ \underline{C}_T^T$$
$$(2)$$

$$+\ \sum_{j=0}^{i-1}\ E(\underline{u}(k)\underline{u}^T(j))\ \underline{B}_T^T(j)\ [\ \prod_{l=j+1}^{i-1}\underline{A}_T^T(l)]\ \underline{C}_T^T$$
$$(3)$$

$$\qquad\qquad\qquad\qquad\qquad\qquad = \underline{0} \quad \text{für} \quad 0 \le i \le k$$

$$E(\hat{\underline{a}}(k|k-1)\ \underline{n}^T(k)) = \qquad\qquad\qquad\qquad\qquad\qquad (III)$$
$$\qquad\qquad — (7) —>$$

$$E(\sum_{i=0}^{k-1}\ \underline{P}'(i)\ \underline{r}(i)\ \underline{n}^T(k)) = \sum_{i=0}^{k-1}\ \underline{P}'(i)\ E((\underline{n}(k)\underline{r}^T(i))^T) = \underline{0}$$
$$(I)$$

$$E(\underline{a}(k)\underline{n}^T(k)) = E((\underline{n}(k)\underline{a}^T(k))^T) = \underline{0} \qquad\qquad\qquad (IV)$$
$$(I)$$

$$E(\hat{\underline{a}}(k|k-1)\underline{u}^T(k)) =$$
$$\qquad\qquad — (7) —>$$

$$E(\sum_{i=0}^{k-1}\ \underline{P}'(i)\ \underline{r}(i)\ \underline{u}^T(k)) = \sum_{i=0}^{k-1}\ \underline{P}'(i)\ E((\underline{u}(k)\underline{r}^T(i))^T) = \underline{0} \qquad (V)$$
$$(II)$$

$$E(\underline{a}(k)\underline{u}^T(k)) = E((\underline{u}(k)\underline{a}^T(k))^T) = \underline{0} \qquad\qquad\qquad (VI)$$
$$(II)$$

bzw.

$$E((\hat{\underline{a}}(k|k-1)\ \underline{r}^T(i)) = E(\underline{a}(k)\ \underline{r}^T(i))$$

$$\text{für } 0 \leq i \leq k-1 \quad . \quad (42.13)$$

Setzt man dies in (42.12) ein, so ergibt dies:

$$E((\underline{Q}\ \underline{a}(k) + \underline{P}\ \underline{C}_T\ \underline{a}(k) - \underline{A}_T\ \underline{a}(k))\cdot\underline{r}^T(i))$$

$$= (\underline{Q} + \underline{P}\ \underline{C}_T - \underline{A}_T)\ E(\underline{a}(k)\cdot\underline{r}^T(i)) = \underline{0}$$

$$\text{für } 0 \leq i \leq k-1 \quad . \quad (42.14)$$

Damit diese Beziehung stets erfüllt wird, muß

$$\underline{Q} = \underline{A}_T - \underline{P}\ \underline{C}_T \quad\quad\quad (42.15)$$

gelten. Mit (42.15) ist eine Bestimmungsgleichung zur Berechnung der Matrizen $\underline{P}$ und $\underline{Q}$ gefunden. Um die zweite Gleichung zu gewinnen, betrachtet man (42.11) für i=k und setzt $\underline{Q}$ nach (42.15) ein:

$$E((\underline{Q}\ \hat{\underline{a}}(k|k-1) + (\underline{P}\ \underline{C}_T-\underline{A}_T)\ \underline{a}(k) + \underline{P}\ \underline{n}(k))\cdot\underline{r}^T(k))$$

$$= E(((\underline{A}_T-\underline{P}\ \underline{C}_T)(\hat{\underline{a}}(k|k-1)-\underline{a}(k)) + \underline{P}\ \underline{n}(k))\cdot\underline{r}^T(k)) = \underline{0} \quad .$$

$$(42.16)$$

Aus den Gleichungen für 0≤i≤k-1 nach (42.11) folgt weiter

$$E((\underline{Q}\ \hat{\underline{a}}(k|k-1) + (\underline{P}\ \underline{C}_T-\underline{A}_T)\ \underline{a}(k) + \underline{P}\ \underline{n}(k))\cdot\hat{\underline{a}}^T(k|k-1)\ \underline{C}_T^T)$$

$$= E(((\underline{A}_T-\underline{P}\ \underline{C}_T)(\hat{\underline{a}}(k|k-1)-\underline{a}(k)) + \underline{P}\ \underline{n}(k))\cdot\hat{\underline{a}}^T(k|k-1)\ \underline{C}_T^T) = \underline{0} \quad ,$$

$$(42.17)$$

weil $\hat{\underline{a}}(k|k-1)$ nach (42.8) durch eine Linearkombination der Vektoren $\underline{r}(i)$ für 0≤i≤k-1 ersetzbar ist, so daß sich eine Summe ergibt, deren Summanden mit (42.11) verschwinden.

Setzt man für $\underline{r}(k)$ die entsprechende Zustandsgleichung aus Tab. 3.3 in (42.16) ein und subtrahiert dann den somit gewonnenen Ausdruck von (42.17), so erhält man mit $\underline{e}(k)=\hat{\underline{a}}(k|k-1)-\underline{a}(k)$

$$E(((\underline{A}_T-\underline{P}\ \underline{C}_T)\underline{e}(k) + \underline{P}\ \underline{n}(k))\cdot(\hat{\underline{a}}^T(k|k-1)\underline{C}_T^T - \underline{a}^T(k)\underline{C}_T^T - \underline{n}^T(k)))$$

$$= E(((\underline{A}_T - \underline{P} \ \underline{C}_T) \ \underline{e}(k) + \underline{P} \ \underline{n}(k)) \cdot (\underline{e}^T(k) \ \underline{C}_T^T - \underline{n}^T(k))) = \underline{0} \quad .$$

(42.18)

Die Erwartungswerte $E(\hat{\underline{a}}(k|k-1)\underline{n}^T(k))$ und $E(\underline{a}(k)\underline{n}^T(k))$ verschwinden nach Tab. 4.1 und wegen $\underline{e}(k)=\hat{\underline{a}}(k|k-1)-\underline{a}(k)$ damit auch der Erwartungswert $E(\underline{e}(k)\underline{n}^T(k))=E((\underline{n}(k)\underline{e}^T(k))^T)$, so daß aus der Beziehung in (42.18)

$$(\underline{A}_T - \underline{P}\underline{C}_T) \ E(\underline{e}(k) \ \underline{e}^T(k)) \ \underline{C}_T^T - \underline{P} \ E(\underline{n}(k) \ \underline{n}^T(k))$$

$$= (\underline{A}_T - \underline{P} \ \underline{C}_T) \ \underline{S}_{ee}(k|k-1) \ \underline{C}_T^T - \underline{P} \ \underline{N} = \underline{0}$$

(42.19)

mit $\underline{S}_{ee}(k|k-1)$ entsprechend (42.3) und $\underline{N}$ nach (37.7) folgt. Für die Matrix $\underline{P}$ gilt dann

$$\underline{P} = \underline{A}_T \ \underline{S}_{ee}(k|k-1) \ \underline{C}_T^T \ (\underline{N} + \underline{C}_T \ \underline{S}_{ee}(k|k-1) \ \underline{C}_T^T)^{-1} \quad .$$

(42.20)

Mit (42.15) und (42.20) sind zwei Gleichungen zur Berechnung der Matrizen $\underline{P}$ und $\underline{Q}$ gefunden. In (42.20) tritt jedoch die Fehlerkorrelationsmatrix $\underline{S}_{ee}(k|k-1)$ auf, die ihrerseits als Funktion von $\underline{a}(k|k-1)$ von $\underline{P}$ und $\underline{Q}$ abhängt. Deshalb ist eine Gleichung zur Berechnung von $\underline{S}_{ee}(k|k-1)$ abzuleiten. Da man $\underline{S}_{ee}(k|k-1)$ für laufendes k berechnen muß, ist es sinnvoll, wie für $\underline{a}(k+1|k)$ eine Rekursionsformel anzugeben, bei der man $\underline{S}_{ee}(k+1|k)$ aus $\underline{S}_{ee}(k|k-1)$ berechnet. Die Korrelationsmatrix $\underline{S}_{ee}(k+1|k)$ des Schätzfehlers $\underline{e}(k+1)$ wurde bereits in (42.3) definiert:

$$\underline{S}_{ee}(k+1|k) = E((\hat{\underline{a}}(k+1|k)-\underline{a}(k+1)) \cdot (\hat{\underline{a}}(k+1|k)-\underline{a}(k+1))^T) \quad .$$

(42.21)

Setzt man hierin für $\hat{\underline{a}}(k+1|k)$ die Beziehung (42.7), für $\underline{a}(k+1)$ und $\underline{r}(k)$ die Zustandsgleichungen und für $\underline{Q}$ die Bestimmungsgleichung (42.15) ein, so folgt:

$$\underline{S}_{ee}(k+1|k)$$

$$= E((\underline{Q}\hat{\underline{a}}(k|k-1) + \underline{P}\underline{r}(k) - \underline{A}_T\underline{a}(k) - \underline{B}_T\underline{u}(k))$$

$$\cdot (\hat{\underline{a}}^T(k|k-1)\underline{Q}^T + \underline{r}^T(k)\underline{P}^T - \underline{a}^T(k)\underline{A}_T^T - \underline{u}^T(k)\underline{B}_T^T))$$

$$= E((\underline{Q}\hat{\underline{a}}(k|k-1) + \underline{P}\underline{C}_T\underline{a}(k) + \underline{P}\underline{n}(k) - \underline{A}_T\underline{a}(k) - \underline{B}_T\underline{u}(k))$$

$$\cdot \ (\hat{\underline{a}}^T(k|k-1)\underline{Q}^T + \underline{a}^T(k)\underline{C}_T^T\underline{P}^T - \underline{n}^T(k)\underline{P}^T - \underline{a}^T(k)\underline{A}_T^T - \underline{u}^T(k)\underline{B}_T^T))$$

$$= E(((\underline{A}_T-\underline{P}\underline{C}_T)(\hat{\underline{a}}(k|k-1) - \underline{a}(k)) + \underline{P}\underline{n}(k) - \underline{B}_T\underline{u}(k))$$

$$\cdot \ ((\hat{\underline{a}}(k|k-1)-\underline{a}(k))^T(\underline{A}_T-\underline{P}\underline{C}_T)^T + \underline{n}^T(k)\underline{P}^T - \underline{u}^T(k)\underline{B}_T^T)) \qquad .$$

$$(42.22)$$

Schreibt man für den Schätzfehler $\underline{e}(k)=\hat{\underline{a}}(k|k-1)-\underline{a}(k)$ und beachtet, daß nach Tab. 4.1 die Erwartungswerte $E(\hat{\underline{a}}(k|k-1)\underline{n}^T(k))$, $E(\underline{a}(k)\underline{n}^T(k))$, $E(\hat{\underline{a}}(k|k-1)\underline{u}^T(k))$, $E(\underline{a}(k)\underline{u}^T(k))$ und $E(\underline{n}(k)\underline{u}^T(k))$ verschwinden, so erhält man schließlich:

$$\underline{S}_{\underline{ee}}(k+1|k) = (\underline{A}_T-\underline{P}\underline{C}_T) \ E(\underline{e}(k)\underline{e}^T(k)) \ (\underline{A}_T-\underline{P}\underline{C}_T)^T$$

$$+ \ \underline{P} \ E(\underline{n}(k)\underline{n}^T(k)) \ \underline{P}^T + \underline{B}_T \ E(\underline{u}(k)\underline{u}^T(k)) \ \underline{B}_T^T$$

$$= (\underline{A}_T-\underline{P}\underline{C}_T) \ \underline{S}_{\underline{ee}}(k|k-1) \ (\underline{A}_T-\underline{P}\underline{C}_T^T)$$

$$+ \ \underline{P} \ \underline{N} \ \underline{P}^T + \underline{B}_T \ \underline{U} \ \underline{B}_T^T \qquad .$$

$$(42.23)$$

Mit (42.23) steht eine Rekursionsgleichung zur Bestimmung der Fehlerkorrelationsmatrix zur Verfügung. Zur Berechnung von $\underline{S}_{\underline{ee}}(k|k-1)$ benötigt man die Matrizen des Prozeßmodells und die Gewichtungsmatrix $\underline{P}(k-1)$, die im vorausgehenden Rechenschritt bestimmt wurde. Andererseits wird nach (42.20) die Gewichtungsmatrix $\underline{P}(k)$ mit Hilfe der Fehlerkorrelationsmatrix $\underline{S}_{\underline{ee}}(k|k-1)$ im folgenden Rechenschritt bestimmt. Daraus ergibt sich der in Bild 4.3 gezeigte zyklische Ablauf zur Berechnung von $P(k)$ und $\underline{S}_{\underline{ee}}(k+1|k)$.

Weil keine Abhängigkeit vom gestörten Empfangsvektor $\underline{r}(k)$ besteht, kann man $\underline{S}_{\underline{ee}}(k|k-1)$ und damit $\underline{P}$ von vornherein, d.h. schon zu Beginn des Schätzvorganges, berechnen. Dazu ist die Kenntnis von $\underline{S}_{\underline{ee}}(1|0)$ erforderlich, dessen Größe von der A-priori-Information abhängt: Weiß man viel von dem Anfangszustand des Prozesses $\underline{a}(k)$, werden die Hauptdiagonalelemente von $\underline{S}_{\underline{ee}}(1|0)$, die Schätzfehler, klein, bei geringer Kenntnis werden sie größer. Man kann zeigen, daß mit wachsendem Zeitparameter k der Einfluß von $\underline{S}_{\underline{ee}}(1|0)$ auf die Genauigkeit der Lösung abnimmt, so daß für große Werte von k die Angabe von $\underline{S}_{\underline{ee}}(1|0)$ weniger kritisch ist.

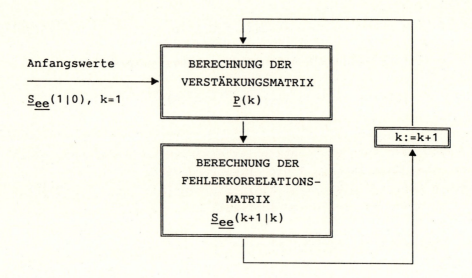

Anfangswerte

$\underline{S}_{ee}(1|0)$, k=1

BERECHNUNG DER
VERSTÄRKUNGSMATRIX
$\underline{P}(k)$

k:=k+1

BERECHNUNG DER
FEHLERKORRELATIONS-
MATRIX
$\underline{S}_{ee}(k+1|k)$

Bild 4.3   Ablauf der zyklischen Berechnung der Fehlerkorrela-
tionsmatrix $\underline{S}_{ee}(k+1|k)$ und der Verstärkungsmatrix $\underline{P}(k)$

Ohne Kenntnis des Prozeßmodells wird man den Anfangswert $\underline{S}_{ee}(1|0)$
allerdings nicht angeben können, sondern nur den Anfangswert
$\underline{S}_{ee}(0|0)$, der vom aktuellen Meßwert auf den aktuellen und nicht
um einen Takt prädizierten Schätzfehler schließt. Wie man aus
$\underline{S}_{ee}(0|0)$ den Anfangswert $\underline{S}_{ee}(1|0)$ mit Hilfe des Prozeßmodells
gewinnt, wird im Abschnitt über Filterung näher beschrieben wer-
den.

An Hand eines einfachen Zahlenbeispiels soll gezeigt werden, wie
vom Anfangswert ausgehend die Fehlerkorrelationsmatrix $\underline{S}_{ee}(k+1|k)$
und Verstärkungsmatrix $P(k)$ berechnet werden können, indem der in
Bild 4.3 gezeigte Zyklus bzw. die Gleichungen (42.23) und (42.20)
zyklisch durchlaufen werden. Mit dem eindimensionalen Prozeßmodell

$$a(k+1) = 2\, a(k) + u(k) \tag{42.24}$$

$$r(k) \quad = \quad a(k) + n(k) \tag{42.25}$$

und den Korrelationskoeffizienten

$$U(k) = 2\sigma^2 \tag{42.26}$$

$$N(k) = (3+(-1)^k)\sigma^2 \tag{42.27}$$

für den Steuer- und Störprozeß sowie dem Anfangswert

$$S_{ee}(1|0) = 10\sigma^2 \tag{42.28}$$

erhält man mit (42.20) bzw. (42.23) und (42.24) bis (42.27)

$$P(k) = \frac{2\,S_{ee}(k|k-1)}{(3+(-1)^k)\sigma^2 + S_{ee}(k|k-1)} \tag{42.29}$$

$$S_{ee}(k+1)|k) = (2-P(k))^2\,S_{ee}(k|k-1)$$
$$+ P^2(k)\cdot(3+(-1)^k)\sigma^2 + 2\sigma^2 \tag{42.30}$$

für den Verstärkungsfaktor bzw. den mittleren quadratischen Schätzfehler. Die zugehörigen Zahlenwerte sind in Tab. 4.2 zusammengestellt.

Tab. 4.2 Zahlenwerte für den Verstärkungsfaktor $P(k)$ und den mittleren quadratischen Schätzfehler $S_{ee}(k+1|k)$

k	$P(k)$	$S_{ee}(k+1|k)/\sigma^2$
1	1,6667	8,6667
2	1,3684	12,9474
3	1,7324	8,9296
4	1,3813	13,0501
5	1,7342	8,9369
6	1,3816	13,0529
7	1,7343	8,9371
8	1,3816	13,0530
9	1,7343	8,9371
10	1,3816	13,0530

Den Verlauf des Verstärkungsfaktors $P(k)$ zeigt Bild 4.4, den des mittleren quadratischen Schätzfehlers $S_{ee}(k+1|k)$ Bild 4.5

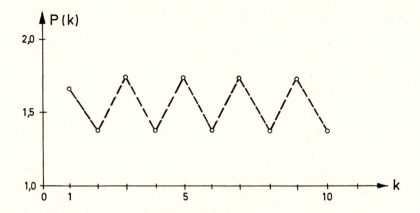

Bild 4.4   Verlauf des Verstärkungsfaktors P(k)

Man erkennt an diesem Ergebnis, daß nach relativ wenigen Schrit-
ten P(k) und $S_{ee}(k+1|k)$ feste Werte annehmen, d.h. $S_{ee}(1|0)$ macht
sich nur über einen kurzen Zeitraum bemerkbar.

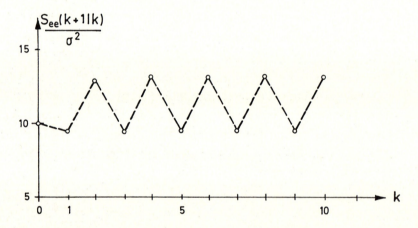

Bild 4.5   Verlauf des mittleren quadratischen Schätzfehlers
$S_{ee}(k+1|k)$

Ferner zeigt das Ergebnis, daß der Schätzfehler für ungerade
Werte von k kleiner als für gerade Werte von k ist. Der Grund
dafür liegt darin, daß für ungerade Werte von k die Störung n(k)
ebenfalls schwächer ist als für gerade Werte. Entsprechend ist
der Verstärkungsfaktor P(k) für ungerades k größer als für gerades k, weil das "vertrauenswürdigere" Empfangssignal r(k) für
ungerades k einen stärkeren Einfluß auf den Schätzwert haben soll
als das stärker gestörte Empfangssignal für gerades k.

Das Beispiel zeigt auch, daß man vor dem Empfang des Signals r(k)
bereits den mittleren quadratischen Schätzfehler und die Verstärkungsmatrix bzw. den Verstärkungsfaktor P(k) der Schätzeinrichtung berechnen kann.

Zusammenfassend seien hier die Gleichungen angegeben, die das
Problem der Prädiktion um einen Schritt lösen, wobei die Matrix $\underline{Q}$
durch die Beziehung (42.15) ersetzt wird:

$$\underline{P} = \underline{A}_T \ \underline{S}_{ee}(k|k-1) \ \underline{C}_T^T \ (\underline{N} + \underline{C}_T \ \underline{S}_{ee}(k|k-1) \ \underline{C}_T^T)^{-1} \qquad (42.31)$$

$$\hat{\underline{a}}(k+1|k) = (\underline{A}_T - \underline{P}\underline{C}_T) \ \hat{\underline{a}}(k|k-1) + \underline{P} \ \underline{r}(k) \qquad (42.32)$$

$$\underline{S}_{ee}(k+1|k) = (\underline{A}_T - \underline{P}\underline{C}_T) \ \underline{S}_{ee}(k|k-1) \ (\underline{A}_T - \underline{P}\underline{C}_T)^T$$

$$+ \ \underline{P} \ \underline{N} \ \underline{P}^T + \underline{B}_T \ \underline{U} \ \underline{B}_T^T \quad . \qquad (42.33)$$

Im englischen Schrifttum wird die erste Gleichung als **Verstärkungsgleichung** (gain equation), die zweite als **Schätzgleichung**
(estimator equation), die dritte als **Fehlergleichung** (error equation) bezeichnet. Diesen Gleichungen entspricht das Vektorflußdiagramm in Bild 4.6, das zusätzlich das Prozeßmodell aus Bild
3.5 zeigt.

Vergleicht man die Strukturen von Prozeßmodell und Empfänger
miteinander, so sieht man, daß im Empfänger das Prozeßmodell
nachgebildet wird. Dies wurde aus dem Prinzipschaltbild der
Schätzeinrichtung nach Bild 4.2 noch nicht deutlich.

Es wurde bereits mehrmals darauf hingewiesen, daß zwischen der
sequentiellen Parameterschätzung mit den Kalman-Formeln und der
hier betrachteten Signalschätzung Analogien bestehen. Dies soll
hier weiter betrachtet werden. Bei der sequentiellen Parameter-
schätzung ist die Realisierung $\underline{a}$ eines Zufallsvektors $\underline{a}$ wie hier
durch ein lineares System im Sinne des minimalen mittleren Feh-
lerquadrates zu schätzen. Der Schätzwert $\hat{\underline{a}}(\underline{r}^p)$ ist also eine
Linearkombination des gestörten Empfangsvektors $\underline{r}^p$. Wenn der
Schätzwert $\hat{\underline{a}}(\underline{r}^p)$ bestimmt ist, soll zusätzlich ein Vektor $\underline{r}^q$ zur
Verfügung stehen, der denselben Parametervektor $\underline{a}$ enthält. An
Hand des alten Schätzwertes $\hat{\underline{a}}(\underline{r}^p)$ und des neuen Empfangsvektors
$\underline{r}^q$ soll ein neuer, verbesserter Schätzwert $\hat{\underline{a}}(\underline{r})$ bestimmt werden.
Diese Aufgabenstellung ist mit der in diesem Abschnitt geschil-

derten vergleichbar. Auch hier ist ein neuer Schätzwert durch
einen alten und einen neuen Empfangsvektor zu ermitteln. Zwischen
beiden Aufgabenstellungen bestehen jedoch folgende Unterschiede:
Bei der Parameterschätzung handelt es sich um ein statisches, bei
der Signalschätzung um ein dynamisches Problem. Statisch bedeutet
hier im Gegensatz zu dynamisch, daß die zu schätzenden Parameter
sich als Funktion der Zeit nicht ändern, während sich der zu
schätzende Signalprozeß durchaus zeitlich ändert.

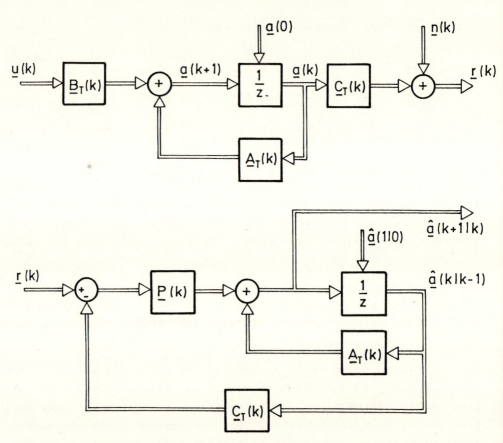

Bild 4.6 Prozeßmodell und optimale Schätzeinrichtung

Diese Unterschiede lassen sich durch die Zustandsgleichungen
ausdrücken. Für den Prozeß bei der Signalschätzung gilt nach Tab.
3.3:

$$\underline{a}(k+1) = \underline{A}_T(k) \; \underline{a}(k) + \underline{B}_T(k) \; \underline{u}(k)$$

$$\underline{r}(k) \quad = \underline{C}_T(k) \; \underline{a}(k) + \underline{n}(k) \quad ,$$

(42.34)

während entsprechend bei der Parameterschätzung

$$\underline{a}^{p+q} = \underline{a} = \underline{a}^p = \underline{a}^q$$

$$\underline{r}^q = \underline{S}^q \underline{a}^q + \underline{n}^q$$

(42.35)

gilt. Vergleicht man beide Beziehungen miteinander, so erhält man die Korrespondenzen

$$\underline{a}(k+1) \hat{=} \underline{a}^{p+q} = \underline{a} \quad ; \quad \underline{a}(k) \hat{=} \underline{a}^p = \underline{a}$$

(42.36)

$$\underline{r}(k) \hat{=} \underline{r}^q \quad ; \quad \underline{n}(k) \hat{=} \underline{n}^q$$

(42.37)

$$\underline{A}_T(k) \hat{=} \underline{I} \quad ; \quad \underline{B}_T(k) \hat{=} \underline{0}$$

(42.38)

$$\underline{C}_T(k) \hat{=} \underline{S}^q \quad .$$

(42.39)

An den Korrespondenzen (42.38) wird deutlich, daß dem Parameter-schätzproblem ein statisches Prozeßmodell ohne Erregung zugrunde liegt. Weiter verwendet man die Korrespondenzen

$$\underline{S}_{ee}(k+1|k) \hat{=} \underline{S}_{ee} \quad ; \quad \underline{S}_{ee}(k|k-1) \hat{=} \underline{S}^p_{ee}$$

(42.40)

$$\underline{N} \hat{=} \underline{S}^q_{nn} \quad ; \quad \underline{U} \hat{=} \underline{0}$$

(42.41)

$$\underline{a}(k+1|k) \hat{=} \underline{\hat{a}}(\underline{r}) \quad ; \quad \underline{\hat{a}}(k|k-1) \hat{=} \underline{\hat{a}}(\underline{r}^p) \quad .$$

(42.42)

Führt man diese Korrespondenzen in die Verstärkungsgleichung (42.31) für $\underline{P}$ ein, so folgt

$$\underline{P} = \underline{I} \, \underline{S}^p_{ee} \, \underline{S}^{qT} (\underline{S}^q_{nn} + \underline{S}^q \underline{S}^p_{ee} \underline{S}^{qT})^{-1}$$

$$= \underline{S}^p_{ee} \, \underline{S}^{qT} (\underline{S}^q_{nn} + \underline{S}^q \underline{S}^p_{ee} \underline{S}^{qT})^{-1} \quad ,$$

(42.43)

d.h. Identität mit der Verstärkungsmatrix $\underline{P}$ der Kalman-Formeln. Für (42.32) gilt entsprechend

$$\underline{\hat{a}}(\underline{r}) = (\underline{I} - \underline{P} \, \underline{S}^q) \, \underline{\hat{a}}(\underline{r}^p) + \underline{P} \, \underline{r}^q$$

$$= \underline{\hat{a}}(\underline{r}^p) - \underline{P} (\underline{S}^q \underline{\hat{a}}(\underline{r}^p) - \underline{r}^q) \quad ,$$

(42.44)

was wiederum mit dem Ergebnis der Kalman-Formeln übereinstimmt. Schließlich gilt für (42.33)

$$\underline{S}_{ee} = (\underline{I} - \underline{P}\,\underline{S}^q)\,\underline{S}_{ee}^p\,(\underline{I} - \underline{P}\,\underline{S}^q)^T + \underline{P}\,\underline{S}_{nn}^q\,\underline{P}^T$$

$$= \underline{S}_{ee}^p - \underline{P}\,\underline{S}^q\,\underline{S}_{ee}^p - \underline{S}_{ee}^p\,\underline{S}^{qT}\,\underline{P}^T + \underline{P}\,\underline{S}^q\,\underline{S}_{ee}^p\,\underline{S}^{qT}\,\underline{P}^T + \underline{P}\,\underline{S}_{nn}^q\,\underline{P}^T$$

$$= \underline{S}_{ee}^p - \underline{P}\,\underline{S}^q\,\underline{S}_{ee}^p - \underline{S}_{ee}^p\,\underline{S}^{qT}\,\underline{P}^T + \underline{P}(\underline{S}^q\,\underline{S}_{ee}^p\,\underline{S}^{qT} + \underline{S}_{nn}^q)\,\underline{P}^T \quad .$$

$$(42.45)$$

Setzt man hierin $\underline{P}$ nach (42.43) ein und beachtet, daß

$$((\underline{S}_{nn}^q + \underline{S}^q\,\underline{S}_{ee}^p\,\underline{S}^{qT})^{-1})^T = (\underline{S}_{nn}^q + \underline{S}^q\,\underline{S}_{ee}^p\,\underline{S}^{qT})^{-1} \qquad (42.46)$$

gilt, weil diese Matrix wegen der darin enthaltenen symmetrischen Korrelationsmatrizen selbst symmetrisch ist, so folgt:

$$\underline{S}_{ee} = \underline{S}_{ee}^p - \underline{S}_{ee}^p\,\underline{S}^{qT}(\underline{S}_{nn}^q + \underline{S}^q\,\underline{S}_{ee}^p\,\underline{S}^{qT})^{-1}\,\underline{S}^q\,\underline{S}_{ee}^p$$

$$- \underline{S}_{ee}^p\,\underline{S}^{qT}(\underline{S}_{nn}^q + \underline{S}^q\,\underline{S}_{ee}^p\,\underline{S}^{qT})^{-1}\,\underline{S}^q\,\underline{S}_{ee}^{pT}$$

$$+ \underline{S}_{ee}^p\,\underline{S}^{qT}(\underline{S}_{nn}^q + \underline{S}^q\,\underline{S}_{ee}^p\,\underline{S}^{qT})^{-1}\,(\underline{S}^q\,\underline{S}_{ee}^p\,\underline{S}^{qT} + \underline{S}_{nn}^q)$$

$$\cdot (\underline{S}_{nn}^q + \underline{S}^q\,\underline{S}_{ee}^p\,\underline{S}^{qT})^{-1}\,\underline{S}^q\,\underline{S}_{ee}^{pT}$$

$$= \underline{S}_{ee}^p - \underline{S}_{ee}^p\,\underline{S}^{qT}(\underline{S}_{nn}^q + \underline{S}^q\,\underline{S}_{ee}^p\,\underline{S}^{qT})^{-1}\,\underline{S}^q\,\underline{S}_{ee}^p \quad . \qquad (42.47)$$

Führt man hierin wieder $\underline{P}$ nach (42.43) ein, so gilt

$$\underline{S}_{ee} = \underline{S}_{ee}^p - \underline{P}\,\underline{S}^q\,\underline{S}_{ee}^p \quad , \qquad (42.48)$$

was mit der Fehlerkorrelationsmatrix der sequentiellen Parameterschätzung identisch ist.

Diese Betrachtungen zeigen, daß den Schätzproblemen unabhängig davon, ob es sich um Parameter- oder Signalschätzung handelt, dasselbe Grundprinzip zugrunde liegt. Man kann die allgemeinere Signalschätzung durch Definition eines statischen und nicht erregten Prozeßmodells in die Parameterschätzung überführen, wie hier gezeigt wurde. Bei beiden Schätzproblemen ist die Schätzeinrichtung linear und minimiert den mittleren quadratischen Schätz-

Tab. 4.3   Prädiktion um einen Schritt

Zu schätzender Signalvektor: $\underline{a}(k+1)$

Schätzwert: $\hat{\underline{a}}(k+1|k)$

Verfügbare Empfangsvektoren: $\underline{r}(i)$, $0 \le i \le k$

Schätzeinrichtung: linear

Optimalitätskriterium: minimale Hauptdiagonalelemente der Fehlerkorrelationsmatrix $\underline{S}_{ee}(k+1|k)$

Lösungsansatz: Orthogonalitätsprinzip

$$E((\hat{\underline{a}}(k+1|k)-\underline{a}(k+1))\cdot\underline{r}^T(i)) = \underline{0} \qquad 0 \le i \le k$$

Verstärkungsmatrix:

$$\underline{P} = \underline{A}_T \, \underline{S}_{ee}(k|k-1) \, \underline{C}_T^T \, (\underline{N} + \underline{C}_T \, \underline{S}_{ee}(k|k-1) \, \underline{C}_T^T)^{-1}$$

Schätzgleichung:

$$\hat{\underline{a}}(k+1|k) = (\underline{A}_T-\underline{P} \, \underline{C}_T) \, \hat{\underline{a}}(k|k-1) + \underline{P} \, \underline{r}(k)$$

Optimale Fehlerkorrelationsmatrix:

$$\underline{S}_{ee}(k+1|k) = (\underline{A}_T-\underline{P} \, \underline{C}_T) \, \underline{S}_{ee}(k|k-1) \, (\underline{A}_T-\underline{P} \, \underline{C}_T)^T$$

$$+ \, \underline{P} \, \underline{N} \, \underline{P}^T + \underline{B}_T \, \underline{U} \, \underline{B}_T^T$$

Vorzugebende Anfangswerte:

$$\hat{\underline{a}}(1|0) \quad ; \quad \underline{S}_{ee}(1|0)$$

116

fehler.

Der Algorithmus des Schätzvorganges durchläuft zyklisch drei Stufen, die den Gleichungen (42.31) bis (42.33) entsprechen. In der ersten Stufe wird die Gewichtsmatrix $\underline{P}$ bestimmt, wobei die zum vorausgehenden Zeitpunkt berechnete Fehlerkorrelationsmatrix verwendet wird. In der zweiten Stufe wird mit $\underline{P}$ der neue Schätzwert aus dem alten berechnet, und in der dritten Stufe dient $\underline{P}$ zur Berechnung der Fehlerkorrelationsmatrix, die zum nachfolgenden Zeitpunkt benötigt wird, um die neue Gewichtsmatrix $\underline{P}$ zu bestimmen. Von da an beginnt der Zyklus wieder bei der ersten Stufe.

Dieser Algorithmus hat den Vorteil, direkt mit einem Digitalrechner oder in Hardware realisiert werden zu können. Da die Berechnung der Matrizen $\underline{P}(k)$ und $S_{ee}(k+1|k)$ nicht von den Empfangsvektoren $\underline{r}(k)$ abhängt, kann man sie entweder vor Beginn des Schätzvorganges berechnen und speichern und anschließend nacheinander abrufen oder fortlaufend während des Schätzvorganges im Echtzeitbetrieb ermitteln. Vorteilhaft ist dabei, daß jeweils die Fehlerkorrelationsmatrix zur Verfügung steht, die eine Aussage über die Vertrauenswürdigkeit der Schätzwerte zuläßt.

Ausgehend von der Prädiktion um einen Schritt sollen nun die Prädiktion für beliebig viele Schritte, die Filterung und die Interpolation behandelt werden.

4.2.1 Prädiktion für beliebig viele Schritte

Unter Prädiktion für beliebig viele Schritte versteht man folgende Aufgabe: Man kennt den gestörten Empfangsvektor $\underline{r}(i)$ für $0 \leq i \leq k$ und soll davon ausgehend den Zustandsvektor $\underline{a}(k+\delta)$ für $\delta > 0$ im Sinne des minimalen mittleren Fehlerquadrats schätzen.

Bezüglich der Zeitparameter k und δ kann man drei Formen der Prädiktion unterscheiden:
1. **Prädiktion über einen festen Zeitabstand:**
   Dies ist der praktisch wichtigste Fall, bei dem der Zeitparameter k variabel, der Parameter δ fest ist. Der Zeitpunkt k+δ, für den der Schätzwert $\hat{\underline{a}}(k+\delta|k)$ bestimmt wird, hat den festen Abstand δ zu dem laufenden Zeitpunkt k, zu dem der Schätzwert

berechnet wird. Zur Berechnung von $\hat{\underline{a}}(k+\delta|k)$ werden also die Vektoren $\underline{r}(i)$ für $0 \leq i \leq k$ verwendet.

2. **Prädiktion für einen festen Endpunkt:**
   In diesem Fall ist der Zeitpunkt $k+\delta=k_0$, für den der Schätzwert zu bestimmen ist, fest, während der Zeitpunkt k, zu dem die Schätzung erfolgt, variabel ist. Der Schätzwert ist also $\hat{\underline{a}}(k_0|k)$, gebildet aus $\underline{r}(i)$ für $0 \leq i \leq k < k_0$.

3. **Prädiktion von einem festen Anfangspunkt aus:**
   Hier gibt der Zeitparameter $k=k_0$ einen festen Anfangspunkt an, von dem aus die Prädiktion für den variablen Zeitparameter δ vorgenommen wird. Der Schätzwert ist hier $\hat{\underline{a}}(\delta+k_0|k_0)$, gebildet aus $\underline{r}(i)$ für $0 \leq i \leq k_0$.

Zunächst wird der erste Fall als der bedeutendste näher betrachtet.

Der Schätzwert $\hat{\underline{a}}(k+\delta|k)$ soll durch eine lineare Operation aus $\underline{r}(i)$ für $0 \leq i \leq k$ gebildet werden. Also gilt:

$$\hat{\underline{a}}(k+\delta|k) = \sum_{i=0}^{k} \underline{P}^`(i) \, \underline{r}(i) \quad . \tag{42.49}$$

Beachtet man, daß der Schätzwert $\hat{\underline{a}}(k+1|k)$ der Prädiktion um einen Schritt nach (42.1) durch eine ähnliche Linearkombination bestimmt wurde, nämlich durch

$$\hat{\underline{a}}(k+1|k) = \sum_{i=0}^{k} \underline{P}(i) \, \underline{r}(i) \quad , \tag{42.50}$$

so muß zwischen $\hat{\underline{a}}(k+1|k)$ der Zusammenhang

$$\hat{\underline{a}}(k+\delta|k) = \underline{T}(k,\delta) \, \hat{\underline{a}}(k+1|k) \tag{42.51}$$

bestehen. Die Matrix $\underline{T}(k,\delta)$ hängt bei instationären Prozessen von den Zeitparametern k und δ ab. Sie ist so zu bestimmen, daß die Hauptdiagonalelemente der Fehlerkorrelationsmatrix $S_{ee}(k+\delta|k)$ minimal werden. Also muß auch das Orthogonalitätsprinzip erfüllt sein, das für die Prädiktion um einen Schritt durch die Beziehung (42.6) gegeben ist. Entsprechend hat es für den hier vorliegenden Fall die Form

$$E((\hat{\underline{a}}(k+\delta|k)-\underline{a}(k+\delta))\cdot\underline{r}^T(i)) = \underline{0} \quad \text{für } 0 \leq i \leq k \quad . \tag{42.52}$$

Mit (35.16) kann man für den Zustandsvektor $\underline{a}(k+\delta)$ schreiben

$$\underline{a}(k+\delta) = \prod_{j=k+\delta-1}^{0} \underline{A}_T(j)\,\underline{a}(0) + \sum_{j=0}^{k+\delta-1} [\prod_{i=k+\delta-1}^{j+1} \underline{A}_T(i)]\,\underline{B}_T(j)\,\underline{u}(j)$$

$$= \prod_{l=k+\delta-1}^{k+1} \underline{A}_T(l) \left[\prod_{j=k}^{0} \underline{A}_T(j)\underline{a}(0) + \sum_{j=0}^{k} [\prod_{i=k}^{j+1} \underline{A}_T(i)]\underline{B}_T(j)\underline{u}(j)\right]$$

$$+ \sum_{j=k+1}^{k+\delta-1} [\prod_{i=k+\delta-1}^{j+1} \underline{A}_T(i)]\,\underline{B}_T(j)\underline{u}(j)$$

$$= \prod_{l=k+\delta-1}^{k+1} \underline{A}_T(l)\,\underline{a}(k+1)$$

$$+ \sum_{j=k+1}^{k+\delta-1} [\prod_{i=k+\delta-1}^{j+1} \underline{A}_T(i)]\,\underline{B}_T(j)\underline{u}(j) \quad , \tag{42.53}$$

man kann ihn also als Funktion des Vektors $\underline{a}(k+1)$ und eines Restgliedes darstellen.

Setzt man nun in (42.52) für $\hat{\underline{a}}(k+\delta|K)$ den Ansatz (42.51) und für $\underline{a}(k+\delta)$ die Beziehung (42.53) ein und beachtet, daß nach Tab. 4.1 der Erwartungswert $E(\underline{u}(j)\underline{r}^T(i))$ für $k+1\leq j\leq k+\delta-1$ sowie $0\leq i\leq k$, d.h. für $0\leq i\leq j$ verschwindet, so erhält man schließlich:

$$E((\hat{\underline{a}}(k+\delta|k)-\underline{a}(k+\delta))\cdot\underline{r}^T(i))$$

$$= E((\underline{T}(k,\delta)\hat{\underline{a}}(k+1|k) - \prod_{l=k+\delta-1}^{k+1} \underline{A}_T(l)\,\underline{a}(k+1))\cdot\underline{r}^T(i))$$

$$- \sum_{j=k+1}^{k+\delta-1} [\prod_{i=k+\delta-1}^{j+1} \underline{A}_T(i)]\,\underline{B}_T(j)\,E(\underline{u}(j)\underline{r}^T(i))$$

$$= \prod_{l=k+\delta-1}^{k+1} \underline{A}_T(l)$$

$$\cdot E(([\prod_{l=k+\delta-1}^{k+1} \underline{A}_T(l)]^{-1}\,\underline{T}(k,\delta)\hat{\underline{a}}(k+1|k) - \underline{a}(k+1))\cdot\underline{r}^T(i))$$

$$= \underline{0} \quad \text{für} \quad 0 \leq i \leq k \quad . \tag{42.54}$$

Vergleicht man dies mit (42.6), so gehen beide Erwartungswerte für

$$[\prod_{l=k+\delta-1}^{k+1} \underline{A}_T(l)]^{-1}\,\underline{T}(k,\delta) = \underline{I} \tag{42.55}$$

bzw.

$$\underline{T}(k,\delta) = \prod_{l=k+\delta-1}^{k+1} \underline{A}_T(l) \tag{42.56}$$

ineinander über. Damit ist aber die Matrix $\underline{T}(k,\delta)$, die das Optimalitätskriterium erfüllt, gefunden. Für (42.51) gilt also:

$$\hat{\underline{a}}(k+\delta|k) = \prod_{l=k+\delta-1}^{k+1} \underline{A}_T(l)\ \hat{\underline{a}}(k+1|k) \quad . \tag{42.57}$$

Dies Ergebnis gilt für die erste Form der Prädiktion, bei der der Parameter k variabel, der Parameter δ fest ist.

Bei der zweiten Form der Prädiktion ist $k+\delta=k_0$ ein fester Wert und k variabel. Damit folgt für (42.57):

$$\hat{\underline{a}}(k_0|k) = \prod_{l=k_0-1}^{k+1} \underline{A}_T(l)\ \hat{\underline{a}}(k+1|k) \quad . \tag{42.58}$$

In der dritten Form ist schließlich $k=k_0$ fest und δ variabel. Für (42.57) gilt also

$$\hat{\underline{a}}(\delta+k_0|k_0) = \prod_{l=k_0+\delta-1}^{k_0+1} \underline{A}_T(l)\ \hat{\underline{a}}(k_0+1|k_0) \quad . \tag{42.59}$$

Wenn der Prozeß stationär ist, so ist die Matrix $\underline{A}_T(k)$ konstant, d.h. zeitunabhängig. Dann folgt aus (42.57)

$$\hat{\underline{a}}(k+\delta|k) = \underline{A}_T^{\delta-1}\ \hat{\underline{a}}(k+1|k) \quad , \tag{42.60}$$

aus (42.58)

$$\hat{\underline{a}}(k_0|k) = \underline{A}_T^{k_0-k-1}\ \hat{\underline{a}}(k+1|k) \tag{42.61}$$

und aus (42.59)

$$\hat{\underline{a}}(\delta+k_0|k_0) = \underline{A}_T^{\delta-1}\ \hat{\underline{a}}(k_0+1|k_0) \quad . \tag{42.62}$$

In (42.60) steckt die Zeitabhängigkeit im Schätzwert $\hat{\underline{a}}(k+1|k)$, in (42.61) im Exponenten der Matrix sowie im Schätzwert und in (42.62) nur im Exponenten der Matrix.

Bild 4.7 veranschaulicht die drei Formen der Prädiktion, indem es die jeweils verfügbaren Werte des gestörten Empfangsvektors und

die daraus berechneten Schätzwerte zeigt. Für den variablen Zeitparameter sind dabei als Beispiel jeweils zwei Werte heraus-
gegriffen worden.

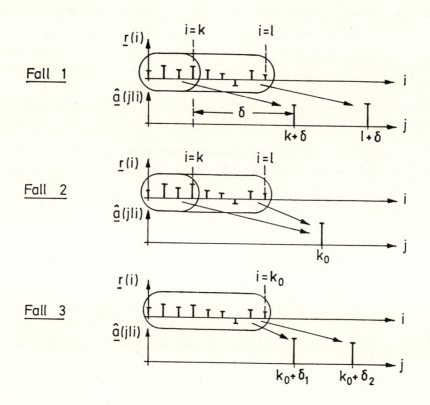

Bild 4.7   Formen der Prädiktion

Es soll nun der Prädiktionsalgorithmus nach (42.57) bis (42.59)
bzw. (42.60) bis (42.62) diskutiert werden. In allen Formeln wird
der Schätzwert aus der Prädiktion um einen Schritt benötigt. Der
Empfänger für die allgemeine Prädiktion enthält also als Teil den
Empfänger für die Prädiktion um einen Schritt nach Bild 4.6. Dazu
zeigt Bild 4.8 den die Schätzgleichung (42.57) realisierenden
Empfänger.

Aus den Schätzgleichungen geht hervor, daß der Steuerprozeß $\underline{u}(k)$
und die Matrix $\underline{B}_T$ keinen Einfluß auf die Prädiktion ausüben. Das
liegt daran, daß bei der Anwendung des Orthogonalitätsprinzips in
(42.54) die mit $\underline{u}(k)$ verknüpften Terme herausfallen, weil $\underline{u}(k)$
ein weißer Prozeß mit verschwindendem Mittelwert ist. Wäre der
Mittelwert von $\underline{u}(k)$ nicht gleich Null, würde auch der Erwartungs-

wert $E(\underline{u}(k)\underline{r}^T(i))$ nicht verschwinden. Deshalb trägt nur das unerregte Prozeßmodell, dessen homogene Antwort von den Matrizen $\underline{A}_T(k)$ abhängt, zum Wert der Prädiktion bei. Der Prozeß mit dem Zustandsvektor $\underline{a}(k)$ schwingt gewissermaßen vom Zeitpunkt der Schätzung unerregt bzw. mit der Erregung $\underline{u}(k)=\underline{0}$ bis zum Zeitpunkt, für den der Schätzwert ermittelt werden soll, weiter. Weil $\underline{u}(k)$ ein weißer Prozeß ist, über dessen künftige Werte man im Detail nichts aussagen kann, verwendet man für $\underline{u}(k)$ den a-priori wahrscheinlichsten Wert, d.h den Mittelwert $E(\underline{u}(k))=0$, als künftige Erregung des Prozesses $\underline{a}(k)$.

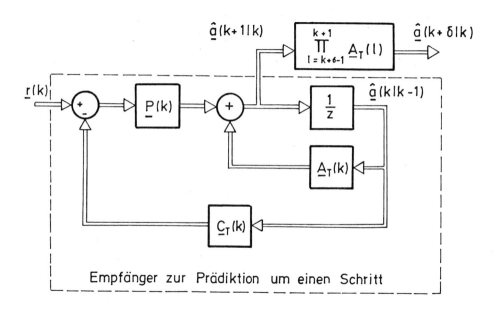

Empfänger zur Prädiktion um einen Schritt

Bild 4.8   Empfänger zur Prädiktion

Zum Schluß sei noch die Fehlerkorrelationsmatrix berechnet. Die Definition für die Fehlerkorrelationsmatrix bei Prädiktion liefert:

$$\underline{S}_{ee}(k+\delta|k) = E((\hat{\underline{a}}(k+\delta|k)-\underline{a}(k+\delta))\cdot(\hat{\underline{a}}(k+\delta|k)-\underline{a}(k+\delta))^T) \quad .$$

$$(42.63)$$

Hierin setzt man $\hat{\underline{a}}(k+\delta|k)$ nach (42.57) und $\underline{a}(k+\delta)$ nach (42.53) ein und erhält mit der Fehlerkorrelationsmatrix $\underline{S}_{ee}(k+1|k)$ für Prädiktion um einen Schritt nach (42.21):

$$\underline{S}_{\underline{ee}}(k+\delta|k)$$

$$= E((\prod_{1=k+\delta-1}^{k+1}\underline{A}_T(1)\cdot(\hat{\underline{a}}(k+1|k)-\underline{a}(k+1))$$

$$- \sum_{j=k+1}^{k+\delta-1}[\prod_{i=k+\delta-1}^{j+1}\underline{A}_T(i)]\,\underline{B}_T(j)\underline{u}(j))$$

$$\cdot((\hat{\underline{a}}(k+1|k)-\underline{a}(k+1))^T\prod_{1=k+1}^{k+\delta-1}\underline{A}_T^T(1)$$

$$- \sum_{j=k+1}^{k+\delta-1}\underline{u}^T(j)\,\underline{B}_T^T(j)\prod_{i=j+1}^{k+\delta-1}\underline{A}_T^T(i)))$$

$$= \prod_{1=k+\delta-1}^{k+1}\underline{A}_T(1)\,\underline{S}_{\underline{ee}}(k+1|k)\prod_{1=k+1}^{k+\delta-1}\underline{A}_T^T(1)$$

$$- \prod_{1=k+\delta-1}^{k+1}\underline{A}_T(1)\sum_{j=k+1}^{k+\delta-1}E((\hat{\underline{a}}(k+1|k)-\underline{a}(k+1))\underline{u}_T^T(j))$$

$$\cdot \underline{B}_T^T(j)\prod_{i=j+1}^{k+\delta-1}\underline{A}_T^T(i)$$

$$- \sum_{j=k+1}^{k+\delta-1}[\prod_{i=k+\delta-1}^{j+1}\underline{A}_T(i)]\underline{B}_T(j)$$

$$\cdot E(\underline{u}(j)(\hat{\underline{a}}(k+1|k)-\underline{a}(k+1))^T)[\prod_{1=k+1}^{k+\delta-1}\underline{A}_T^T(1)]$$

$$+ \sum_{h=j=k+1}^{k+\delta-1}[\prod_{i=k+\delta-1}^{j+1}\underline{A}_T(i)]\underline{B}_T(j)E(\underline{u}(j)\underline{u}^T(h))\underline{B}_T^T(h)[\prod_{i=h+1}^{k+\delta-1}\underline{A}_T^T(i)].$$

$$(42.64)$$

Beachtet man, daß nach Tab. 4.1 $\hat{\underline{a}}(k+1|k)$ eine Linearkombination von $\underline{r}(i)$ für $0\le i\le k$ ist und daß der Erwartungswert $E(\underline{r}(i)\underline{u}^T(j))$ für $j\ge i$, der Erwartungswert $E(\underline{a}(k+1)\underline{u}^T(j))$ für $j\ge k+1$ verschwindet, so werden auch die beiden negativen Terme in (42.64) zu Null. Damit gilt

$$\underline{S}_{\underline{ee}}(k+\delta|k) = [\prod_{1=k+\delta-1}^{k+1}\underline{A}_T(1)]\,\underline{S}_{\underline{ee}}(k+1|k)\,[\prod_{1=k+1}^{k+\delta-1}\underline{A}_T^T(1)]$$

$$+ \sum_{h=j=k+1}^{k+\delta-1}[\prod_{i=k+\delta-1}^{j+1}\underline{A}_T(i)]$$

$$\cdot \underline{B}_T(j)\underline{U}(j)\delta_{jh}\underline{B}_T^T(h)[\prod_{i=h+1}^{k+\delta-1}\underline{A}_T^T(i)]$$

Tab. 4.4   Prädiktion für beliebig viele Schritte

Formen der Prädiktion:

1. Prädiktion über einen festen Zeitabstand δ:
   Schätzwert $\hat{\underline{a}}(k+\delta|k)$ aus $\underline{r}(i)$, $0 \le i \le k$

2. Prädiktion für einen festen Endpunkt k_0:
   Schätzwert $\hat{\underline{a}}(k_0|k)$ aus $\underline{r}(i)$, $0 \le i \le k < k_0$

3. Prädiktion von einem festen Anfangspunkt k_0 aus:
   Schätzwert $\hat{\underline{a}}(\delta+k_0|k_0)$ aus $\underline{r}(i)$, $0 \le i \le k_0$

Schätzgleichungen

ausgehend von der Prädiktion um einen Schritt, Tab. 4.3

$$1. \quad \hat{\underline{a}}(k+\delta|k) = \prod_{l=k+\delta-1}^{k+1} \underline{A}_T(l) \; \hat{\underline{a}}(k+1|k)$$

$$2. \quad \hat{\underline{a}}(k_0|k) = \prod_{l=k_0-1}^{k+1} \underline{A}_T(l) \; \hat{\underline{a}}(k+1|k)$$

$$3. \quad \hat{\underline{a}}(k_0+\delta|k) = \prod_{l=\delta+k_0-1}^{k_0+1} \underline{A}_T(l) \; \hat{\underline{a}}(k_0+1|k_0)$$

Fehlerkorrelationsmatrix

$$\underline{S}_{ee}(k+\delta|k) = \prod_{l=k+\delta-1}^{k+1} \underline{A}_T(l) \; \underline{S}_{ee}(k+1|k) \prod_{l=k+1}^{k+\delta-1} \underline{A}_T^T(l)$$

$$+ \sum_{j=k+1}^{k+\delta-1} [\prod_{i=k+\delta-1}^{j+1} \underline{A}_T(i)]\underline{B}_T(j)\underline{U}(j)\underline{B}_T^T(j)[\prod_{i=j+1}^{k+\delta-1} \underline{A}_T^T(i)]$$

$$= [\prod_{\substack{\Pi \\ 1=k+\delta-1}}^{k+1} \underline{A}_T(1)] \; \underline{S}_{ee}(k+1|k) \; [\prod_{\substack{\Pi \\ 1=k+1}}^{k+\delta-1} \underline{A}_T^T(1)]$$

$$+ \sum_{j=k+1}^{k+\delta-1} [\prod_{\substack{\Pi \\ i=k+\delta-1}}^{j+1} \underline{A}_T(i)]\underline{B}_T(j)\underline{U}(j)\underline{B}_T^T(j)[\prod_{\substack{\Pi \\ i=j+1}}^{k+\delta-1} \underline{A}_T^T(i)]$$

$$(42.65)$$

und sind die Matrizen $\underline{A}_T$, $\underline{B}_T$ und $\underline{U}$ konstant, so erhält man

$$\underline{S}_{ee}(k+\delta|k) = \underline{A}_T^{\delta-1} \; \underline{S}_{ee}(k+1|k) \; (\underline{A}_T^T)^{\delta-1}$$

$$+ \sum_{j=1}^{\delta-1} \underline{A}_T^{\delta-1-j} \; \underline{B}_T \; \underline{U} \; \underline{B}_T^T \; (\underline{A}_T^T)^{\delta-1-j} \quad . \quad (42.66)$$

Um die hier angegebenen Korrelationsmatrizen $\underline{S}_{ee}(k+\delta|k)$ zu berechnen, muß man die Korrelationsmatrix $\underline{S}_{ee}(k+1|k)$ des Fehlers bei Prädiktion um einen Schritt kennen. Dazu ist die Fehlergleichung (42.33) zu lösen.

Man erkennt, daß die Fehlerkorrelationsmatrix mit zunehmenden Werten von δ anwächst, weil die Summe im zweiten Term von $\underline{S}_{ee}(k+\delta|k)$ in ihrer Gliederzahl ansteigt. Dieses Ergebnis stimmt mit den Überlegungen bei Prädiktion mit Wiener-Filtern überein.

Die Matrix $\underline{S}_{ee}(k+\delta|k)$ wurde hier für den ersten Fall der Prädiktion angegeben. Für die beiden anderen Fälle erhält man daraus entsprechende Ergebnisse.

4.3 Filterung

Mit Filterung bezeichnet man die Bestimmung eines Schätzwertes für $\underline{a}(k)$ mit Hilfe der gestörten Empfangsvektoren $\underline{r}(i)$ für $0 \le i \le k$. Der Schätzwert wird deshalb mit $\hat{\underline{a}}(k|k)$ bezeichnet. Dieser Schätzwert soll durch eine Linearkombination aus den $\underline{r}(i)$ entstehen, so daß

$$\hat{\underline{a}}(k|k) = \sum_{i=0}^{k} \underline{P}^{\backprime}(i) \; \underline{r}(i) \qquad (43.1)$$

gilt, und die Hauptdiagonalelemente der Fehlerkorrelationsmatrix

$$\underline{S}_{ee}(k|k) = E((\hat{\underline{a}}(k|k)-\underline{a}(k))\cdot(\hat{\underline{a}}(k|k)-\underline{a}(k))^T) \qquad (43.2)$$

minimal werden.

Für das lineare System, das dieses Optimalitätskriterium erfüllt, gilt das Orthogonalitätsprinzip

$$E((\hat{\underline{a}}(k|k)-\underline{a}(k))\cdot\underline{r}^T(i)) = \underline{0} \qquad \text{für } 0 \le i \le k \qquad . \qquad (43.3)$$

Vergleicht man (43.1) mit (42.1), so erkennt man, daß zwischen den Schätzwerten $\hat{\underline{a}}(k|k)$ und $\hat{\underline{a}}(k+1|k)$ die lineare Beziehung

$$\hat{\underline{a}}(k|k) = \underline{T}(k)\ \hat{\underline{a}}(k+1|k) \qquad\qquad (43.4)$$

bestehen muß. Nun multipliziert man (43.3) mit $\underline{A}_T(k)$ und setzt (43.4) ein:

$$\underline{A}_T(k)\ E((\hat{\underline{a}}(k|k)-\underline{a}(k))\cdot\underline{r}^T(i))$$

$$= E((\underline{A}_T(k)\underline{T}(k)\ \hat{\underline{a}}(k+1|k) - \underline{A}_T(k)\ \underline{a}(k))\cdot\underline{r}^T(i)) = \underline{0}$$

$$\text{für } 0 \le i \le k \qquad . \qquad (43.5)$$

Beachtet man, daß nach Tab. 4.1 $E(\underline{u}(k)\underline{r}^T(i))=\underline{0}$ für $0\le i\le k$ gilt, so erhält man für (43.5) unter Verwendung der Zustandsgleichung für $\underline{a}(k+1)$ aus Tab. 3.3 das Ergebnis

$$E((\underline{A}_T(k)\underline{T}(k)\ \hat{\underline{a}}(k+1|k) - \underline{A}_T(k)\ \underline{a}(k) - \underline{B}_T(k)\ \underline{u}(k))\cdot\underline{r}^T(i))$$

$$= E((\underline{A}_T(k)\ \underline{T}(k)\ \hat{\underline{a}}(k+1|k) - \underline{a}(k+1))\cdot\underline{r}^T(i)) = \underline{0}$$

$$\text{für } 0 \le i \le k \qquad . \qquad (43.6)$$

Vergleicht man (43.6) mit (42.6), so entsteht Identität für

$$\underline{A}_T(k)\ \underline{T}(k) = \underline{I} \qquad\qquad (43.7)$$

bzw.

$$\underline{T}(k) = \underline{A}_T^{-1}(k) \qquad . \qquad\qquad (43.8)$$

Weil hier die Filterung aus der Prädiktion um einen Schritt abgeleitet wurde, tritt die Inverse der Matrix $\underline{A}_T(k)$ auf, was bei direkter Herleitung einer Schätzformel für die Filterung vermieden wird, wie auch das später folgende Endergebnis zeigt. Dies ist wegen der Problematik bei der Matrizeninversion von Vorteil.

Für (43.4) gilt damit

$$\hat{\underline{a}}(k|k) = \underline{A}_T^{-1}(k)\ \hat{\underline{a}}(k+1|k) \quad . \tag{43.9}$$

Ausgehend von der Prädiktion um einen Schritt kann man damit das Filterproblem lösen. Bild 4.9 zeigt dazu ein Blockschaltbild.

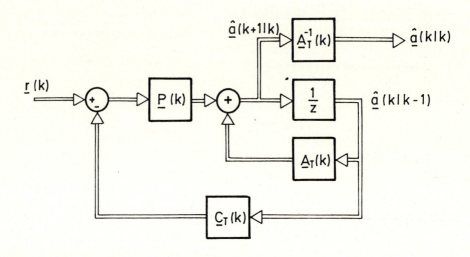

Bild 4.9 Filterung auf der Basis der Prädiktion um einen Schritt

Die Rechenvorschrift für die Filterung läßt sich vereinfachen. Dazu setzt man die aus (43.9) folgenden Beziehungen

$$\hat{\underline{a}}(k+1|k) = \underline{A}_T(k)\ \hat{\underline{a}}(k|k) \tag{43.10}$$

$$\hat{\underline{a}}(k|k-1) = \underline{A}_T(k-1)\ \hat{\underline{a}}(k-1|k-1) \tag{43.11}$$

in die Schätzgleichung (42.32) der Prädiktion um einen Schritt ein:

$$\hat{\underline{a}}(k+1|k) = \underline{A}_T\ \hat{\underline{a}}(k|k) = (\underline{A}_T - \underline{P}\ \underline{C}_T)\ \hat{\underline{a}}(k|k-1) + \underline{P}\ \underline{r}(k)$$

$$= (\underline{A}_T - \underline{P}\ \underline{C}_T)\underline{A}_T(k-1)\ \hat{\underline{a}}(k-1|k-1) + \underline{P}\ \underline{r}(k) \quad , \tag{43.12}$$

wobei zur Vereinfachung wieder nur die von k verschiedenen Argumente der Matrizen angegeben wurden. Multipliziert man (43.12) mit $\underline{A}_T^{-1}(k)$ und setzt

$$\underline{R}(k) = \underline{R} = \underline{A}_T^{-1}(k)\ \underline{P}(k)$$

$$= \underline{S}_{\underline{ee}}(k|k-1) \; \underline{C}_T^T \; (\underline{N} + \underline{C}_T \; \underline{S}_{\underline{ee}}(k|k-1) \; \underline{C}_T^T)^{-1} \quad , \qquad (43.13)$$

wobei für $\underline{P}(k)$ die Verstärkungsgleichung (42.31) gilt, so erhält man schließlich für den Schätzwert $\hat{\underline{a}}(k|k)$:

$$\hat{\underline{a}}(k|k) = (\underline{I}-\underline{A}_T^{-1}\underline{P} \; \underline{C}_T)\underline{A}_T(k-1) \; \hat{\underline{a}}(k-1|k-1) + \underline{A}_T^{-1}\underline{P} \; \underline{r}(k)$$

$$= (\underline{I}-\underline{R} \; \underline{C}_T)\underline{A}_T(k-1) \; \hat{\underline{a}}(k-1|k-1) + \underline{R} \; \underline{r}(k) \quad . \qquad (43.14)$$

Dieser Schätzgleichung entspricht der Empfänger nach Bild 4.10, bei dem im Gegensatz zu Bild 4.9 keine Invertierung der Matrix $\underline{A}_T(k)$ erforderlich ist. Auch hier wird der neue Schätzwert aus dem alten Schätzwert und dem neuen Empfangsvektor gebildet.

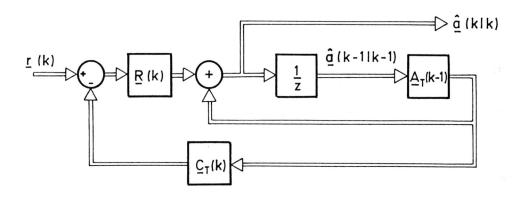

Bild 4.10   Empfänger zur Filterung

Die Fehlerkorrelationsmatrix ist für die Filterung durch

$$\underline{S}_{\underline{ee}}(k|k) = E((\hat{\underline{a}}(k|k)-\underline{a}(k))\cdot(\hat{\underline{a}}(k|k)-\underline{a}(k))^T) \qquad (43.15)$$

gegeben. Um den Zusammenhang zur Prädiktion um einen Schritt herzustellen, soll $\underline{S}_{\underline{ee}}(k|k)$ als Funktion von $\underline{S}_{\underline{ee}}(k|k-1)$ bestimmt werden. Dazu ersetzt man in (43.14) $\underline{a}(k-1|k-1)$ durch $\underline{a}(k|k-1)$ nach (43.11) und erhält unter Verwendung der Zustandsgleichung für $\underline{r}(k)$

$$\hat{\underline{a}}(k|k)-\underline{a}(k)$$

$$= (\underline{I}-\underline{R} \; \underline{C}_T) \; \hat{\underline{a}}(k|k-1) + \underline{R} \; \underline{r}(k) - \underline{a}(k)$$

$$= (\underline{I} - \underline{R}\ \underline{C}_T)\ \hat{\underline{a}}(k|k-1) + \underline{R}\ \underline{C}_T\ \underline{a}(k) + \underline{R}\ \underline{n}(k) - \underline{a}(k)$$

$$= (\underline{I} - \underline{R}\ \underline{C}_T)\ (\hat{\underline{a}}(k|k-1) - \underline{a}(k)) + \underline{R}\ \underline{n}(k) \qquad . \qquad (43.16)$$

Setzt man dies in (43.15) ein, so folgt

$$\underline{S}_{\underline{ee}}(k|k) = E(((\underline{I} - \underline{R}\ \underline{C}_T)(\hat{\underline{a}}(k|k-1) - \underline{a}(k)) + \underline{R}\ \underline{n}(k))$$

$$\cdot\ ((\hat{\underline{a}}(k|k-1) - \underline{a}(k))^T(\underline{I} - \underline{R}\ \underline{C}_T)^T + \underline{n}^T(k)\ \underline{R}^T))$$

$$= (\underline{I} - \underline{R}\ \underline{C}_T)\ \underline{S}_{\underline{ee}}(k|k-1)\ (\underline{I} - \underline{R}\ \underline{C}_T)^T$$

$$+\ (\underline{I} - \underline{R}\ \underline{C}_T)\ E((\hat{\underline{a}}(k|k-1) - \underline{a}(k))\ \underline{n}^T(k))\ \underline{R}^T$$

$$+\ \underline{R}\ E(\underline{n}(k)\ (\hat{\underline{a}}(k|k-1) - \underline{a}(k))^T)\ (\underline{I} - \underline{R}\ \underline{C}_T)^T$$

$$+\ \underline{R}\ E(\underline{n}(k)\underline{n}^T(k))\ \underline{R}^T$$

$$= (\underline{I} - \underline{R}\ \underline{C}_T)\ \underline{S}_{\underline{ee}}(k|k-1)\ (\underline{I} - \underline{R}\ \underline{C}_T)^T + \underline{R}\ \underline{N}\ \underline{R}^T \qquad , \quad (43.17)$$

weil die Erwartungswerte $E(\hat{\underline{a}}(k|k-1)\underline{n}^T(k))$ und $E(\underline{a}(k)\underline{n}^T(k))$ nach Tab. 4.1 verschwinden. Diese Form läßt sich noch vereinfachen, indem man für $\underline{R}$ die Beziehung (43.13) geeignet einsetzt. Man erhält dabei:

$$\underline{S}_{\underline{ee}}(k|k) = (\underline{I} - \underline{R}\ \underline{C}_T)\ \underline{S}_{\underline{ee}}(k|k-1)$$

$$-\ (\underline{I} - \underline{R}\ \underline{C}_T)\ \underline{S}_{\underline{ee}}(k|k-1)\ \underline{C}_T^T\ \underline{R}^T + \underline{R}\ \underline{N}\ \underline{R}^T$$

$$= (\underline{I} - \underline{R}\ \underline{C}_T)\ \underline{S}_{\underline{ee}}(k|k-1)$$

$$-\ \underline{S}_{\underline{ee}}(k|k-1)\ \underline{C}_T^T\ \underline{R}^T + \underline{R}\ (\underline{C}_T\ \underline{S}_{\underline{ee}}(k|k-1)\ \underline{C}_T^T + \underline{N})\ \underline{R}^T$$

$$= (\underline{I} - \underline{R}\ \underline{C}_T)\ \underline{S}_{\underline{ee}}(k|k-1) - \underline{S}_{\underline{ee}}(k|k-1)\ \underline{C}_T^T\ \underline{R}^T$$

$$+\ \underline{S}_{\underline{ee}}(k|k-1)\ \underline{C}_T^T\ (\underline{N} + \underline{C}_T\ \underline{S}_{\underline{ee}}(k|k-1)\ \underline{C}_T^T)^{-1}$$

$$\cdot\ (\underline{C}_T\ \underline{S}_{\underline{ee}}(k|k-1)\ \underline{C}_T^T + \underline{N})\ \underline{R}^T$$

$$= (\underline{I} - \underline{R}\ \underline{C}_T)\ \underline{S}_{\underline{ee}}(k|k-1) \qquad . \qquad (43.18)$$

Wenn man nun die Gleichung (42.33) für die Fehlerkorrelations-
matrix bei Prädiktion um einen Schritt löst, ist auch $\underline{S}_{ee}(k|k)$
nach (43.18) bekannt.

Aus $\underline{S}_{ee}(k|k)$ läßt sich $\underline{S}_{ee}(k+1|k)$ leichter als aus $\underline{S}_{ee}(k|k-1)$ be-
rechnen. Führt man in (43.17) die Matrix $\underline{P}$ nach (43.13) ein, so
folgt:

$$\underline{S}_{ee}(k|k) = \underline{A}_T^{-1}(\underline{A}_T-\underline{P}\ \underline{C}_T)\ \underline{S}_{ee}(k|k-1)\ (\underline{A}_T-\underline{P}\ \underline{C}_T)^T(\underline{A}_T^T)^{-1}$$

$$+ \underline{A}_T^{-1}\ \underline{P}\ \underline{N}\ \underline{P}^T\ (\underline{A}_T^T)^{-1}$$

$$= \underline{A}_T^{-1}((\underline{A}_T-\underline{P}\ \underline{C}_T)\underline{S}_{ee}(k|k-1)(\underline{A}_T-\underline{P}\ \underline{C}_T^T) + \underline{P}\ \underline{N}\ \underline{P}^T)(\underline{A}_T^T)^{-1}.$$

$$(43.19)$$

Vergleicht man (43.19) mit (42.33), so erhält man

$$\underline{S}_{ee}(k|k) = \underline{A}_T^{-1}\ (\underline{S}_{ee}(k+1|k) - \underline{B}_T\ \underline{U}\ \underline{B}_T^T)\ (\underline{A}_T^T)^{-1} \qquad (43.20)$$

bzw.

$$\underline{S}_{ee}(k+1|k) = \underline{A}_T\ \underline{S}_{ee}(k|k)\ \underline{A}_T^T + \underline{B}_T\ \underline{U}\ \underline{B}_T^T \quad , \qquad (43.21)$$

wobei man mit (43.21) den Anfangswert $\underline{S}_{ee}(1|0)$ der Prädiktion um
einen Schritt aus dem entsprechenden Wert $\underline{S}_{ee}(0|0)$ der Filterung
berechnen kann. Auf diese Tatsache wurde bereits im vorigen
Abschnitt über die Prädiktion um einen Schritt hingewiesen.

Damit lassen sich die Korrelationsmatrizen $\underline{S}_{ee}(k|k)$ des Fehlers
bei Filterung rekursiv über die Formeln (43.18) und (43.21)
bestimmen.

Zusammengefaßt seien hier die zur Lösung des Filterproblems erforderlichen Beziehungen angegeben:

$$\underline{R} = \underline{S}_{ee}(k|k-1)\ \underline{C}_T^T\ (\underline{N} + \underline{C}_T\ \underline{S}_{ee}(k|k-1)\ \underline{C}_T^T)^{-1} \qquad (43.22)$$

$$\hat{\underline{a}}(k|k) = (\underline{I} - \underline{R}\ \underline{C}_T)\ \underline{A}_T(k-1)\ \hat{\underline{a}}(k-1|k-1) + \underline{R}\ \underline{r}(k) \qquad (43.23)$$

$$\underline{S}_{ee}(k|k) = (\underline{I} - \underline{R}\ \underline{C}_T)\ \underline{S}_{ee}(k|k-1) \qquad (43.24)$$

$$\underline{S}_{ee}(k+1|k) = \underline{A}_T\ \underline{S}_{ee}(k|k)\ \underline{A}_T^T + \underline{B}_T\ \underline{U}\ \underline{B}_T^T \quad . \qquad (43.25)$$

Tab. 4.5 Filterung

Zu schätzender Signalvektor: $\quad \underline{a}(k)$

Schätzwert: $\qquad\qquad\qquad \hat{\underline{a}}(k|k)$

Verfügbare Empfangsvektoren: $\quad \underline{r}(i) \quad , \quad 0 \le i \le k$

Schätzeinrichtung: $\qquad\qquad$ linear

Optimalitätskriterium: $\qquad$ minimale Hauptdiagonalelemente der

$\qquad\qquad\qquad\qquad\qquad$ Fehlerkorrelationsmatrix $\underline{S}_{ee}(k|k)$

Lösungsansatz: $\qquad\qquad$ Orthogonalitätsprinzip

$$E((\hat{\underline{a}}(k|k) - \underline{a}(k)) \cdot \underline{r}^T(i)) = \underline{0} \quad , \qquad 0 \le i \le k$$

Verstärkungsmatrix:

$$\underline{R} = \underline{A}_T^{-1} \, \underline{P} = \underline{S}_{ee}(k|k-1) \, \underline{C}_T^T \, (\underline{N} + \underline{C}_T \, \underline{S}_{ee}(k|k-1) \, \underline{C}_T^T)^{-1}$$

Schätzgleichung:

$$\hat{\underline{a}}(k|k) = (\underline{I} - \underline{R} \, \underline{C}_T) \, \underline{A}_T(k-1) \, \hat{\underline{a}}(k-1|k-1) + \underline{R} \, \underline{r}(k)$$

Optimale Fehlerkorrelationsmatrix:

$$\underline{S}_{ee}(k|k) = (\underline{I} - \underline{R} \, \underline{C}_T) \, \underline{S}_{ee}(k|k-1)$$

$$\underline{S}_{ee}(k+1|k) = \underline{A}_T \, \underline{S}_{ee}(k|k) \, \underline{A}_T^T + \underline{B}_T \, \underline{U} \, \underline{B}_T^T$$

Vorzugebende Anfangswerte:

$$\hat{\underline{a}}(0|0) \quad ; \qquad \underline{S}_{ee}(0|0)$$

Für variables k werden die Gleichungen in der angegebenen Reihenfolge durchlaufen, wobei nach Berechnen der Gleichung (43.25) mit
einem um eins erhöhten k bei (43.22) erneut begonnen wird. Die
als gegeben vorausgesetzten Anfangswerte dieser zyklischen
Rechnung sind $\hat{\underline{a}}(0|0)$ und $\underline{S}_{ee}(0|0)$.

4.4 Interpolation

Bei der Interpolation wird aus den verfügbaren Empfangsvektoren
ein Schätzwert für einen zurückliegenden Signalvektor bestimmt.
Dieser Schätzwert soll eine Linearkombination dieser Empfangsvektoren sein, und die Hauptdiagonalelemente der Fehlerkorrelationsmatrix, die die Abweichung zwischen Schätzwert und geschätztem Wert im quadratischen Mittel angibt, sollen minimal
werden.

Wie bei der Prädiktion kann man drei Fälle der Interpolation
unterscheiden:

1. Interpolation von einem festen Zeitpunkt k_0 aus.
   Hier stehen die gestörten Empfangsvektoren $\underline{r}(i)$ für $0 \leq i \leq k_0$ zur
   Verfügung. Mit Hilfe dieser Vektoren ist für den Signalvektor
   $\underline{a}(k_0-\delta)$ zum festen Zeitpunkt k_0 der Schätzwert $\hat{\underline{a}}(k_0-\delta|k_0)$ zu
   bestimmen. Für den variablen Zeitparameter δ gilt $1 \leq \delta \leq k_0$.

2. Interpolation für einen festen Zeitpunkt k_0.
   Die Empfangsvektoren $\underline{r}(i)$ stehen für $0 \leq i \leq k$ zur Verfügung. Es
   ist der Schätzwert $\hat{\underline{a}}(k_0|k)$ des Signalvektors $\underline{a}(k_0)$ zu bestim-
   men. Dabei ist $k_0 = k-\delta$ ein fester, k der laufende Zeitpara-
   meter, so daß $\delta > 0$ ebenfalls ein laufender Zeitparameter ist.

3. Interpolation über einen festen Zeitabstand δ.
   Es stehen die Empfangsvektoren $\underline{r}(i)$ mit $0 \leq i \leq k$ zur Verfügung,
   wobei k der laufende Zeitparameter ist. Der daraus gewonnene
   Schätzwert des Signalvektors $\underline{a}(k-\delta)$ ist $\hat{\underline{a}}(k-\delta|k)$, wobei δ ein
   fester Wert ist.

Es sollen nun diese drei Fälle der Interpolation in der angegebenen Reihenfolge behandelt werden. Im Gegensatz zur Prädiktion
wird jeder Fall gesondert behandelt, da man, von der Lösung eines
Falles ausgehend, nicht nur die Parameter k und δ geeignet fest-
legen muß, um zu den gewünschten Ergebnissen der übrigen Fälle zu

kommen, wie es bei der Prädiktion möglich war. Das liegt daran, daß die Interpolation verglichen mit Prädiktion und Filterung mathematisch am aufwendigsten zu lösen ist, weil hier der zu schätzende Signalvektor gegenüber dem letzten verfügbaren Empfangsvektor zeitlich zurückliegt und deshalb mehr statistische Bindungen zwischen den auftretenden Signalprozessen vorhanden sind.

Wenn man sich vor Augen hält, daß der Sinn der im vorausgehenden Abschnitt behandelten Filterung darin besteht, aus dem verrauschten Empfangsvektor möglichst genau den Signalvektor $\underline{a}(k)$ zu rekonstruieren, so kann man fragen, welchen Sinn die Interpolation hat, bei der man ja auch nur den Signalvektor zu einem zurückliegenden Zeitpunkt möglichst genau rekonstruieren möchte. Beachtet man, daß bei der Interpolation Information über den Signalprozeß und den Störprozeß zwischen dem Zeitpunkt, für den der Signalvektor bestimmt werden soll, und dem Zeitpunkt, zu dem der Schätzwert berechnet wird, verwendet werden kann, die bei der Filterung nicht verfügbar ist, so wird man erwarten, daß der interpolierte Wert genauer ist als der gefilterte.

Ein Beispiel für ein konkretes Problem, bei dem es sehr auf diese Genauigkeit ankommt, ist die Bahnberechnung in der Raumfahrt. Um die Bahnkurve z.B. für den Einschuß in eine Erdumlaufbahn berechnen zu können, braucht man die Anfangswerte des Geschwindigkeitsvektors beim Start. Der zweite Fall der Interpolation ist aber auf dieses Problem zugeschnitten: Aus den laufend eintreffenden Flugdaten der Rakete kann man deren feste Anfangswerte beim Start, die zum Zeitpunkt des Starts nur ungenau bestimmt werden konnten, nachträglich genauer berechnen, um so Anhaltspunkte für eventuell erforderliche Bahnkorrekturen zu gewinnen.

Ähnliche Anwendungsfälle gibt es für die beiden anderen Formen der Interpolation.

Beginnend bei der Interpolation von einem festen Zeitpunkt k_0 aus sollen nun diese Formen der Interpolation betrachtet werden.

4.4.1 Interpolation von einem festen Zeitpunkt aus

Der gesuchte Schätzwert $\underline{\hat{a}}(k_0-\delta|k_0)$ ist eine Linearkombination der verfügbaren Empfangsvektoren $\underline{r}(i)$, $0 \leq i \leq k_0$:

$$\hat{\underline{a}}(k_0-\delta|k_0) = \sum_{i=0}^{k_0} \underline{P}'(i) \, \underline{r}(i) \quad . \tag{44.1}$$

Um die Schreibweise zu vereinfachen, soll hier

$$k_0-\delta = k \tag{44.2}$$

gesetzt werden, wobei k wegen $1 \leq \delta \leq k_0$ abnehmend die Werte k_0-1 bis 0 durchläuft.

Der so definierte Schätzwert $\hat{\underline{a}}(k|k_0)$ soll optimal in dem Sinne sein, daß der mittlere quadratische Schätzfehler zum Minimum wird. Deshalb muß auch hier das Orthogonalitätsprinzip gelten:

$$E((\hat{\underline{a}}(k|k_0)-\underline{a}(k)) \cdot \underline{r}^T(i)) = \underline{0} \qquad \text{für } 0 \leq i \leq k_0 \quad . \tag{44.3}$$

Bei Prädiktion und Filterung wurde der Ansatz (44.1) für den optimalen Schätzwert stets so abgeändert, daß der alte Schätzwert mit dem neu eingetroffenen Empfangsvektor $\underline{r}(k)$ zum neuen Schätzwert verknüpft wurde. Diese Form der Rekursionsformel läßt sich hier nicht anwenden, da in diesem Fall alle Empfangsvektoren $\underline{r}(i)$, $0 \leq i \leq k_0$ bekannt sind, so daß kein neuer Empfangsvektor zu den bekannten hinzukommt.

Zur hier verwendeten Rekursionsformel kommt man durch folgende Überlegung: Wollte man den Signalvektor $\underline{a}(k)$ bestimmen und hätte nur die Empfangsvektoren $\underline{r}(i)$, $0 \leq i \leq k$ zur Verfügung, müßte man die im vorausgehenden Abschnitt betrachtete Schätzeinrichtung zur Filterung verwenden. Deshalb wird man bei der Rekursionsformel zur Interpolation des Signalvektors $\underline{a}(k)$ den Schätzwert der Filterung $\hat{\underline{a}}(k|k)$ mit dem alten, d.h. im vorhergehenden Schritt gewonnenen Schätzwert der Interpolation $\hat{\underline{a}}(k+1|k_0)$ verknüpfen. Im Zusammenhang mit (44.2) wurde gesagt, daß k abnehmende Werte durchläuft, so daß bezüglich des Zeitpunktes kT der alte Schätzwert der Interpolation $\hat{\underline{a}}(k+1|k_0)$ sein muß. Damit gilt aber für die gesuchte Rekursionsformel:

$$\hat{\underline{a}}(k|k_0) = \underline{F} \, \hat{\underline{a}}(k+1|k_0) + \underline{G} \, \hat{\underline{a}}(k|k) \quad , \tag{44.4}$$

wobei k bei k_0-1 beginnend abnehmende Werte durchläuft, so daß der Anfangswert der Schätzung $\underline{a}(k_0|k_0)$ ist.

Auch hier soll bei der Berechnung der Matrizen $\underline{F}$ und $\underline{G}$ das Argument nur angegeben werden, wenn es von k verschieden ist. Während der Schätzwert $\hat{\underline{a}}(k+1|k_0)$ aus allen Vektoren $\underline{r}(i)$, $0 \leq i \leq k_0$ bestimmt wird, verwendet man für $\hat{\underline{a}}(k|k)$ nur die Vektoren $\underline{r}(i)$, $0 \leq i \leq k$, was im Bild 4.11 veranschaulicht wird.

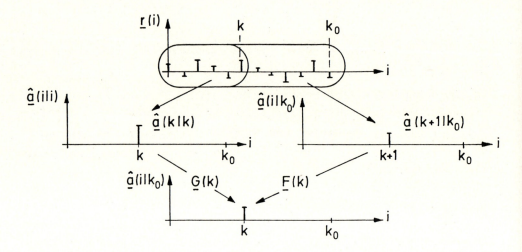

Bild 4.11   Berechnung des Interpolationswertes $\hat{\underline{a}}(k|k_0)$, $k=k_0-\delta$

Setzt man den Ansatz (44.4) in die Orthogonalitätsbedingung (44.3) ein, so folgt:

$$E((\underline{F}\,\hat{\underline{a}}(k+1|k_0) + \underline{G}\,\hat{\underline{a}}(k|k) - \underline{a}(k))\cdot\underline{r}^T(i)) = \underline{0}$$

$$0 \leq i \leq k_0 \quad . \qquad (44.5)$$

Das Orthogonalitätsprinzip muß auch für den Interpolationswert $\hat{\underline{a}}(k+1|k_0)$ gelten:

$$E((\hat{\underline{a}}(k+1|k_0)-\underline{a}(k+1))\cdot\underline{r}^T(i)) = \underline{0} \qquad 0 \leq i \leq k_0 \qquad (44.6)$$

bzw.

$$E(\hat{\underline{a}}(k+1|k_0)\cdot\underline{r}^T(i)) = E(\underline{a}(k+1)\cdot\underline{r}^T(i)) \quad . \qquad (44.7)$$

Mit (44.7) folgt für (44.5):

$$E((\underline{F}\,\underline{a}(k+1) + \underline{G}\,\hat{\underline{a}}(k|k) - \underline{a}(k))\cdot\underline{r}^T(i)) = \underline{0}$$

$$0 \leq i \leq k_0 \quad . \qquad (44.8)$$

Setzt man hierin für $\underline{a}(k+1)$ die Zustandsgleichung ein und erweitert so, daß man Terme mit dem Schätzfehler $\hat{\underline{a}}(k|k)-\underline{a}(k)$ erhält, so folgt:

$$E((\underline{F}(\underline{A}_T\underline{a}(k) + \underline{B}_T\underline{u}(k)) + \underline{G}\,\hat{\underline{a}}(k|k) - \underline{a}(k))\cdot\underline{r}^T(i))$$

$$= E(((\underline{F}\,\underline{A}_T - \underline{I})\,\underline{a}(k) + \underline{F}\,\underline{B}_T\,\underline{u}(k) + \underline{G}\,\hat{\underline{a}}(k|k))\cdot\underline{r}^T(i))$$

$$= E(((\underline{I} - \underline{F}\,\underline{A}_T)(\hat{\underline{a}}(k|k)-\underline{a}(k)) + \underline{F}\,\underline{B}_T\,\underline{u}(k)$$

$$+ (\underline{G}-\underline{I}+\underline{F}\,\underline{A}_T)\,\hat{\underline{a}}(k|k))\cdot\underline{r}^T(i)) = \underline{0}$$

$$0 \leq i \leq k_0 \quad . \qquad (44.9)$$

Spaltet man nun das Beobachtungsintervall $0 \leq i \leq k_0$ in die Teilintervalle $0 \leq i \leq k$ und $k+1 \leq i \leq k_0$ auf, so folgt für das erste Intervall

$$E(((\underline{I}-\underline{F}\,\underline{A}_T)(\hat{\underline{a}}(k|k)-\underline{a}(k)) + (\underline{G}-\underline{I}+\underline{F}\,\underline{A}_T)\,\hat{\underline{a}}(k|k))\cdot\underline{r}^T(i)) = \underline{0}$$

$$0 \leq i \leq k \quad , \qquad (44.10)$$

weil nach Tab. 4.1 der Erwartungswert $E(\underline{u}(k)\underline{r}^T(i))$ für $0 \leq i \leq k$ verschwindet.

Für

$$\underline{G} - \underline{I} + \underline{F}\,\underline{A}_T = \underline{0} \qquad\qquad (44.11)$$

geht (44.10) aber in die Orthogonalitätsbedingung für die Filterung (43.3) über und ist identisch erfüllt. Damit stellt (44.11) die erste Bestimmungsgleichung zur Berechnung von $\underline{F}$ und $\underline{G}$ dar.

Nun betrachtet man das zweite Intervall $k+1 \leq i \leq k_0$ und setzt in (44.9) die Beziehung (44.11) und die Zustandsgleichung für $\underline{r}(i)$ ein. Man erhält

$$E(((\underline{I}-\underline{F}\,\underline{A}_T)(\hat{\underline{a}}(k|k)-\underline{a}(k)) + \underline{F}\,\underline{B}_T\,\underline{u}(k))\cdot\underline{r}^T(i))$$

$$= E(((\underline{I}-\underline{F}\,\underline{A}_T)(\hat{\underline{a}}(k|k)-\underline{a}(k)) + \underline{F}\,\underline{B}_T\,\underline{u}(k))\cdot(\underline{a}^T(i)\,\underline{C}_T^T + \underline{n}^T(i)))$$

$$= E(((\underline{I}-\underline{F}\,\underline{A}_T)(\hat{\underline{a}}(k|k)-\underline{a}(k)) + \underline{F}\,\underline{B}_T\,\underline{u}(k))\cdot\underline{a}^T(i))\,\underline{C}_T^T = \underline{0}$$

$$k+1 \leq i \leq k_0 \quad , \qquad (44.12)$$

weil der Erwartungswert $E(\underline{u}(k)\underline{n}^T(i))$ nach Voraussetzung, die Erwartungswerte $E(\underline{\hat{a}}(k|k)\underline{n}^T(i))$ und $E(\underline{a}(k)\underline{n}^T(i))$ nach Tab. 4.6 verschwinden.

Mit (44.11) gilt für (44.9)

$$E(((\underline{I}-\underline{F}\ \underline{A}_T)(\underline{\hat{a}}(k|k)-\underline{a}(k)) + \underline{F}\ \underline{B}_T\ \underline{u}(k))\cdot\underline{r}^T(i)) = \underline{0}$$

$$0 \leq i \leq k_0 \qquad (44.13)$$

und weil $\underline{\hat{a}}(k|k)$ eine Linearkombination von $\underline{r}(i)$, $0 \leq i \leq k$ ist, folgt daraus:

$$E(((\underline{I}-\underline{F}\ \underline{A}_T)(\underline{\hat{a}}(k|k)-\underline{a}(k)) + \underline{F}\ \underline{B}_T\ \underline{u}(k))\cdot\underline{\hat{a}}^T(k|k)) = \underline{0}\ . \quad (44.14)$$

Ausgehend von (35.16) kann man für $\underline{a}(i)$, $k+1 \leq i \leq k_0$ als Funktion von $\underline{a}(k)$ schreiben

$$\underline{a}^T(i) = \underline{a}^T(k)\prod_{l=k}^{i-1}\underline{A}_T^T(l) + \sum_{j=k}^{i-1}\underline{u}^T(j)\ \underline{B}_T^T(j)\prod_{l=j+1}^{i-1}\underline{A}_T^T(l)\ . \quad (44.15)$$

Setzt man dies in (44.12) ein und subtrahiert den Ausdruck von der mit $[\prod_{l=k}^{i-1}\underline{A}_T^T(l)]\underline{C}_T^T$ multiplizierten Beziehung (44.14), so folgt

$$E(((\underline{I}-\underline{F}\ \underline{A}_T)(\underline{\hat{a}}(k|k)-\underline{a}(k))+\underline{F}\ \underline{B}_T\ \underline{u}(k))\cdot((\underline{\hat{a}}(k|k)-\underline{a}(k))^T\prod_{l=k}^{i-1}\underline{A}_T^T(l)$$

$$-\sum_{j=k}^{i-1}\underline{u}^T(j)\underline{B}_T^T(j)\prod_{l=j+1}^{i-1}\underline{A}_T^T(l)))\ \underline{C}_T^T$$

$$= (((\underline{I}-\underline{F}\ \underline{A}_T)\ E((\underline{\hat{a}}(k|k)-\underline{a}(k))\cdot(\underline{\hat{a}}(k|k)-\underline{a}(k))^T)\ \underline{A}_T^T$$

$$- \underline{F}\ \underline{B}_T\ E(\underline{u}(k)\underline{u}^T(k))\ \underline{B}_T^T\prod_{l=k+1}^{i-1}\underline{A}_T^T(l)\ \underline{C}_T^T = \underline{0}$$

$$k+1 \leq i \leq k_0\ , \quad (44.16)$$

weil die Erwartungswerte $E(\underline{\hat{a}}(k|k)\underline{u}^T(i))$ und $E(\underline{a}(k)\underline{u}^T(i))$ nach Tab. 4.6 für $k+1 \leq i \leq k_0$ verschwinden.

Damit (44.16) stets erfüllt wird, muß für die Matrix $\underline{F}$ gelten

$$(\underline{I}-\underline{F}\ \underline{A}_T)\ \underline{S}_{ee}(k|k)\ \underline{A}_T^T - \underline{F}\ \underline{B}_T\ \underline{U}\ \underline{B}_T^T = \underline{0} \qquad (44.17)$$

bzw.

Tab. 4.6a   Eigenschaften von Zufallsprozessen

===

Voraussetzungen

$$E(\underline{u}(i)\underline{n}^T(j)) = E(\underline{u}(i)\underline{a}^T(0)) = E(\underline{n}(i)\underline{a}^T(0)) = \underline{0} \tag{1}$$

$$E(\underline{u}(i)\underline{u}^T(j)) = \underline{U}(i)\,\delta_{ij} \quad ; \quad E(\underline{n}(i)\underline{n}^T(j)) = \underline{N}(i)\,\delta_{ij} \tag{2}$$

$$\underline{a}(j+1) = \underline{A}_T\,\underline{a}(j) + \underline{B}_T\,\underline{u}(j) \quad ; \quad \underline{r}(j) = \underline{C}_T\,\underline{a}(j) + \underline{n}(j) \tag{3}$$

$$E((\hat{\underline{a}}(l|h)-\underline{a}(l))\cdot\underline{r}^T(i)) = \underline{0} \quad , \quad 0 \le i \le l \le h \tag{4}$$

$$\hat{\underline{a}}(l|h) = \sum_{j=0}^{h} \underline{P}(j)\,\underline{r}(j) \tag{5}$$

$$\underline{a}(l) = \prod_{j=l-1}^{0}\underline{A}_T(j)\,\underline{a}(0) + \sum_{j=0}^{l+1}\prod_{i=l-1}^{j+1}\underline{A}_T(i)\,\underline{B}_T(j)\,\underline{u}(j) \tag{6}$$

Folgerungen

Die in Klammern angegebenen Zahlen beziehen sich auf die oben genannten Voraussetzungen. Für $k+1 \le i \le k_0$ gilt

$$E(\underline{a}(k)\,\underline{n}^T(i)) = \tag{I}$$
$$\underline{\qquad}(6)\underline{\qquad}\rightarrow$$

$$\underset{(1)}{\prod_{j=k-1}^{0}\underline{A}_T(j)\,E(\underline{a}(0)\underline{n}^T(i))} + \sum_{j=0}^{k-1}\prod_{l=k-1}^{j+1}\underline{A}_T(l)\,\underline{B}_T(j)\,\underset{(1)}{E(\underline{u}(j)\underline{n}^T(i))} = \underline{0}$$

$$E(\hat{\underline{a}}(k|k)\,\underline{n}^T(i)) = \tag{II}$$
$$\underline{\qquad}(5)\underline{\qquad}\rightarrow$$

$$\sum_{j=0}^{k}\underline{P}(j)\,\underset{(3)}{E(\underline{r}(j)\underline{n}^T(i))} = \sum_{j=0}^{k}\underline{P}(j)[\underline{C}_T(j)\underset{(I)}{E(\underline{a}(j)\underline{n}^T(i))}+\underset{(2)}{E(\underline{n}(j)\underline{n}^T(i))}]$$

$$= \underline{0} \tag{III}$$

$$E(\underline{a}(k)\,\underline{u}^T(i)) = $$
$$\underline{\qquad}(6)\underline{\qquad}\rightarrow$$

$$\underset{(1)}{\prod_{j=k-1}^{0}\underline{A}_T(j)\,E(\underline{a}(0)\underline{u}^T(i))} + \sum_{j=0}^{k-1}\prod_{l=k-1}^{j+1}\underline{A}_T(l)\,\underline{B}_T(j)\underset{(2)}{E(\underline{u}(j)\underline{u}^T(i))} = \underline{0}$$

Tab. 4.6b   Eigenschaften von Zufallsprozessen (Fortsetzung)

Folgerungen   (Fortsetzung)

$$E(\hat{\underline{a}}(k|k) \cdot \underline{u}^T(i)) =$$
$$\qquad\qquad - (5) \longrightarrow \qquad\qquad\qquad\qquad\qquad\qquad\qquad (IV)$$

$$\sum_{j=0}^{k} \underline{P}(j)E(\underline{r}(j)\underline{u}^T(i)) = \sum_{j=0}^{k} \underline{P}(j)[\underline{C}_T(j)\ E(\underline{a}(j)\underline{u}^T(i))$$
$$\qquad (3) \qquad\qquad\qquad\qquad\qquad\qquad (III)$$

$$\qquad\qquad\qquad\qquad\qquad\qquad + E(\underline{n}(j)\underline{u}^T(i))] = \underline{0}$$
$$\qquad\qquad\qquad\qquad\qquad\qquad\qquad (1)$$

$$E((\hat{\underline{a}}(1|h)-\underline{a}(1)) \cdot \hat{\underline{a}}^T(g|h)) \qquad\qquad\qquad\qquad = \underline{0} \qquad (V)$$

$$\qquad - (5) \longrightarrow \hat{\underline{a}}(g|h) \text{ linear in } \underline{r}(j),\ 0 \le j \le h - (4) \longrightarrow$$

$$E(\underline{a}(1)\ \hat{\underline{a}}^T(1|h)) \qquad\qquad\qquad\qquad\qquad\qquad\qquad (VI)$$

$$= - E(-\underline{a}(1)\hat{\underline{a}}^T(1|h)) = - E(((\hat{\underline{a}}(1|h)-\underline{a}(1)) - \hat{\underline{a}}(1|h))\hat{\underline{a}}^T(1|h))$$

$$= - E((\hat{\underline{a}}(1|h)-\underline{a}(1))\hat{\underline{a}}^T(1|h)) + E(\hat{\underline{a}}(1|h)\hat{\underline{a}}^T(1|h))$$
$$\qquad\qquad\qquad\qquad (V)$$

$$= \underline{S}_{\hat{\underline{a}}\hat{\underline{a}}}(1|h)$$

$$\underline{S}_{\hat{\underline{a}}\hat{\underline{a}}}(1|h) = E(\hat{\underline{a}}(1|h)\hat{\underline{a}}^T(1|h)) \qquad\qquad\qquad\qquad (VII)$$

$$= E(((\hat{\underline{a}}(1|h)-\underline{a}(1)) + \underline{a}(1)) \cdot ((\hat{\underline{a}}(1|h)-\underline{a}(1)) + \underline{a}(1))^T)$$

$$= \underline{S}_{\underline{ee}}(1|h) + E(\hat{\underline{a}}(1|h)\underline{a}^T(1)) - \underline{S}_{aa}(1) + E(\underline{a}(1)\hat{\underline{a}}^T(1|h))$$
$$\qquad\qquad\qquad\qquad (VI) \qquad\qquad\qquad\qquad (VI)$$

$$= \underline{S}_{\underline{ee}}(1|h) + \underline{S}^T_{\hat{\underline{a}}\hat{\underline{a}}}(1|h) - \underline{S}_{\underline{aa}}(1) + \underline{S}_{\hat{\underline{a}}\hat{\underline{a}}}(1|h))$$

$$\underline{S}_{\underline{aa}}(k+1) = E(\underline{a}(k+1)\underline{a}^T(k+1)) \qquad\qquad\qquad\qquad (VIII)$$
$$\qquad\qquad\qquad (3)$$

$$= E((\underline{A}_T\underline{a}(k) + \underline{B}_T\underline{u}(k)) \cdot (\underline{a}^T(k)\underline{A}_T^T + \underline{u}^T(k)\underline{B}_T^T))$$

$$= \underline{A}_T\ \underline{S}_{\underline{aa}}(k)\ \underline{A}_T^T + \underline{B}_T\ \underline{U}\ \underline{B}_T^T$$

$$\qquad\qquad \text{nach Tab. 4.1 ist } E(\underline{a}(k)\underline{u}^T(k)) = \underline{0}$$

$$\underline{F} = \underline{S}_{\underline{ee}}(k|k) \ \underline{A}_T^T \ (\underline{B}_T \ \underline{U} \ \underline{B}_T^T + \underline{A}_T \ \underline{S}_{\underline{ee}}(k|k) \ \underline{A}_T^T)^{-1} \quad . \qquad (44.18)$$

Damit lassen sich die Matrizen $\underline{F}$ und $\underline{G}$ aus (44.11) und (44.18) berechnen. Setzt man für k wieder $k_0-\delta$ ein, so folgt mit diesen Matrizen für den optimalen Interpolationswert $\hat{\underline{a}}(k|k_0)$ aus (44.4)

$$\hat{\underline{a}}(k_0-\delta|k_0) = \underline{F}(k_0-\delta) \ \hat{\underline{a}}(k_0-\delta+1|k_0)$$

$$+ (\underline{I} - \underline{F}(k_0-\delta) \ \underline{A}_T(k_0-\delta)) \ \hat{\underline{a}}(k_0-\delta|k_0-\delta) \qquad (44.19)$$

$$\underline{F}(k_0-\delta) = \underline{S}_{\underline{ee}}(k_0-\delta|k_0-\delta) \ \underline{A}_T^T(k_0-\delta) \ (\underline{B}_T(k_0-\delta) \ \underline{U}(k_0-\delta) \ \underline{B}_T^T(k_0-\delta)$$

$$+ \underline{A}_T(k_0-\delta) \ \underline{S}_{\underline{ee}}(k_0-\delta|k_0-\delta) \ \underline{A}_T^T(k_0-\delta))^{-1} \quad . \qquad (44.20)$$

Um ein Strukturbild für die zugehörige Schätzeinrichtung zu entwickeln, soll die Schätzformel (44.19) näher betrachtet werden. Setzt man $\delta=1$, den kleinsten zulässigen Wert ein, so folgt

$$\hat{\underline{a}}(k_0-1|k_0) = \underline{F}(k_0-1) \ \hat{\underline{a}}(k_0|k_0) + (\underline{I} - \underline{F}(k_0-1)$$

$$\cdot \ \underline{A}_T(k_0-1)) \ \hat{\underline{a}}(k_0-1|k_0-1) \quad , \qquad (44.21)$$

d.h. der erste Wert der Interpolation entsteht aus einer Linearkombination der gefilterten Werte $\hat{\underline{a}}(k|k)$ für $k=k_0$ und $k=k_0-1$. Der folgende Interpolationswert entsteht dann aus $\hat{\underline{a}}(k_0-2|k_0-2)$ und $\hat{\underline{a}}(k_0-1|k_0)$, d.h. von hier ab läuft der Rekursionsmechanismus. Weil $\hat{\underline{a}}(k_0|k_0)$ der Anfangswert der Interpolation ist, werden die gefilterten Werte $\hat{\underline{a}}(k|k)$ mit fallendem Zeitparameter k abgearbeitet. Deshalb braucht man einen Speicher, in dem diese Werte nach ihrer Berechnung gespeichert werden. Bild 4.12 zeigt ein Blockschaltbild, in dem die Schätzeinrichtung zur Filterung nach Bild 4.10 die Werte $\hat{\underline{a}}(k|k)$ für $0 \le k \le k_0$ erzeugt, die gespeichert werden. Zum Zeitpunkt k_0T beginnt die Interpolation, bei der die Werte $\hat{\underline{a}}(k|k)$ in umgekehrter Reihenfolge aus dem Speicher gelesen werden.

Zum Abschluß soll nun noch die Korrelationsmatrix $\underline{S}_{\underline{ee}}(k_0-\delta|k_0)$ des Schätzfehlers für die Interpolation von einem festen Zeitpunkt k_0 aus berechnet werden. Auch bei dieser Rechnung wird wieder $k=k_0-\delta$ gesetzt. Damit folgt für den Schätzfehler aus (44.19):

$$\hat{\underline{a}}(k|k_0) - \underline{a}(k) = \underline{F}\,\hat{\underline{a}}(k+1|k_0) + (\underline{I}-\underline{F}\,\underline{A}_T)\,\hat{\underline{a}}(k|k) - \underline{a}(k) \quad .$$

(44.22)

Durch Umformung erhält man:

$$(\hat{\underline{a}}(k|k_0)-\underline{a}(k)) - \underline{F}\,\hat{\underline{a}}(k+1|k_0) = (\hat{\underline{a}}(k|k)-\underline{a}(k)) - \underline{F}\,\underline{A}_T\,\hat{\underline{a}}(k|k) \quad .$$

(44.23)

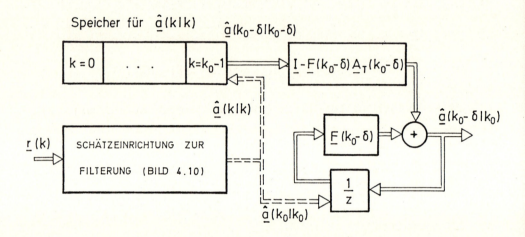

Bild 4.12   Interpolation von einem festen Zeitpunkt k_0 aus

Für die Autokorrelationsmatrix der linken Seite dieses Ausdrucks gilt

$$E((\hat{\underline{a}}(k|k_0)-\underline{a}(k)-\underline{F}\,\hat{\underline{a}}(k+1|k_0))\cdot(\hat{\underline{a}}(k|k_0)-\underline{a}(k)-\underline{F}\,\hat{\underline{a}}(k+1|k_0))^T)$$

$$= \underline{S}_{ee}(k|k_0) - E((\hat{\underline{a}}(k|k_0)-\underline{a}(k))\cdot\hat{\underline{a}}^T(k+1|k_0))\underline{F}^T - \underline{F}\,E(\hat{\underline{a}}(k+1|k_0)$$

$$\cdot (\hat{\underline{a}}(k|k_0)-\underline{a}(k))^T)+ \underline{F}\,E(\hat{\underline{a}}(k+1|k_0)\hat{\underline{a}}^T(k+1|k_0))\,\underline{F}^T \qquad (44.24)$$

und entsprechend für die rechte Seite

$$E(((\hat{\underline{a}}(k|k)-\underline{a}(k))-\underline{F}\underline{A}_T\,\hat{\underline{a}}(k|k))\cdot((\hat{\underline{a}}(k|k)-\underline{a}(k))-\underline{F}\underline{A}_T\,\hat{\underline{a}}(k|k))^T)$$

$$= \underline{S}_{ee}(k|k) - E((\hat{\underline{a}}(k|k)-\underline{a}(k))\cdot\hat{\underline{a}}^T(k|k))\underline{A}_T^T\underline{F}^T$$

$$- \underline{F}\,\underline{A}_T E(\hat{\underline{a}}(k|k)\cdot(\hat{\underline{a}}(k|k)-\underline{a}(k))^T) + \underline{F}\,\underline{A}_T E(\hat{\underline{a}}(k|k)\hat{\underline{a}}^T(k|k))\underline{A}_T^T\underline{F}^T,$$

(44.25)

Tab. 4.7   Interpolation von einem festen Zeitpunkt k_0 aus

Zu schätzender Signalvektor: $\underline{a}(k_0-\delta)$

Schätzwert: $\qquad\qquad\qquad\qquad \hat{\underline{a}}(k_0-\delta|k_0)$

Verfügbare Empfangsvektoren: $\underline{r}(i)$, $\quad 0 \le i \le k_0$

Schätzeinrichtung: $\qquad\qquad$ linear, aufbauend auf der Filterung

Optimalitätskriterium: $\qquad\qquad$ Hauptdiagonalelemente der Fehlerkor-

$\qquad\qquad\qquad\qquad\qquad\qquad$ relationsmatrix $\underline{S}_{ee}(k_0-\delta|k_0)$ minimal

Lösungsansatz: $\qquad\qquad\qquad$ Orthogonalitätsprinzip

$$E((\hat{\underline{a}}(k_0-\delta|k_0)-\underline{a}(k_0-\delta))\cdot \underline{r}^T(i)) = \underline{0} \quad , \qquad 0 \le i \le k_0$$

Laufender Zeitparameter: $\qquad \delta$, $\quad 1 \le \delta \le k_0$

Aktueller Zeitparameter: $\qquad k_0-\delta = k$, $\quad k_0-1 \ge k \ge 0$

Gewichtungsmatrix

$(\hat{\underline{a}}(k|k), \underline{S}_{ee}(k|k)$ siehe Tab. 4.5 Filterung)

$$\underline{F} = \underline{S}_{ee}(k|k)\ \underline{A}_T^T\ (\underline{B}_T\ \underline{U}\ \underline{B}_T^T + \underline{A}_T\ \underline{S}_{ee}(k|k)\ \underline{A}_T^T)^{-1}$$

Schätzgleichung

$$\hat{\underline{a}}(k|k_0) = \underline{F}\ \hat{\underline{a}}(k+1|k_0) + (\underline{I} - \underline{F}\ \underline{A}_T)\ \hat{\underline{a}}(k|k)$$

Optimale Fehlerkorrelationsmatrix

$$\underline{S}_{ee}(k|k_0) = \underline{S}_{ee}(k|k) + \underline{F}\ (\underline{S}_{ee}(k+1|k_0) - \underline{B}_T\ \underline{U}\ \underline{B}_T^T$$

$$- \underline{A}_T\ \underline{S}_{ee}(k|k)\ \underline{A}_T^T)\ \underline{F}^T$$

Vorzugebende Anfangswerte

$$\hat{\underline{a}}(k_0|k_0) \quad ; \quad \underline{S}_{ee}(k_0|k_0)$$

142

$E((\underline{\hat{a}}(k|k)-\underline{a}(k))\underline{\hat{a}}^T(k|k))$ und $E((\underline{\hat{a}}(k|k_0)-\underline{a}(k))\underline{\hat{a}}^T(k+1|k_0))$ sind nach Tab. 4.6 zwei verschwindende Erwartungswerte. Ferner gilt mit $E(\underline{a}(1)\underline{\hat{a}}^T(1|h))=\underline{S}_{\hat{a}\hat{a}}(1|h)$ aus Tab. 4.6

$$\underline{S}_{aa}(k+1) - \underline{S}_{ee}(k+1|k_0) = E(\underline{\hat{a}}(k+1|k_0)\underline{\hat{a}}^T(k+1|k)) \qquad (44.26)$$

$$\underline{S}_{aa}(k) - \underline{S}_{ee}(k|k) = E(\underline{\hat{a}}(k|k)\underline{\hat{a}}^T(k|k)) \qquad , \qquad (44.27)$$

so daß aus der Gleichheit der Korrelationsmatrizen (44.24) und (44.25) folgt:

$$\underline{S}_{ee}(k|k_0) + \underline{F} (\underline{S}_{aa}(k+1) - \underline{S}_{ee}(k+1|k_0)) \underline{F}^T$$

$$= \underline{S}_{ee}(k|k) + \underline{F} \underline{A}_T (\underline{S}_{aa}(k) - \underline{S}_{ee}(k|k)) \underline{A}_T^T \underline{F}^T \qquad . \qquad (44.28)$$

Nach Tab. 4.6 gilt ferner

$$\underline{S}_{aa}(k+1) = \underline{A}_T \underline{S}_{aa}(k) \underline{A}_T^T + \underline{B}_T \underline{U} \underline{B}_T^T \qquad , \qquad (44.29)$$

was in (44.28) eingesetzt auf

$$\underline{S}_{ee}(k|k_0)$$

$$= \underline{S}_{ee}(k|k) + \underline{F} (\underline{S}_{ee}(k+1|k_0) - \underline{S}_{aa}(k+1) + \underline{A}_T \underline{S}_{aa}(k) \underline{A}_T^T$$

$$- \underline{A}_T \underline{S}_{ee}(k|k) \underline{A}_T^T) \underline{F}^T$$

$$= \underline{S}_{ee}(k|k) + \underline{F} (\underline{S}_{ee}(k+1|k_0) - \underline{A}_T \underline{S}_{aa}(k) \underline{A}_T^T - \underline{B}_T \underline{U} \underline{B}_T^T$$

$$+ \underline{A}_T \underline{S}_{aa}(k) \underline{A}_T^T - \underline{A}_T \underline{S}_{ee}(k|k) \underline{A}_T^T) \underline{F}^T$$

$$= \underline{S}_{ee}(k|k) + \underline{F} (\underline{S}_{ee}(k+1|k_0) - \underline{B}_T \underline{U} \underline{B}_T^T - \underline{A}_T \underline{S}_{ee}(k|k) \underline{A}_T^T) \underline{F}^T$$

$$(44.30)$$

führt. Kennt man die Korrelationsmatrix $\underline{S}_{ee}(k|k)$ des Filterproblems nach Tab. 4.5, so kann man die hier angegebene Fehlerkorrelationsmatrix des Interpolationsproblems berechnen. Anfangswert dieser Rekursionsrechnung ist $\underline{S}_{ee}(k+1|k_0)$ für $k=k_0-\delta=k_0-1$, d.h. die Korrelationsmatrix $\underline{S}_{ee}(k_0|k_0)$, die aus den Formeln für das Filterproblem berechnet werden kann.

4.4.2 Interpolation für einen festen Zeitpunkt

Hier ist ein Schätzwert für den Signalvektor $\underline{a}(k-\delta)=\underline{a}(k_0)$, d.h. für den Signalvektor zu einem festen Zeitpunkt gesucht. Der Schätzwert soll eine Linearkombination der Empfangsvektoren $\underline{r}(i)$, $0 \leq i \leq k$ sein, wobei k der laufende Zeitparameter ist. Mit zunehmender Zeit liegt also immer mehr Information für die zu schätzende Größe vor, wie auch Bild 4.13 verdeutlicht.

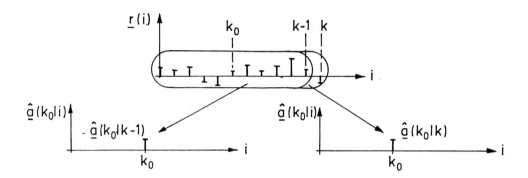

Bild 4.13   Interpolation für einen festen Zeitpunkt k_0

Das Optimalitätskriterium besteht auch hier darin, daß die Hauptdiagonalelemente der Fehlerkorrelationsmatrix $\underline{S}_{ee}(k_0|k)$ minimal werden sollen.

Weil stets neue Daten aus dem Empfangsvektor für den Schätzvorgang zur Verfügung stehen, wird man hier wieder nach einer Schätzformel suchen, bei der man den Schätzwert $\hat{\underline{a}}(k_0|k)$ rekursiv berechnet, d.h. daß man zur Berechnung des neuen Schätzwertes u.a. den alten Schätzwert und den neuen Empfangsvektor verwendet.

Man gelangt zu dieser Rekursionsformel mit Hilfe der Ergebnisse des vorausgehenden Abschnitts über die Interpolation von einem festen Zeitpunkt aus. Dazu nimmt man zunächst an, daß k der feste Zeitparameter ist, von dem aus man den Signalvektor für einen anderen festen Zeitpunkt k_0 schätzen möchte. Führt man diese Nomenklatur in die Schätzgleichung der Interpolation nach Tab. 4.7 ein, so folgt:

$$\hat{\underline{a}}(k_0|k) = \underline{F}(k_0)\,\hat{\underline{a}}(k_0+1|k) + (\underline{I}-\underline{F}(k_0)\underline{A}_T(k_0))\,\hat{\underline{a}}(k_0|\underline{k}_0) \quad .$$

$$(44.31)$$

Würde man den Signalvektor $\underline{a}(k_0)$ von einem anderen festen Zeitpunkt aus, nämlich von k-1 aus schätzen, so liefert (44.31) entsprechend:

$$\hat{\underline{a}}(k_0|k-1) = \underline{F}(k_0)\,\hat{\underline{a}}(k_0+1|k-1) + (\underline{I}-\underline{F}(k_0)\underline{A}_T(k_0))\,\hat{\underline{a}}(k_0|\underline{k}_0) \quad .$$

$$(44.32)$$

Die Differenz beider Gleichungen liefert:

$$\hat{\underline{a}}(k_0|k)-\hat{\underline{a}}(k_0|k-1) = \underline{F}(k_0)\,(\hat{\underline{a}}(k_0+1|k)-\hat{\underline{a}}(k_0+1|\underline{k}_0-1)) \quad .$$

$$(44.33)$$

Man kann nun k auch als laufenden Zeitparameter auffassen, da die zeitliche Abhängigkeit der festen Parameter k und k-1, für die der Signalvektor $\underline{a}(k_0)$ geschätzt wurde, in der Schreibweise zum Ausdruck kommt. Dabei wurde stets vorausgesetzt, daß $k_0 < k-1 < k$ gilt.

Für den Zeitparameter k_0+1 erhält man aus (44.33) die entsprechende Beziehung

$$\hat{\underline{a}}(k_0+1|k)-\hat{\underline{a}}(k_0+1|k-1) = \underline{F}(k_0+1)\,(\hat{\underline{a}}(k_0+2|k)-\hat{\underline{a}}(k_0+2|\underline{k}_0-1)) \quad ,$$

$$(44.34)$$

wobei hier $k_0+1 < k-1$ gelte.

Setzt man nun (44.34) in die rechte Seite der Beziehung (44.33) ein, so folgt:

$$\hat{\underline{a}}(k_0|k)-\hat{\underline{a}}(k_0|k-1) = \underline{F}(k_0)\underline{F}(k_0+1)\,(\hat{\underline{a}}(k_0+2|k)-\hat{\underline{a}}(k_0+2|\underline{k}_0-1)) \quad .$$

$$(44.35)$$

Setzt man diese Rechnung fort, indem man zyklisch Gleichungen der Art (44.34) aufstellt und diese in die bisher gewonnene Beziehung einsetzt, so gelangt man schließlich zu dem Ergebnis:

$$\hat{\underline{a}}(k_0|k)-\hat{\underline{a}}(k_0|k-1) = \prod_{i=k_0}^{k-1} \underline{F}(i)\,(\hat{\underline{a}}(k|k)-\hat{\underline{a}}(k|k-1)) \quad . \qquad (44.36)$$

Ersetzt man hierin $\hat{\underline{a}}(k|k)$ durch die Schätzgleichung für die Filterung nach (43.14) unter Berücksichtigung des Ergebnisses (43.11), so folgt:

$$\hat{\underline{a}}(k_0|k)-\hat{\underline{a}}(k_0|k-1) = \prod_{i=k_0}^{k-1} \underline{F}(i)$$

$$\cdot ((\underline{I}-\underline{RC}_T)\hat{\underline{a}}(k|k-1) + \underline{R}\ \underline{r}(k)-\hat{\underline{a}}(k|\underline{k}-1))$$

$$= \prod_{i=k_0}^{k-1}\underline{F}(i)\ \underline{R}\ (\underline{r}(k) - \underline{C}_T\ \hat{\underline{a}}(k|\underline{k}-1)) \qquad .$$

$$(44.37)$$

Durch den Schätzwert $\hat{\underline{a}}(k|k-1)$ der Prädiktion um einen Schritt, den Empfangsvektor $\underline{r}(k)$ und den alten Interpolationswert $\hat{\underline{a}}(k_0|k-1)$ wird der neue Interpolationswert berechnet. Damit ist aber eine Rekursionsformel zur Interpolation des Signalvektors $\underline{a}(k_0)$ zum festen Zeitpunkt k_0 gefunden.

Um eine einfache Struktur für die zugehörige Schätzeinrichtung zu finden, wird $\underline{R}$ in (44.37) nach (43.13) durch $\underline{P}$ ersetzt:

$$\hat{\underline{a}}(k_0|k) = \hat{\underline{a}}(k_0|k-1) + \prod_{i=k_0}^{k-1}\underline{F}(i)\underline{A}_T^{-1}\ \underline{P}\ (\underline{r}(k)-\underline{C}_T\ \hat{\underline{a}}(k|k-1)) \qquad ,$$

$$(44.38)$$

was auf die Schätzeinrichtung in Bild 4.14 führt.

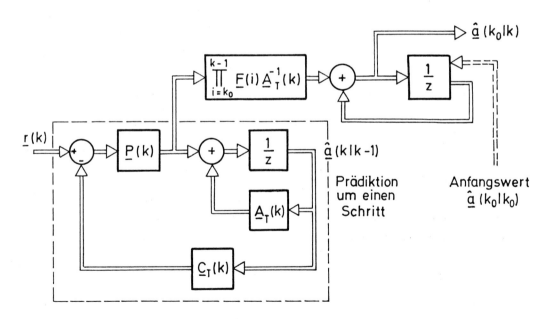

Bild 4.14   Interpolation für einen festen Zeitpunkt k_0

Der Anfangswert der Interpolation nach (44.38) ist der Schätzwert $\hat{\underline{a}}(k_0|k_0)$, der aus der Filterung gewonnen wird.

Zum Abschluß soll nun noch die zugehörige Fehlerkorrelations-
matrix $\underline{S}_{ee}(k_0|k)$ berechnet werden. Um die Rechnung überschaubarer
zu machen, wird zur Abkürzung

$$\underline{H}(k) = \prod_{i=k_0}^{k-1} \underline{F}(i) \tag{44.39}$$

gesetzt. Damit folgt aus (44.36) für den Schätzfehler

$$\hat{\underline{a}}(k_0|k)-\underline{a}(k_0) = \hat{\underline{a}}(k_0|k-1) + \underline{H}\,(\hat{\underline{a}}(k|k)-\hat{\underline{a}}(k|k-1)) - \underline{a}(k_0) \quad . \tag{44.40}$$

Die Berechnung von $\underline{S}_{ee}(k_0|k)$ entspricht der Berechnung von
$\underline{S}_{ee}(k|k_0)$ im vorangehenden Abschnitt. Aus (44.40) folgt:

$$\hat{\underline{a}}(k_0|k)-\underline{a}(k_0) - \underline{H}\,\hat{\underline{a}}(k|k) = \hat{\underline{a}}(k_0|k-1)-\underline{a}(k_0) - \underline{H}\,\hat{\underline{a}}(k|k-1) \quad . \tag{44.41}$$

Für die Korrelationsmatrix des Ausdrucks auf der linken Seite
gilt:

$$E(((\hat{\underline{a}}(k_0|k)-\underline{a}(k_0)) - \underline{H}\,\hat{\underline{a}}(k|k))\cdot((\hat{\underline{a}}(k_0|k)-\underline{a}(k_0))-\underline{H}\,\hat{\underline{a}}(k|k))^T)$$

$$= \underline{S}_{ee}(k_0|k) - E((\hat{\underline{a}}(k_0|k)-\underline{a}(k_0))\cdot\hat{\underline{a}}^T(k|k))\,\underline{H}^T$$

$$\qquad - \underline{H}\,E(\hat{\underline{a}}(k|k)\cdot(\hat{\underline{a}}(k_0|k)-\underline{a}(k_0))^T) + \underline{H}\,S_{\hat{\underline{a}}\hat{\underline{a}}}(k|k)\,\underline{H}^T$$

$$= \underline{S}_{ee}(k_0|k) + \underline{H}\,S_{\hat{\underline{a}}\hat{\underline{a}}}(k|k)\,\underline{H}^T$$

$$= \underline{S}_{ee}(k_0|k) + \underline{H}\,(\underline{S}_{aa}(k) - \underline{S}_{ee}(k|k))\,\underline{H}^T \tag{44.42}$$

mit den Ergebnissen von Tab. 4.6. Für die Korrelationsmatrix des
Ausdrucks auf der rechten Seite von (44.41) gilt entsprechend:

$$E(((\hat{\underline{a}}(k_0|k-1)-\underline{a}(k_0)) - \underline{H}\,\hat{\underline{a}}(k|k-1))$$

$$\qquad \cdot ((\hat{\underline{a}}(k_0|k-1)-\underline{a}(k_0)) - \underline{H}\,\hat{\underline{a}}(k|k-1))^T)$$

$$= \underline{S}_{ee}(k_0|k-1) - E((\hat{\underline{a}}(k_0|k-1)-\underline{a}(k_0))\hat{\underline{a}}^T(k|k-1))\,\underline{H}^T$$

$$\qquad - \underline{H}\,E(\hat{\underline{a}}(k|k-1)\cdot(\hat{\underline{a}}(k_0|k-1)-\underline{a}(k_0))^T) + \underline{H}\,S_{\hat{\underline{a}}\hat{\underline{a}}}(k|k-1)\,\underline{H}^T$$

$$= \underline{S}_{ee}(k_0|k-1) + \underline{H}\ \underline{S}_{\hat{a}\hat{a}}(k|k-1)\ \underline{H}^T$$

$$= \underline{S}_{ee}(k_0|k-1) + \underline{H}\ (\underline{S}_{aa}(k)-\underline{S}_{ee}(k|k-1))\ \underline{H}^T \quad . \tag{44.43}$$

Aus der Gleichheit von (44.42) mit (44.43) folgt

$$\underline{S}_{ee}(k_0|k) + \underline{H}\ (\underline{S}_{aa}(k)-\underline{S}_{ee}(k|k))\ \underline{H}^T$$

$$= \underline{S}_{ee}(k_0|k-1) + \underline{H}\ (\underline{S}_{aa}(k)-\underline{S}_{ee}(k|k-1))\ \underline{H}^T \tag{44.44}$$

bzw.

$$\underline{S}_{ee}(k_0|k) = \underline{S}_{ee}(k_0|k-1) + \underline{H}\ (\underline{S}_{ee}(k|k)-\underline{S}_{ee}(k|k-1))\ \underline{H}^T \quad . \tag{44.45}$$

Nach Tab. 4.5 über Filterung gilt

$$\underline{S}_{ee}(k|k) = (\underline{I} - \underline{R}\ \underline{C}_T)\ \underline{S}_{ee}(k|k-1) \quad , \tag{44.46}$$

was mit (44.45) auf

$$\underline{S}_{ee}(k_0|k) = \underline{S}_{ee}(k_0|k-1) - \underline{H}\ \underline{R}\ \underline{C}_T\ \underline{S}_{ee}(k|k-1)\ \underline{H}^T \tag{44.47}$$

und mit $\underline{H}$ nach (44.39) auf

$$\underline{S}_{ee}(k_0|k) = \underline{S}_{ee}(k_0|k-1) - \prod_{i=k_0}^{k-1}\underline{F}(i)\ \underline{R}\ \underline{C}_T\ \underline{S}_{ee}(k|k-1)\ \prod_{i=k-1}^{k_0}\underline{F}^T(i) \tag{44.48}$$

führt. Mit der aus dem Filterproblem oder der Prädiktion um einen Schritt bekannten Fehlerkorrelationsmatrix $\underline{S}_{ee}(k|k-1)$ kann man damit auch $\underline{S}_{ee}(k_0|k)$ berechnen. Anfangsbedingung ist dabei $\underline{S}_{ee}(k_0|k_0)$.

Den Zyklus der Berechnung der Fehlerkorrelationsmatrix $\underline{S}_{ee}(k_0|k)$ zeigt Bild 4.15. Dabei werden folgende Gleichungen durchlaufen:

$$\underline{S}_{ee}(k_0|k) = \underline{S}_{ee}(k_0|k-1) - \underline{H}(k)\underline{R}(k)\underline{C}_T(k)\ \underline{S}_{ee}(k|k-1)\ \underline{H}^T(k) \tag{44.51}$$

$$\underline{S}_{ee}(k|k) = (\underline{I} - \underline{R}\ \underline{C}_T)\ \underline{S}_{ee}(k|k-1) \tag{44.52}$$

$$\underline{S}_{ee}(k+1|k) = \underline{A}_T(k)\ \underline{S}_{ee}(k|k)\ \underline{A}_T^T(k) + \underline{B}_T(k)\underline{U}(k)\underline{B}_T^T(k) \tag{44.53}$$

148

$$k: = k+1 \tag{44.54}$$

$$\underline{R}(k) = \underline{S}_{ee}(k|k-1)\ \underline{C}_T^T(k)(\underline{N}(k) + \underline{C}_T(k)\ \underline{S}_{ee}(k|k-1)\ \underline{C}_T^T(k))^{-1}$$
$$\tag{44.55}$$

$$\underline{F}(k-1) = \underline{S}_{ee}(k-1|k-1)\ \underline{A}_T^T(k-1)\ \underline{S}_{ee}^{-1}(k|k-1) \tag{44.56}$$

$$\underline{H}(k) = \underline{H}(k-1)\ \underline{F}(k-1) \quad . \tag{44.57}$$

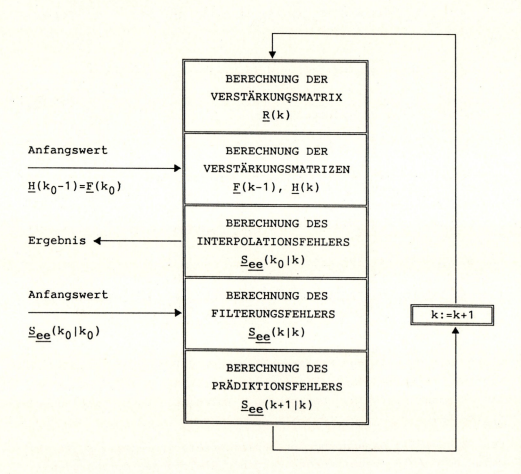

Bild 4.15 Zyklus zur Berechnung von $\underline{S}_{ee}(k_0|k)$

Um die Wirkung der Interpolation beim Schätzfehler zu veranschaulichen, sei folgendes einfache Beispiel näher betrachtet. Das
Prozeßmodell ist dabei durch

$$a(k+1) = 2 \cdot a(k) + u(k) \tag{44.58}$$

$$r(k) \quad = \quad a(k) + n(k) \tag{44.59}$$

gegeben. Der Steuerungsprozeß $u(k)$ besitze den normierten quadratischen Mittelwert $U(k)=2$. Für folgende Kombinationen des normierten quadratischen Mittelwerts $N(k)$ des Störprozesses $n(k)$ und des Anfangswerts $S_{ee}(k_0|k_0)$ für den mittleren quadratischen Schätzfehler soll der mittlere quadratische Schätzfehler $S_{ee}(k_0|k)$ berechnet werden:

$$\text{a)} \quad N(k) = 2 \qquad S_{ee}(k_0|k_0) = 4 \tag{44.60}$$

$$\text{b)} \quad N(k) = 1 \qquad S_{ee}(k_0|k_0) = 4 \tag{44.61}$$

$$\text{c)} \quad N(k) = 1 \qquad S_{ee}(k_0|k_0) = 8 \quad . \tag{44.62}$$

Die Berechnung des Schätzfehlers $S_{ee}(k_0|k)$ erfolgt nach dem in Bild 4.15 gezeigten Zyklus unter Verwendung der Beziehungen (44.51) bis (44.57). Das Ergebnis dieser Berechnung zeigt Bild 4.16. Grundsätzlich zeigen sich dabei folgende Tendenzen: Wie zu

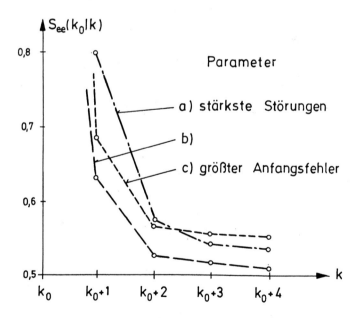

Bild 4.16   Verlauf des Interpolationsfehlers $\underline{S}_{ee}(k_0|k)$

erwarten, nimmt der Interpolationsfehler mit zunehmender Interpolationszeit ab und konvergiert auf einen von den Anfangsbedingun-

Tab. 4.8   Interpolation für einen festen Zeitpunkt k_0

Zu schätzender
Signalvektor: $\underline{a}(k-\delta) = \underline{a}(k_0)$

Schätzwert: $\hat{\underline{a}}(k_0|k)$

Verfügbare
Empfangsvektoren: $\underline{r}(i)$, $0 \le i \le k$

Schätzeinrichtung: linear, aufbauend auf der Prädiktion um
                               einen Schritt bzw. Filterung

Optimalitätskriterium: minimale Hauptdiagonalelemente der Feh-
                               lerkorrelationsmatrix $\underline{S}_{ee}(k_0|k)$

Lösungsansatz: Umformung der Schätzformel zur Interpo-
                               lation von einem festen Zeitpunkt k_0
                               aus

Laufender Zeitparameter: k
Fester Zeitparameter: k_0

Schätzgleichung

$(\hat{\underline{a}}(k|k-1)$, $\underline{S}_{ee}(k|k-1)$ siehe Tab. 4.3 Prädiktion um einen
                               Schritt

$\underline{R}$ siehe Tab. 4.5 Filterung

$\underline{F}$ siehe Tab. 4.7 Interpolation von einem
                               festen Zeitpunkt k_0 aus)

$$\hat{\underline{a}}(k_0|k) = \hat{\underline{a}}(k_0|k-1) + \prod_{i=k_0}^{k-1} \underline{F}(i)\ \underline{R}\ (\underline{r}(k)-\underline{C}_T\ \hat{\underline{a}}(k|k-1))$$

Optimale Fehlerkorrelationsmatrix

$$\underline{S}_{ee}(k_0|k) = \underline{S}_{ee}(k_0|k-1) - \prod_{i=k_0}^{k-1} \underline{F}(i)\ \underline{R}\ \underline{C}_T\ \underline{S}_{ee}(k|k-1) \prod_{i=k-1}^{k_0} \underline{F}^T(i)$$

Vorzugebende Anfangswerte

$$\hat{\underline{a}}(k_0|k_0)\quad ;\quad \underline{S}_{ee}(k_0|k_0)$$

gen abhängigen Restwert. Je größer die Störungen n(k) sind, d.h.
je größer der quadratische Mittelwert N ist, desto langsamer
nimmt der mittlere quadratische Schätzfehler $S_{ee}(k_0|k)$ mit zuneh-
mendem Zeitparameter k bzw. zunehmender Information in Form des
gestörten Empfangssignals r(k) ab.

Ebenso ist der mittlere quadratische Schätzfehler um so größer,
je größer der Anfangswert $S_{ee}(k_0|k_0)$ dieses Schätzfehlers ist.
Mit zunehmender Zeit wird der Einfluß dieses Anfangswerts geringer. Im Gegensatz zum Einfluß der Störungen n(k) nimmt der Ein-
fluß von $S_{ee}(k_0|k_0)$ langsamer ab.

Es zeigt sich ferner, daß die Gewichtsfaktoren R und F, mit denen
das neu hinzukommende Empfangssignal r(k) und der Schätzwert der
Prädiktion um einen Schritt $\hat{a}(k|k-1)$ gewichtet werden, um den
neuen Schätzwert $\hat{a}(k_0|k)$ der Interpolation zu bestimmen, mit
wachsendem Zeitparameter k abnehmen. Dies liegt daran, daß mit
zunehmendem k die Information über den Signalwert $a(k_0)$, die in
r(k) und $\hat{a}(k|k-1)$ enthalten ist, ebenfalls abnimmt. Die hier
genannten Ergebnisse des einfachen Beispiels gelten tendenziell
auch für kompliziertere Aufgabenstellungen.

Zusammengefaßt seien hier noch einmal die Schätzgleichung

$$\underline{\hat{a}}(k_0|k) = \underline{\hat{a}}(k_0|k-1) + \prod_{i=k_0}^{k-1} \underline{F}(i)\ \underline{R}\ (\underline{r}(k)-\underline{C}_T\ \underline{\hat{a}}(k|k-1)) \qquad (44.63)$$

und die Gleichung für die Fehlerkorrelationsmatrix

$$\underline{S}_{ee}(k_0|k) = \underline{S}_{ee}(k_0|k-1) - \prod_{i=k_0}^{k-1} \underline{F}(i)\ \underline{R}\ \underline{C}_T\ \underline{S}_{ee}(k|k-1) \prod_{i=k-1}^{k_0} \underline{F}^T(i)$$

$$(44.64)$$

genannt.

4.4.3 Interpolation über einen festen Zeitabstand

Es soll ein Schätzwert für den Signalvektor $\underline{a}(k-\delta)$ gefunden
werden, wobei δ ein fester und k der laufende Zeitparameter ist.
Der Schätzwert soll eine Linearkombination der Empfangsvektoren
$\underline{r}(i)$, $0 \le i \le k$ sein und wird mit $\underline{a}(k-\delta|k)$ bezeichnet. Bild 4.17
veranschaulicht den Schätzvorgang.

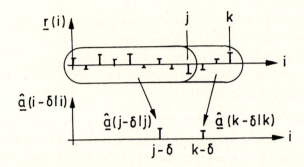

Bild 4.17   Interpolation über einen festen Zeitabstand δ

Um das Optimalitätskriterium zu erfüllen,   müssen die Hauptdiago-
nalelemente der Fehlerkorrelationsmatrix $\underline{S}_{ee}$(k-δ|k) minimal ge-
macht werden.

Für einen vorgegebenen Zeitabstand δ kann man den Schätzwert
$\hat{\underline{a}}$(k-δ|k) mit Hilfe der Schätzformel bei Interpolation von einem
festen Zeitpunkt aus angeben.   Dazu braucht man in (44.19) nur k_0
durch k zu ersetzen. Für δ=2 erhält man dann

$$\hat{\underline{a}}(k-2|k) = F(k-2)\ \hat{\underline{a}}(k-1|k)$$

$$+ (\underline{I} - \underline{F}(k-2)\ A_T(k-2))\ \hat{\underline{a}}(k-2|k-2) \quad . \qquad (44.65)$$

Zur Berechnung von $\hat{\underline{a}}$(k-2|k) braucht man u.a. den Schätzwert
$\hat{\underline{a}}$(k-1|k), den man ebenfalls aus (44.19) mit k=k_0 und δ=1 errech-
nen kann

$$\hat{\underline{a}}(k-1|k) = F(k-1)\ \hat{\underline{a}}(k|k)$$

$$+ (\underline{I} - \underline{F}(k-1)\ A_T(k-1))\ \hat{\underline{a}}(k-1|k-1) \quad , \qquad (44.66)$$

was in (44.65) eingesetzt zum gewünschten Ergebnis führt:

$$\hat{\underline{a}}(k-2|k) = F(k-2)F(k-1)\ \hat{\underline{a}}(k|k)$$

$$+ \underline{F}(k-2)(\underline{I}-\underline{F}(k-1)\ A_T(k-1))\ \hat{\underline{a}}(k-1|k-1)$$

$$+ (\underline{I}-\underline{F}(k-2)A_T(k-2))\ \hat{\underline{a}}(k-2|k-2) \quad . \qquad (44.67)$$

Bild 4.18 zeigt eine Schätzeinrichtung, welche die Schätzvorschrift (44.67) realisiert.

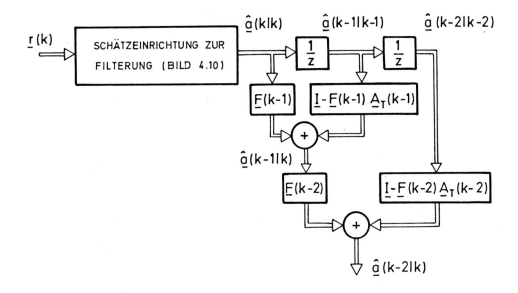

Bild 4.18   Interpolation über den festen Zeitabstand δ=2

Man benötigt bei diesem Verfahren die Schätzwerte, die bei der
Filterung gewonnen werden. Bei der Interpolation nach Bild 4.18
stehen die Schätzwerte $\hat{\underline{a}}(k|k)$, $\hat{\underline{a}}(k-1|k-1)$ und $\hat{\underline{a}}(k-2|k-2)$ am Aus-
gang der Schätzeinrichtung zur Filterung und den nachfolgenden
Verzögerungsgliedern zur weiteren Verarbeitung zur Verfügung.
Neben den gewünschten Interpolationswerten $\underline{a}(k-2|k)$ fallen auch
die Werte $\hat{\underline{a}}(k-1|k)$ an.

Verallgemeinert man die Beziehung (44.67) für einen beliebigen
Wert von δ, so erhält man:

$$\hat{\underline{a}}(k-\delta|k) = \prod_{i=\delta}^{1} \underline{F}(k-i)\ \hat{\underline{a}}(k|k)$$

$$+ \sum_{i=1}^{\delta}\ \prod_{j=\delta}^{i+1} \underline{F}(k-j)\ (\underline{I}-\underline{F}(k-i)\underline{A}_T(k-i))\ \hat{\underline{a}}(k-i|k-i)\ ,$$

$$(44.68)$$

wobei bezüglich der Berechnung des Produkts in der zweiten Zeile
der Gleichung die Regel von (35.16) gelten soll.

Die Schätzeinrichtung für die Schätzformel ergäbe eine ähnliche,

nur weiter fortgesetzte Struktur wie Bild 4.18. Für große Werte
von δ würde das sehr aufwendig, so daß man auch hier nach einer
Rekursionsformel sucht, bei der der neue Schätzwert unter Verwendung des alten Schätzwerts und des neuen Empfangsvektors berechnet wird.

Man gelangt zu dieser Schätzformel, indem man die Formeln der
Interpolation von einem festen Zeitpunkt aus und der Interpolation für einen festen Zeitpunkt nach Tab. 4.7 und Tab. 4.8 miteinander verknüpft. Aus der Schätzformel in Tab. 4.7 folgt mit
$k=k_0-\delta$ nach Umformung

$$\underline{\hat{a}}(k_0-\delta+1|k_0) = \underline{F}^{-1}(k_0-\delta)\ \underline{\hat{a}}(k_0-\delta|k_0)$$

$$- (\underline{F}^{-1}(k-\delta)-\underline{A}_T(k_0-\delta))\ \underline{\hat{a}}(k_0-\delta|k_0-\delta)\quad ,\ (44.69)$$

sofern $\underline{F}$ invertierbar ist. Betrachtet man nun δ als feste Größe
und setzt für k_0 die variable Größe $k-1$ ein, so folgt

$$\underline{\hat{a}}(k-\delta|k-1) = \underline{F}^{-1}(k-\delta-1)\ \underline{\hat{a}}(k-\delta-1|k-1)$$

$$- (\underline{F}^{-1}(k-\delta-1)-\underline{A}_T(k-\delta-1))\ \underline{\hat{a}}(k-\delta-1|k-\delta-1)\quad .$$
$$(44.70)$$

Nun wird die Schätzformel in Tab. 4.8 betrachtet. Setzt man darin
für den festen Zeitparameter k_0 den variablen Zeitparameter $k-\delta$
mit festem δ ein, so folgt

$$\underline{\hat{a}}(k-\delta|k) = \underline{\hat{a}}(k-\delta|k-1)$$

$$+ \prod_{i=k-\delta}^{k-1} \underline{F}(i)\ \underline{R}\ (\underline{r}(k) - \underline{C}_T\ \underline{\hat{a}}(k|k-1))\quad .\ (44.71)$$

Setzt man hierin $\underline{\hat{a}}(k-\delta|k-1)$ aus (44.70) ein, so erhält man

$$\underline{\hat{a}}(k-\delta|k) = \underline{F}^{-1}(k-\delta-1)\ \underline{\hat{a}}(k-\delta-1|k-1)$$

$$- (\underline{F}^{-1}(k-\delta-1)-\underline{A}_T(k-\delta-1))\ \underline{\hat{a}}(k-\delta-1|k-\delta-1)$$

$$+ \prod_{i=k-\delta}^{k-1} \underline{F}(i)\ \underline{R}\ (\underline{r}(k) - \underline{C}_T\ \underline{\hat{a}}(k|k-1))\quad ,\ (44.72)$$

d.h. der neue Interpolationswert wird aus der gewichteten Summe des alten Interpolationswerts $\hat{\underline{a}}(k-\delta-1|k-1)$, des alten Filterwerts $\hat{\underline{a}}(k-\delta-1|k-\delta-1)$, des alten Prädiktionswerts $\underline{a}(k|k-1)$ und des neuen Empfangsvektors $\underline{r}(k)$ gebildet.

Man setzt zur Abkürzung auch hier

$$\underline{H} = \underline{H}(k) = \prod_{i=k-\delta}^{k-1} \underline{F}(i) \qquad (44.73)$$

und kann die Matrizen $\underline{H}(k)$ rekursiv nach

$$\underline{H}(k+1) = \underline{F}^{-1}(k-\delta) \; \underline{H}(k) \; \underline{F}(k) \qquad (44.74)$$

berechnen.

Um eine möglichst einfache Struktur der Schätzeinrichtung zu finden, wird in (44.72) $\underline{R}$ nach (43.13) durch $\underline{P}$ und $\hat{\underline{a}}(k-\delta-1|k-\delta-1)$ nach (43.10) durch $\hat{\underline{a}}(k-\delta|k-\delta-1)$ ersetzt:

$$\hat{\underline{a}}(k-\delta|k) = \underline{F}^{-1}(k-\delta-1) \; \hat{\underline{a}}(k-\delta-1|k-1)$$

$$+ (\underline{I} - \underline{F}^{-1}(k-\delta-1) \; \underline{A}_T^{-1}(k-\delta-1)) \; \hat{\underline{a}}(k-\delta|k-\delta-1)$$

$$+ \underline{H} \; \underline{A}_T^{-1} \; \underline{P} \; (\underline{r}(k) - \underline{C}_T \; \hat{\underline{a}}(k|k-1)) \quad . \qquad (44.75)$$

Bild 4.19 zeigt dazu die Schätzeinrichtung. Hierbei wurde die Verzögerung des Prädiktionswerts mit der Multiplikation vertauscht.

Für die Lösung der Rekursionsgleichungen (44.72) bzw. (44.75) benötigt man die Anfangsbedingung $\hat{\underline{a}}(k_0-\delta-1|k_0-1)$, welche die Schätzgleichung der Interpolation für den festen Zeitpunkt $k_0-\delta-1$ aus Tab. 4.8 liefert.

Zum Schluß sei noch ohne Herleitung die Formel für die Fehlerkorrelationsmatrix $\underline{S}_{ee}(k-\delta|k)$ angegeben:

$$\underline{S}_{ee}(k-\delta|k) = \underline{F}^{-1}(k-\delta-1) \; \underline{S}_{ee}(k-\delta-1|k-1) \; (\underline{F}^{-1}(k-\delta-1))^T$$

$$- \underline{F}^{-1}(k-\delta-1) \; \underline{S}_{ee}(k-\delta-1|k-\delta-1) \; (\underline{F}^{-1}(k-\delta-1))^T$$

$$+ \underline{S}_{ee}(k-\delta|k-\delta-1) - \underline{H} \; \underline{R} \; \underline{C}_T \; \underline{S}_{ee}(k-\delta|k-\delta-1) \; \underline{H}^T \quad .$$

$$(44.76)$$

Tab. 4.9   Interpolation über einen festen Zeitabstand δ

Zu schätzender Signalvektor: $\underline{a}(k-\delta)$;   Schätzwert: $\hat{\underline{a}}(k-\delta|k)$

Verfügbare Empfangsvektoren: $\underline{r}(i)$, $0 \leq i \leq k$

Schätzeinrichtung:	linear, aufbauend auf der Prädiktion um einen Schritt und der Filterung
Optimalitätskriterium:	minimale Hauptdiagonalelemente der Fehlerkorrelationsmatrix
Lösungsansatz:	Kombination der Interpolationen von einem festen Zeitpunkt aus und für einen festen Zeitpunkt nach Tab. 4.7 Tab. 4.8
Laufender Zeitparameter:	k ; fester Zeitparameter: δ

Gewichtungsmatrix

($\hat{\underline{a}}(k|k-1)$, $\underline{S}_{ee}(k-\delta|k-\delta-1)$ siehe Tab. 4.3, $\underline{F}$ siehe Tab. 4.7
$\underline{R}$, $\underline{a}(k-\delta-1|k-\delta-1)$, $\underline{S}_{ee}(k-\delta-1|k-\delta-1)$ siehe Tab. 4.5)

$$\underline{H} = \underline{H}(k) = \prod_{i=k-\delta}^{k-1} \underline{F}(i) \quad ; \quad \underline{H}(k+1) = \underline{F}^{-1}(k-\delta)\,\underline{H}(k)\,\underline{F}(k)$$

Schätzgleichung

$$\hat{\underline{a}}(k-\delta|k) = F^{-1}(k-\delta-1)\,\hat{\underline{a}}(k-\delta-1|k-1)$$

$$- (\underline{F}^{-1}(k-\delta-1)-\underline{A}_T(k-\delta-1))\,\hat{\underline{a}}(k-\delta-1|k-\delta-1)$$

$$+ \underline{H}\,\underline{R}\,(\underline{r}(k) - \underline{C}_T\,\hat{\underline{a}}(k|k-1))$$

Optimale Fehlerkorrelationsmatrix

$$\underline{S}_{ee}(k-\delta|k) = F^{-1}(k-\delta-1)\,\underline{S}_{ee}(k-\delta-1|k-1)\,(\underline{F}^{-1}(k-\delta-1))^T$$

$$- \underline{F}^{-1}(k-\delta-1)\,\underline{S}_{ee}(k-\delta-1|k-\delta-1)\,(\underline{F}^{-1}(k-\delta-1))^T$$

$$+ \underline{S}_{ee}(k-\delta|k-\delta-1) - \underline{H}\,\underline{R}\,\underline{C}_T\,\underline{S}_{ee}(k-\delta|k-\delta-1)\,\underline{H}^T$$

Vorzugebende Anfangswerte

$$\hat{\underline{a}}(k_0-\delta-1|k_0-1) \quad ; \quad \underline{S}_{ee}(k_0-\delta-1|k_0-1)$$

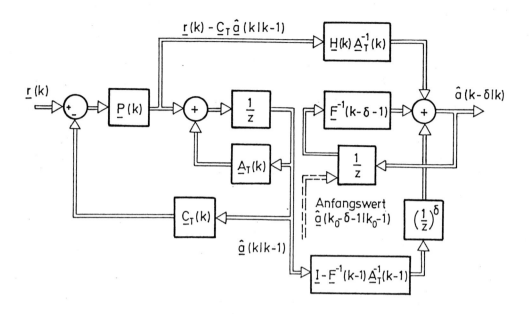

Bild 4.19   Schätzeinrichtung zur Interpolation über einen festen
            Zeitabstand δ

Hierin tauchen die Fehlerkorrelationsmatrizen $\underline{S}_{ee}(k-\delta-1|k-\delta-1)$
der Filterung und $\underline{S}_{ee}(k-\delta|k-\delta-1)$ der Prädiktion um einen Schritt
in Analogie zu den entsprechenden Schätzwerten in den Schätzfor-
meln (44.72) bzw. (44.75) auf. Man muß also zunächst diese Fehlerkorrelationsmatrizen mit den Beziehungen in Tab. 4.5 zur Fil-
terung bestimmen, ehe man die gesuchte Matrix $\underline{S}_{ee}(k-\delta|k)$
berechnen kann. Ferner braucht man dazu den Anfangswert
$\underline{S}_{ee}(k-\delta-1|k_0-1)$, den man aus der Fehlerkorrelationsmatrix der
Interpolation für den festen Zeitpunkt $k_0-\delta-1$ in Tab. 4.8 berechnen kann.

Damit sind die Schätzgleichung und die Fehlerkorrelationsmatrix
der Interpolation über einen festen Zeitabstand δ mit den Beziehungen (44.72) und (44.76) bekannt. Verglichen mit den übrigen
Fällen der Interpolation stellt der hier betrachtete Fall die
komplizierteste Variante dar.

4.5 Anwendungsbeispiele von Kalman-Filtern

Anwendungen von Kalman-Filtern findet man bisher hauptsächlich in technisch aufwendigen und damit teuren Systemen [21],[27]: in der Raumfahrt zur Flugbahnbestimmung, bei der Positionierung von Fernmeldesatelliten, in Radarsystemen usw. Bei Massenprodukten der Nachrichtentechnik zeichnen sich erst neuerdings Anwendungen ab, weil durch die billiger werdenden digitalen Bausteine, d.h. durch Mikroprozessoren und Signalprozessoren, ökonomische Realisierungen möglich werden. Insbesondere bei der Datenübertragung und allgemein beim künftigen voll digitalen Netz der Postverwaltungen, dem ISDN, ist in größerem Umfang der Einsatz von Kalman-Filtern bei der Kanalentzerrung, Echokompensation usw. zu erwarten [27],[28].

Bei den technisch aufwendigen Anwendungen, z.B. der Raumfahrt, ist es kaum möglich, mit einfachen rechnerischen Mitteln konkrete Ergebnisse beim Entwurf und der Anwendung von Kalman-Filtern zu erzielen, weil hier meist nur Rechnersimulationen zum Ziel führen. Für diese Fälle sei deshalb auf die Literatur [21] verwiesen. Die hier behandelten Beispiele lassen sich dagegen ohne allzu großen Aufwand berechnen, vermitteln grundsätzliche Einblicke in die Wirkungsweise von Kalman-Filtern und gestatten so, diese Erkenntnisse auf andere Anwendungsbereiche zu übertragen.

4.5.1 Echokompensation bei der Sprachübertragung

Das Prinzip der Echokompensation bei Telefonübertragungsstrecken wird in Bild 4.20 verdeutlicht: ohne Echokompensation gelangt neben der Sprache vom Teilnehmer A das Echo von B zum Teilnehmer B. Das wird immer dann störend, wenn die Laufzeit auf der Übertragungsstrecke groß ist, so daß der Teilnehmer sein eigenes Echo hören kann. Der Echokompensator schätzt deshalb das Echo B und subtrahiert es von der Summe aus Sprache von A und Echo B. Im Idealfall gelangt dann nur die Sprache von A zum Teilnehmer B.

Da es sich bei der Echokompensation um ein Schätzproblem handelt, wird ein Kalman-Filter verwendet, um die Parameter a(k) des unbekannten Echopfades zu schätzen. In Bild 4.21 wird deshalb der Echokompensator ausführlicher dargestellt: neben dem Echopfad mit

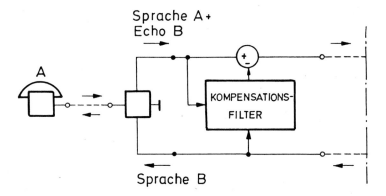

Bild 4.20 Prinzip der Echokompensation

den Abtastwerten a(k) der Impulsantwort erkennt man das Kalman-
Filter zur Schätzung der Werte a(k) und das Echopfadmodell.
Filter und Modell werden von den Abtastwerten c(k) der Sprache
von B gespeist, die Summe r(k) aus dem Echo von B und der Sprache
von A, die bei der Schätzung als unbekanntes Störsignal wirkt,
steht zusätzlich dem Kalman-Filter zur Verfügung.

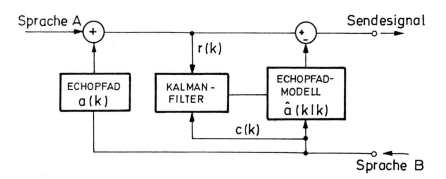

Bild 4.21 Echokompensation als Schätzproblem

Voraussetzung für den Entwurf des Schätzsystems ist die Kenntnis
eines Prozeßmodells in Form von Zustandsgleichungen für den zu
schätzenden Signalvektor $\underline{a}(k)$ und den gestörten Vektor $\underline{r}(k)$.

Der Signalvektor $\underline{a}(k)$ enthält n Abtastwerte der Impulsantwort
a(k) des Echopfades, d.h. sie wird als Impulsantwort endlicher
Dauer vorausgesetzt:

$$\underline{a}(k) = (a(0),\ a(1),\ \ldots,\ a(n-1))^{T} \quad . \tag{45.1}$$

Als typischer Wert eines Echopfades bei Weitverkehrsverbindungen gilt n=256, wobei eine Abtastfrequenz von 8 kHz vorausgesetzt wird. Damit kann man annehmen, daß die Impulsantwort nach 32 ms hinreichend weit abgeklungen ist.

Nimmt man an, daß der Echopfad zeitinvariant ist, so gilt für die beschreibende Zustandsgleichung

$$\underline{a}(k+1) = \underline{a}(k) \quad , \tag{45.2}$$

d.h. das Prozeßmodell ist nicht dynamisch mit $\underline{A}_T(k)=\underline{I}$ und unerregt mit $\underline{B}_T(k)=\underline{0}$. Das Echo von B entspricht nach Bild 4.21 den Abtastwerten s(k) und entsteht durch Faltung der Abtastwerte c(k) der Sprache von B mit der Impulsantwort a(k) des Echopfades:

$$s(k) = \sum_{i=0}^{n-1} c(k-i) \, a(i)$$

$$= \underline{C}_T(k) \, \underline{a}(k) \tag{45.3}$$

mit

$$\underline{C}_T(k) = (c(k), \; c(k-1), \; \ldots, \; c(k-n+1)) \quad , \tag{45.4}$$

d.h. die Matrix $\underline{C}_T(k)$ im Prozeßmodell wird zeitvariabel in Abhängigkeit von der Sprache von B.

Für das gestörte Eingangssignal des Kalman-Filters gilt dann

$$r(k) = s(k) + n(k) = \underline{C}_T(k) \, \underline{a}(k) + n(k) \quad , \tag{45.5}$$

wobei n(k) die Abtastwerte der Sprache A bezeichnet.

Mit (45.2) und (45.5) steht nun das gesuchte Prozeßmodell zur Verfügung. Mit den daraus gewonnenen Matrizen $\underline{A}_T=\underline{I}$, $\underline{B}_T=\underline{0}$ und $\underline{C}_T(k)$ folgt für das Kalman-Filter als Signalschätzsystem zur Filterung nach Tab. 4.5 für die Schätzgleichung

$$\hat{\underline{a}}(k|k) = (\underline{I}-\underline{R}(k) \, \underline{C}_T(k)) \, \hat{\underline{a}}(k-1|k-1) + \underline{R}(k) \, r(k) \tag{45.6}$$

und für den Verstärkungsfaktor

$$\underline{R}(k) = \underline{S}_{\underline{ee}}(k|k-1) \, \underline{C}_T^T(k) \, (N(k) + \underline{C}_T(k) \, \underline{S}_{\underline{ee}}(k|k-1) \, \underline{C}_T^T(k))^{-1} \quad , \tag{45.7}$$

wobei N(k) die Varianz des Sprachsignals von A beschreibt, und schließlich die für die zur Berechnung von $\underline{R}$(k) erforderliche Fehlerkorrelationsmatrix

$$\underline{S}_{ee}(k|k-1) = (\underline{I}-\underline{R}(k-1)\,\underline{C}_T(k-1))\,\underline{S}_{ee}(k-1|k-2) \quad . \qquad (45.8)$$

Für den Anfangswert folgt mit $\underline{A}_T=\underline{I}$ und $\underline{B}_T=\underline{0}$

$$\underline{S}_{ee}(1|0) = \underline{S}_{ee}(0|0) \quad . \qquad (45.9)$$

Die Struktur des Filters zeigt Bild 4.22. Darin ist $\underline{C}_T$(k) ein Schieberegister, dessen Inhalt taktweise um eine Stelle verschoben wird, wobei der nachrückende Wert der neue Abtastwert c(k) des Sprachsignals von B ist.

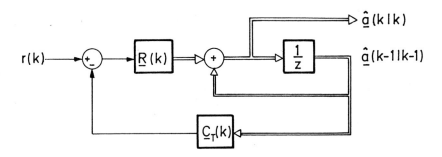

Bild 4.22 Struktur des Kalman-Filters zur Echokompensation

Da die Varianz N(k) des Sprachsignals von A sich zeitlich ändern kann, muß diese laufend gemessen werden, wenn man sich nicht zur Vereinfachung auf einen Mittelwert für alle Sprecher festlegt. Die Invertierung der Matrix zur Berechnung von $\underline{R}$(k) nach (45.7) ist einfach, da es sich um einen Skalar handelt.

Das Einlaufverhalten des Kompensators hängt wegen q=1<<n, d.h. bei nur einem Meßwert r(k) und n zu schätzenden Werten, stark von den Anfangswerten $\underline{S}_{ee}(1|0)$ der Fehlerkorrelationsmatrix und $\hat{\underline{a}}(0|0)$ des Schätzwertes ab.

In der Literatur [28] wird mit dem hier beschriebenen, wenn auch rechenaufwendigen Verfahren über sehr gute Ergebnisse berichtet. Einsatz finden derartige Echokompensatoren bisher nur bei interkontinentalen Verbindungen, künftig jedoch auch bei nationalen Verbindungen über Satellitenstrecken.

4.5.2 Dynamische Zielverfolgung in Radarsystemen

Aufgabe eines Radarsystems ist es, u.a. die Ortskoordinaten und deren Ableitungen für ein Flugobjekt zu bestimmen. Diese Daten werden beim Flughafen-Überwachungsradar (airport surveillance radar: ASR) und beim Flugstrecken-Überwachungsradar (air route surveillance radar: ARSR) extrahiert [27].

Zunächst benötigt man ein Zustandsvariablenmodell für die Flugbewegung. Mit den Definitionen der Zustandsgrößen

$a_1(k)$: Entfernung

$a_2(k)$: Geschwindigkeit

$a_3(k)$: Beschleunigung   (45.10)

gelten folgende durch die Ableitung bestimmte Zusammenhänge zwischen den Zustandsgrößen:

$$a_2(k+1) = \frac{1}{T} \left(a_1(k+1) - a_1(k) \right)$$ (45.11)

$$a_3(k+1) = \frac{1}{T} \left(a_2(k+1) - a_2(k) \right)$$ (45.12)

bzw.

$$a_1(k+1) = a_1(k) + T\, a_2(k+1)$$ (45.13)

$$a_2(k+1) = a_2(k) + T\, a_3(k+1) \quad ,$$ (45.14)

wobei T der zeitliche Abstand zweier aufeinanderfolgender Meßwerte ist und der Differentialquotient näherungsweise durch den Differenzenquotienten ersetzt wurde.

Für die dritte Zustandsgröße, die Beschleunigung, gilt der Ansatz

$$a_3(k+1) = a \cdot a_3(k) + u(k)$$ (45.13)

wobei a ein Parameter ist, der zu Null wird, wenn das Flugzeug nicht beschleunigt wird, sondern mit konstanter Geschwindigkeit fliegt. Die Größe $u(k)$ stellt Windeinflüsse, z.B. Böen, dar. Sie wird als Musterfunktion eines mittelwertfreien, weißen Prozesses mit der Varianz σ_u^2 charakterisiert.

Damit folgt für die Zustandsgleichung des Prozeßmodells

$$\underline{a}(k+1) = \underline{A}_T \, \underline{a}(k) + \underline{B}_T \, u(k) \qquad (45.14)$$

mit

$$\underline{A}_T = \begin{bmatrix} 1 & T & T^2 a \\ 0 & 1 & T \cdot a \\ 0 & 0 & a \end{bmatrix} \quad ; \quad \underline{B}_T = \begin{bmatrix} T^2 \\ T \\ 1 \end{bmatrix} \quad . \qquad (45.15)$$

Beobachtet wird vom Radarsystem die Entfernung $a_1(k)$, der sich Meßfehler $n(k)$ überlagern, so daß

$$r(k) = \underline{C}_T \, \underline{a}(k) + n(k) \qquad (45.16)$$

mit

$$\underline{C}_T = (1, \ 0, \ 0) \qquad (45.17)$$

gilt. Der Meßfehler wird als Musterfunktion eines mittelwertfreien, weißen Prozesses mit der Varianz σ_n^2 beschrieben.

Setzt man die hier gegebenen Größen des Modells in die Kalman-Formeln ein, so erhält man das gesuchte Schätzsystem. Man benötigt zum Beginn des Schätzvorgangs jedoch Anfangswerte, die man im allgemeinen nicht kennt. Ein Weg, diese Anfangswerte wenigstens näherungsweise zu ermitteln, besteht in der Annahme, daß die Meßwerte $r(k)$ ungestört sind. Dann folgt aus den ersten beiden Meßwerten $r(0)$ und $r(1)$

$$\hat{a}_1(1|1) = r(1) \qquad (45.18)$$

$$\hat{a}_2(1|1) = \frac{1}{T} \, (r(1) - r(0)) \quad . \qquad (45.19)$$

Nimmt man an, daß das Flugzeug sich mit konstanter Geschwindigkeit bewegt, ist a im Prozeßmodell gleich Null, und es gilt

$$a_3(k) = u(k) \quad , \qquad (45.20)$$

d.h. der Schätzwert ist mit $E(u(k))=0$ hier $\hat{a}_3(1|1)=0$.

Zum Start des Kalman-Algorithmus benötigt man ferner einen Anfangswert für die Korrelationsmatrix des Schätzfehlers. Da der Algorithmus zum Zeitpunkt $k=1$ beginnt, ist hier also der Anfangswert $\underline{S}_{ee}(1|1)$ erforderlich. Für den aus (45.18) und (45.19) berechenbaren Fehler gilt

$$\underline{e}(1) = \begin{bmatrix} \hat{a}_1(1|1)-a_1(1) \\ \hat{a}_2(1|1)-a_2(1) \\ \hat{a}_3(1|1)-a_3(1) \end{bmatrix} = \begin{bmatrix} r(1)-a_1(1) \\ (r(1)-r(0))/T - a_2(1) \\ -u(1) \end{bmatrix}$$

$$= \begin{bmatrix} a_1(1)+n(1)-a_1(1) \\ (a_1(1)+n(1)-a_1(0)-n(0))/T - a_2(1) \\ -u(1) \end{bmatrix}$$

$$= \begin{bmatrix} n(1) \\ (Ta_2(0)+T^2u(0)+n(1)-n(0))/T - a_2(0)-Tu(0) \\ -u(1) \end{bmatrix}$$

$$= \begin{bmatrix} n(1) \\ (n(1)-n(0))/T \\ -u(1) \end{bmatrix} \qquad (45.21)$$

wobei $a_1(1)=a_1(0)+T\cdot a_2(0)+T^2\cdot u(0)$ und $a_2(1)=a_2(0)+T\cdot u(0)$ nach (45.15) gesetzt wurde und mit (45.20) a=0 gilt, so daß die Abhängigkeit von $a_3(k)$ verschwindet. Damit folgt für die Fehlerkorrelationsmatrix bei weißem Meßfehlerprozeß n(k):

$$\underline{S}_{\underline{ee}}(1|1) = E(\underline{e}(1)\ \underline{e}^T(1))$$

$$= \begin{bmatrix} \sigma_n^2 & \dfrac{1}{T}\sigma_n^2 & 0 \\[2ex] \dfrac{1}{T}\sigma_n^2 & \dfrac{2}{T^2}\sigma_n^2 & 0 \\[2ex] 0 & 0 & \sigma_u^2 \end{bmatrix} \qquad . \qquad (45.22)$$

Es wurde dabei angenommen, daß die Prozesse u(k) und n(k), d.h. die Windeinflüsse und der Meßfehler des Radarsystems bei der Ermittlung der Entfernung, nicht miteinander korreliert sind. Man erkennt, daß die Windeinflüsse bei Beginn der Schätzung nur den Fehler für die Beschleunigung beeinflussen.

Mit den genannten Anfangswerten beginnt der Schätzvorgang für Entfernung und Geschwindigkeit ab dem zweiten Meßwert r(2), wenn man die hier gewonnenen Modellparameter in die Schätzformeln für das Kalman-Filter zur Filterung nach Tab. 4.5 einsetzt.

4.5.3 Fehlerüberwachung in Systemen und Netzen

In der Sicherheitstechnik, z.B. beim Brandschutz oder dem Selektivschutz von Energieversorgungsanlagen, kommt es darauf an, möglichst frühzeitig Fehler im überwachten System zu erkennen. Dazu kann man mit Hilfe geeigneter Filter den Trend einer Meßgröße ermitteln, um so z.B. den Anstieg einer Temperatur, die zum Brand führen kann, vorauszuschätzen. Derartige Methoden wurden zur automatischen Branderkennung [29] vorgeschlagen.

Ähnliche Verfahren kann man für den Selektivschutz, d.h. den Schutz einzelner Komponenten wie Lastschalter, Transformatoren usw. von Energieversorgungsnetzen anwenden. Hier soll jedoch die Überwachung eines gesamten Netzes beschrieben werden, bei dem der Ausfall von Komponenten und Meßgeräten erfaßt werden soll.

Ein Energieversorgungsnetz besteht aus Leitungen, die an Sammelschienen oder Knoten miteinander verbunden sind, aus Generatoren, Verbrauchern, auch als Last bezeichnet, und Komponenten wie z.B. Transformatoren, Schaltern, Umformern usw. Ferner wird die Funktion eines Netzes über Meßgrößen, die über Meßwandler entnommen werden, überwacht. Ein Beispiel für ein einfaches Netz ohne diese Komponenten und Meßgeräte zeigt Bild 4.23, in dem die Generatoren mit G, die Verbraucher mit L bezeichnet sind.

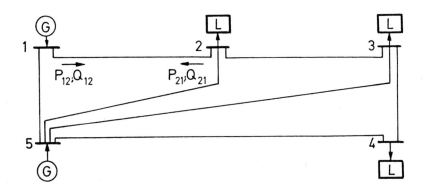

Bild 4.23 Einfaches Energieversorgungsnetz

Zur Beschreibung des Netzzustandes benötigt man die Knoten- oder Sammelschienenspannungen $V_i = u_i + jv_i$, deren Real- und Imaginäranteile den Zustandsvektor

$$\underline{a}^T = (u_1, u_2, \ldots, v_2, v_3, \ldots) = (a_1, a_2, \ldots, a_n) \quad (45.23)$$

bilden. Weil man als Bezugsphase den Phasenwinkel an der Sammel-
schiene 1 verwendet, erscheint für die zugehörige Sammelschienen-
spannung nur der Realteil u_1. Da man die Phasen wegen der fehlen-
den Bezugsphase an den Sammelschienen nicht messen kann, läßt
sich der Netzzustand nicht direkt bestimmen. Statt dessen ermittelt man die Lastflüsse $L_{ij}=P_{ij}+jQ_{ij}$ auf den Übertragungsleitun-
gen zwischen den Sammelschienen i und j. Die Messung erfolgt an
den beiden Sammelschienen, die durch die Leitung verbunden werden, so daß Meßwertredundanz entsteht, die zur Reduktion des
Meßfehlers herangezogen werden kann.

Die Meßgrößen, d.h. die Real- und Imaginäranteile der Lastflüsse,
sind mit den Zustandsgrößen, den Real- und Imaginäranteilen der
Knotenspannungen, über die Parameter des Ersatzschaltbildes der
Übertragungsleitung nach Bild 4.24 miteinander verknüpft:

$$P_{ij} = - (u_i(u_i-u_j) + v_i(v_i-v_j)) G_{ij} + (v_i u_j - u_i v_j) B_{ij}$$

$$(45.24)$$

$$Q_{ij} = (u_i(u_i-u_j) + v_i(v_i-v_j)) B_{ij} + (v_i u_j - u_i v_j)$$

$$\cdot G_{ij} - (u_i^2+v_i^2) \frac{Y_{ij}}{2} \quad (45.25)$$

mit

$$G_{ij} = - \frac{R_{ij}}{R_{ij}^2 + X_{ij}^2} \quad (45.26)$$

$$B_{ij} = - \frac{X_{ij}}{R_{ij}^2 + X_{ij}^2} \quad . \quad (45.27)$$

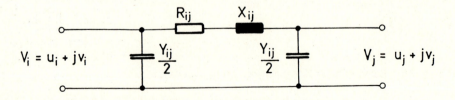

Bild 4.24 Ersatzschaltbild einer Übertragungsleitung

Die Gleichungen sind nichtlinear und werden für den später zu beschreibenden Schätzalgorithmus linearisiert.

Es sei angenommen, daß die Messung des Netzzustandes zu diskreten
Zeiten kT erfolgt. Für den durch den Meßfehler $\underline{n}(k)$ gestörten
Meßvektor gilt dann

$$
\underline{r}(k) = \begin{bmatrix} P_{12} \\ P_{21} \\ \vdots \\ \vdots \\ Q_{12} \\ Q_{21} \\ \vdots \\ \vdots \end{bmatrix} + \underline{n}(k) = \underline{c}(\underline{a}(k)) + \underline{n}(k) \quad , \qquad (45.28)
$$

wobei $\underline{c}(\cdot)$ die oben genannten nichtlinearen Gleichungen bezeichnet. Der Meßfehler wird als weißer stationärer Prozeß mit dem
Mittelwert Null und der Kovarianzmatrix $\underline{N}$ modelliert.

Die linearisierte Form des gestörten Meßvektors

$$
\underline{r}(k) = \underline{C}_T \, \underline{a}(k) + \underline{n}(k) \qquad (45.29)
$$

erhält man mit Hilfe der Jacobischen Matrix

$$
\underline{C}_T = \begin{bmatrix} \dfrac{\partial c_1(\underline{a})}{\partial a_1} & \cdots & \dfrac{\partial c_1(\underline{a})}{\partial a_n} \\ \vdots & & \\ \dfrac{\partial c_q(\underline{a})}{\partial a_1} & \cdots & \dfrac{\partial c_q(\underline{a})}{\partial a_n} \end{bmatrix} \qquad \dfrac{\partial c_i(\underline{a})}{\partial a_j} = \begin{cases} \dfrac{\partial P_{ij}(\underline{a})}{\partial a_j} \\[2mm] \dfrac{\partial Q_{ij}(\underline{a})}{\partial a_j} \end{cases} .
$$

$$
(45.30)
$$

Das Zustandsvariablenmodell des Netzes lautet allgemein

$$
\underline{a}(k+1) = \underline{A}_T(k) \, \underline{a}(k) + \underline{u}(k) \quad . \qquad (45.31)
$$

Beachtet man, daß die Lastflüsse sich auf dem Netz der Hochspan-
nungsebene bei einem Abtastraster von $T \leq 1$ min nur wenig ändern,
kann man das Netz als quasistatisch betrachten und die Matrix $\underline{A}_T$
als Einheitsmatrix wählen

$$
\underline{a}(k+1) = \underline{a}(k) + \underline{u}(k) \quad . \qquad (45.32)
$$

Der Steuerprozeß $\underline{u}(k)$ wird ebenfalls als stationär und weiß definiert und besitze den Mittelwert Null und die Kovarianzmatrix $\underline{U}$. Die konkreten Werte der Kovarianzmatrix folgen aus den Varianzen der Lastflüsse auf den einzelnen Leitungen und sind zunächst meßtechnisch zu erfassen.

Um die Zustandsgrößen des Netzes, d.h. die Sammelschienenspannungen zu ermitteln, verwendet man ein Kalman-Filter, das von den redundanten Meßwerten $\underline{r}(k)$ gespeist wird. Für den Schätzwert des Zustandsvektors gilt nach Tab. 4.5:

$$\hat{\underline{a}}(k|k) = (\underline{I}-\underline{R}(k)\ \underline{C}_T)\ \hat{\underline{a}}(k-1|k-1) + \underline{R}(k)\ \underline{r}(k) \qquad (45.33)$$

mit der Verstärkungsmatrix

$$\underline{R}(k) = \underline{S}_{ee}(k|k-1)\ \underline{C}_T^T\ (\underline{N} + \underline{C}_T\ \underline{S}_{ee}(k|k+1)\ \underline{C}_T^T)^{-1} \qquad (45.34)$$

und der Fehlerkorrelationsmatrix

$$\underline{S}_{ee}(k|k-1) = (\underline{I} - \underline{R}(k-1)\ \underline{C}_T)\ \underline{S}_{ee}(k-1|k-2) + \underline{U} \qquad . \qquad (45.35)$$

Mit diesen Bestimmungsgleichungen läßt sich der Zustandsschätzer aufbauen, dessen Struktur Bild 4.25 zeigt. Im Falle eines dynamischen Modells, wie es bei Kraftwerken oder zum Selektivschutz benötigt würde, erweitert sich der Schätzer durch Einfügen der Matrix $\underline{A}_T$, deren Modellierung nicht unproblematisch ist [30].

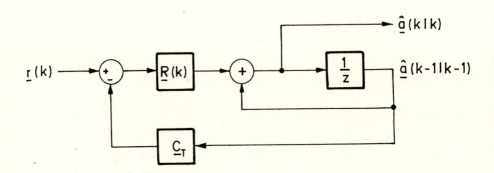

Bild 4.25   Schätzsystem für den Netzzustand

Bei der Überwachung von Energieversorgungsnetzen kann man drei Fehlerkategorien unterscheiden: sogenannte Systemanomalien, d.h.

Ausfälle von Transformatoren, Kurzschlüsse, Unterbrechungen von Leitungen usw. sowie Kurz- und Langzeitdefekte im Datenerfassungssystem. Kurzzeitdefekte sind solche, die nach kurzer Beobachtungszeit festgestellt werden können, z.B. der Totalausfall eines Meßwandlers, während Langzeitdefekte, wie etwa Driften bei Meßgeräten, erst nach längerer Beobachtungszeit erkannt werden können.

Als Prüfgröße für diese Fehlerursachen wird der Vektor

$$\underline{p}(k) = \underline{c}(\hat{\underline{a}}(k-1|k-1)) - \underline{r}(k)$$

$$= \underline{c}(\hat{\underline{a}}(k-1|k-1)) - \underline{c}(\underline{a}(k)) - \underline{n}(k) \qquad (45.36)$$

herangezogen. Das Prinzip der Fehlererkennung beruht auf der Tatsache, daß im Falle des Auftretens von Systemanomalien oder Defekten im Datenerfassungssystem der aktuelle gestörte Meßvektor $\underline{r}(k)$ und der vorausgehende geschätzte ungestörte Meßvektor $\underline{c}(\hat{\underline{a}}(k-1|k-1))$ sich um erheblich mehr als den Meßfehler $\underline{n}(k)$ unterscheiden werden. Zur Veranschaulichung zeigt Bild 4.26 die Dichtefunktionen der als zunächst eindimensional vorausgesetzten Prüfgröße p(k) bei Normalbetrieb und bei Vorliegen einer Störung.

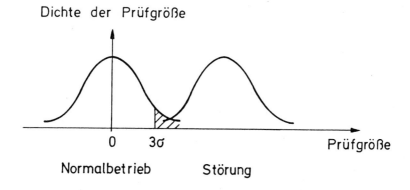

Bild 4.26   Wahrscheinlichkeitsdichtefunktionen der Prüfgröße p(k) bei Normalbetrieb und bei Vorliegen einer Störung

Die Form der Dichtefunktion hängt vom Meßfehlerprozeß n(k) ab, der Mittelwert ist Null, wenn die Zustandsschätzung praktisch fehlerfrei ist. Der Mittelwert wird mehr oder weniger verschieden von Null in Abhängigkeit von der Beeinflussung der Prüfgröße durch die Systemanomalie bzw. die Fehler im Datenerfassungssystem. Setzt man als Diskriminationsschwelle zwischen normalem und gestörtem Betrieb die 3σ-Grenze an, so wird die Wahrscheinlichkeit für eine vorgetäuschte Störung mit $P_F = 1,35 \cdot 10^{-3}$ sehr klein.

Andererseits kann man davon ausgehen, daß sich die Mittelwerte der Prüfgröße bei normalem oder gestörtem Betrieb um mehr als das Sechsfache der Standardabweichung σ des Meßfehlerprozesses n(k) unterscheiden.

Das Gesamtsystem für die Netzüberwachung hat dann den in Bild 4.27 gezeigten Aufbau: im unteren Teil befindet sich das Kalman-Filter, dessen Ausgangswert, der Zustandsvektor $\hat{\underline{a}}(k-1|k-1)$, zur Berechnung des Schätzwertes für den ungestörten Meßvektor $\underline{c}(\hat{\underline{a}}(k-1|k-1))$ benutzt wird, d.h. es werden die nichtlinearen Beziehungen zwischen Lastflüssen und Sammelschienenspannungen verwendet. Durch Subtraktion des aktuellen gestörten Meßvektors $\underline{r}(k)$ wird die Prüfgröße $\underline{p}(k)$ gebildet, die dem Detektor zugeführt wird.

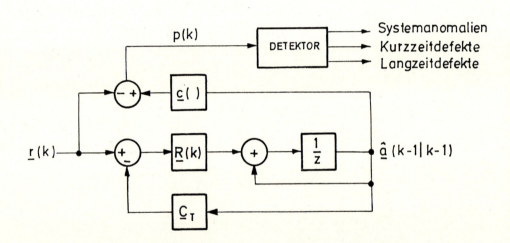

Bild 4.27   Struktur des Systems zur Netzüberwachung

Da sich Systemanomalien auf mehr als eine Komponente des Vektors $\underline{p}(k)$ auswirken, beim Ausfall einer Leitung z.B. mindestens auf die vier Komponenten, die von den Real- und Imaginärteilen der Lastflüsse auf dieser Leitung abhängen, wird eine über die q Komponenten von $\underline{p}(k)$ gemittelte Prüfgröße t(k) gebildet:

$$t(k) = \frac{1}{q} \sum_{i=1}^{q} \frac{1}{\sigma_{ni}^2} p_i^2(k) \begin{cases} \approx 1 & \text{Normalbetrieb} \\ \gg 1 & \text{Systemanomalie} \end{cases} . \qquad (45.37)$$

Zur Normierung werden die quadrierten Komponenten $p_i(k)$ durch die Varianz der zugehörigen Meßfehler σ_{ni}^2 dividiert, so daß bei Normalbetrieb $t(k)$ etwa gleich 1, sonst sehr viel größer als 1 ist. Der 3σ-Grenze würde hier der Wert 9 entsprechen.

Da man sich nicht nur für die Entscheidung interessiert, ob eine Systemanomalie vorliegt, sondern um welche es sich handelt, wird im Falle des Vorliegens einer Systemanomalie ein Lokalisierungsvektor gebildet. Er enthält die Komponente vom Wert 1, wenn $p_i(k)$ die 3σ-Grenze der Meßfehler überschreitet, sonst eine Null. Aus dem Muster des Lokalisierungsvektors $\underline{l}(k)$ kann ein logisches Netzwerk Art und Ort der Anomalie ermitteln.

Das Gesamtsystem des Detektors für Systemanomalien zeigt Bild 4.28, dessen Funktion aus den vorausgehenden Erklärungen verständlich wird.

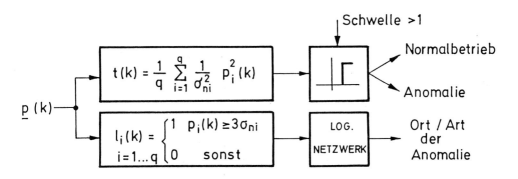

Bild 4.28   Detektor für Systemanomalien

Immer dann, wenn der Lokalisierungsvektor $\underline{l}(k)$ eine Komponente mit dem Wert 1 enthält, die nicht zum erkannten Muster einer Systemanomalie gehört, kann diese Komponente entweder auf einen besonders großen Meßfehler oder den Ausfall des zugeordneten Meßinstruments zurückzuführen sein. Deshalb wird ein Prüfvektor $\underline{m}(k)$ gebildet, dessen Komponenten mit denen des Lokalisierungsvektors übereinstimmen, sofern diese nicht zu einem erkannten Muster einer Systemanomalie gehören:

$$\underline{m}(k) = \begin{bmatrix} m_1(k) \\ \vdots \\ m_q(k) \end{bmatrix} \qquad m_i(k) = \begin{cases} l_i(k) & \text{wenn } l_i(k) \text{ nicht zu ei-} \\ & \text{ner entdeckten System-} \\ & \text{anomalie gehört} \\ 0 & \text{sonst} \quad . \end{cases} \qquad (45.38)$$

Um nun noch kurzzeitige große Meßfehler zu unterdrücken, werden die Komponenten $m_i(k)$ in einem einfachen digitalen Tiefpaß mit der Systemfunktion

$$H(z) = \frac{z}{z - \alpha}$$ (45.40)

gefiltert. Das Ausgangssignal wird einer Schwelle zugeführt. Beim Überschreiten der Schwelle wird ein Ausfall des i-ten Meßgeräts gemeldet und der Speicher des digitalen Filters auf Null gesetzt, wie Bild 4.29 zeigt. Typische Zahlenwerte für den Parameter und die Schwelle sind $\alpha = 0{,}65$ und $a_{max} = 2$.

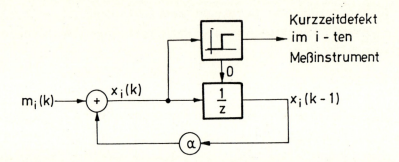

Bild 4.29 Struktur des Detektors für Kurzzeitdefekte

Bei der Detektion von Langzeitdefekten wird, um geringe Amplitudenänderungen nicht zu unterdrücken, ein Prüfvektor $\underline{q}(k)$ direkt aus dem Vektor $\underline{p}(k)$ gebildet, indem die Komponenten $p_i(k)$ auf die Standardabweichung σ_{ni} des Meßfehlers normiert werden, sofern die Komponente nicht zu einer entdeckten Systemanomalie gehört:

$$\underline{q}(k) = \begin{bmatrix} q_1(k) \\ \vdots \\ q_q(k) \end{bmatrix} \qquad q_i(k) = \begin{cases} \dfrac{p_i(k)}{\sigma_{ni}} & \text{wenn } l_i(k) \text{ nicht zu einer entdeckten System-anomalie gehört} \\ 0 & \text{sonst} \end{cases}$$ (45.40)

Auch hier müssen momentane große Meßfehler unterdrückt werden, indem ein Tiefpaß mit der Systemfunktion

$$H(z) = \frac{z}{z - \beta}$$ (45.41)

verwendet wird, wie Bild 4.30 zeigt. Der Unterschied zum Tiefpaß, wie er beim Detektor für Kurzzeitdefekte verwendet wird, besteht

darin, daß die Integrationszeit hier viel länger und als Folge
davon die Schwelle viel höher ist, was in den typischen Parame-
terwerten $\beta=0,98$ und $b_{max}=15$ zum Ausdruck kommt. Diese Werte
stammen von einem speziellen Anwendungsbeispiel und sind in einem
anderen Fall anders zu wählen und vor allem im praktischen Einsatz zu verifizieren.

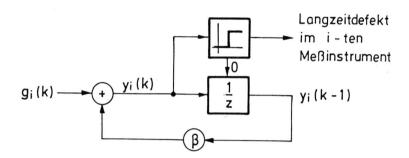

Bild 4.30 Struktur des Detektors für Langzeitdefekte

Eine zusammenfassende Übersicht über die Prüfgrößen zeigt das
folgende Schema:

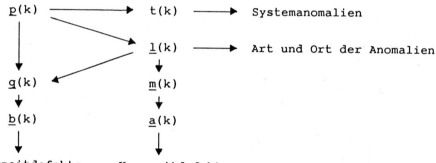

Insbesondere zeigt dieses Schema, in welcher Weise die einzelnen
Größen miteinander verknüpft sind.

4.6 Zusammenfassung

Zur Signalschätzung instationärer wie stationärer zeitdiskreter
Prozesse dienen die Kalman-Filter. Es handelt sich wie bei den
Wiener-Filtern um lineare Schätzsysteme, die den mittleren qua-

dratischen Schätzfehler zum Minimum machen bzw. bei mehrdimensionalen Prozessen die Hauptdiagonalelemente der Fehlerkorrelationsmatrix minimieren. Wegen dieser Voraussetzungen muß das Orthogonalitätsprinzip gelten, das auch hier zur Herleitung der Filter verwendet wird.

Als Kernlösung des Signalschätzproblems wird die Prädiktion um einen Schritt in Form einer rekursiven Schätzformel hergeleitet. Es zeigt sich, daß diese Lösung durch entsprechende Wahl des Signalprozeßmodells in die Lösung für die sequentielle Parameterschätzung überführt werden kann, d.h. man kann die sequentielle Parameterschätzung als einen Sonderfall der Prädiktion um einen Schritt deuten.

Ausgehend von der Prädiktion um einen Schritt werden Schätzformeln für die übrigen Aufgaben der Signalschätzung, d.h. der allgemeinen Prädiktion, der Filterung und der Interpolation hergeleitet. Dabei wird der Schätzalgorithmus der Prädiktion um einen Schritt stets mitverwendet.

Die Struktur der Kalman-Filter zeigt, daß das Prozeßmodell des Signalprozesses nachgebildet wird. Während bei den Wiener-Filtern die technische Realisierung des Schätzsystems ein wesentliches Problem darstellt, wird hier durch die Schätzformel eine Realisierung geliefert, die durch einen Digitalrechner oder digitale Bausteine implementiert werden kann.

Ein wesentliches Problem bei den Kalman-Filtern stellt die Annahme einer Anfangslösung des Schätzwertes und der Fehlerkorrelationsmatrix dar, da diese zumindest die Anfangsergebnisse des Schätzvorganges stark beeinflussen. Auf diese Fragen wird hier jedoch nicht weiter eingegangen, sondern auf die Literatur, z.B. [6, 12], verwiesen.

5 Kalman-Bucy-Filter

Während im 4. Kapitel die auf den Arbeiten von Kalman beruhende Signalschätzung zeitdiskreter Prozesse betrachtet wurde, soll nun die Schätzung zeitkontinuierlicher Prozesse behandelt werden.

Auch hier werden lineare optimale Filter zur Signalschätzung instationärer oder stationärer Prozesse gesucht. Das Optimalitätskriterium besteht nach wie vor in der Minimierung der Hauptdiagonalelemente der Fehlerkorrelationsmatrix, die entsprechend (4.1) durch

$$E(\underline{e}(t) \cdot \underline{e}^T(t)) = E((\hat{\underline{d}}(t) - \underline{d}(t)) \cdot (\hat{\underline{d}}(t) - \underline{d}(t))^T) \qquad (5.1)$$

gegeben ist.

Es gibt auch hier mehrere Wege, das optimale Filter herzuleiten, das den Schätzwert $\hat{\underline{d}}(t)$ für das gewünschte Signal $\underline{d}(t)$ liefert. Man kann z.B. von den Ergebnissen für zeitdiskrete Prozesse ausgehen und beim Grenzübergang die Abtastzeit T nach Null gehen lassen [6]. Ein anderer Weg besteht darin, das Minimum der Hauptdiagonalelemente der Fehlerkorrelationsmatrix nach (5.1) mit Hilfe der Variationsrechnung zu bestimmen. Ebenso kann man die Wiener-Hopf-Gleichung, die im 2. Kapitel für Wiener-Filter betrachtet wurde, für die Kalman-Bucy-Filter erweitern [9].

Hier soll wie bei den bisher betrachteten linearen optimalen Schätzeinrichtungen direkt vom Orthogonalitätsprinzip ausgegangen werden.

5.1 Aufgabenstellung und Annahmen

Es sind lediglich die Voraussetzungen, die bei der Schätzung

zeitdiskreter Prozesse genannt wurden, auf zeitkontinuierliche
Prozesse zu erweitern.

Signal- und Störprozeß entsprechen dem Prozeßmodell, das in
Tab. 3.3 durch die Zustandsgleichungen beschrieben wurde. Die
Matrizen $\underline{A}(t)$, $\underline{B}(t)$ und $\underline{C}(t)$ seien ebenso bekannt wie die Korrelationsmatrizen $\underline{U}(t)$ und $\underline{N}(t)$ von Steuer- und Störprozeß. Diese
Prozesse seien mittelwertfrei, weiß und unkorreliert. Sie sind
auch unkorreliert mit dem Anfangszustand $\underline{a}(0)$ des Signalprozesses
$\underline{a}(t)$ und mit dem Schätzwert für $\underline{a}(0)$.

Durch eine lineare Operation wird aus $\underline{a}(t)$ die Musterfunktion
$\underline{d}(t)$ des gewünschten Signalprozesses $\underline{d}(t)$ gewonnen, für die

$$\underline{d}(t) = \underline{a}(t+\delta) \tag{51.1}$$

gilt, wobei $\delta=0$ die Filterung, $\delta>0$ die Prädiktion und $\delta<0$ die
Interpolation bezeichnen.

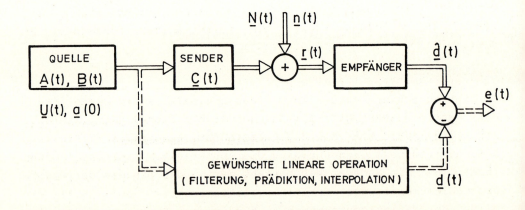

Bild 5.1   Kontinuierliche Signalschätzung instationärer Prozesse

Während bei den Zustandsgleichungen für diskrete Prozesse der
Zustandsvektor $\underline{a}(k+1)$ als Funktion des aktuellen Zustandes und
des Steuervektors beschrieben wird, tritt bei kontinuierlichen
Prozessen die Ableitung $\underline{\dot{a}}(t)$ an die Stelle von $\underline{a}(k+1)$. Deshalb
soll hier zunächst ein Schätzwert für $\underline{\dot{a}}(t)$ bestimmt werden, aus
dem sich dann ein Schätzwert für $\underline{a}(t+\delta)$ mit $\delta>0$ für die Prädiktion und mit $\delta<0$ für die Interpolation ableiten läßt. Die
Schätzung von $\underline{\dot{a}}(t)$ entspricht der Filterung, da man durch Integration $\underline{a}(t)$ gewinnen kann.

Bild 5.1 veranschaulicht die Schätzeinrichtung für kontinuierliche Prozesse, wobei der Empfänger das gesuchte lineare Optimalsystem ist, das aus dem gestörten Empfangsvektor den Schätzwert $\hat{\underline{d}}(t)$ formt. Der Schätzfehler $\underline{e}(t)$ ergibt sich dann aus der Differenz dieses Schätzwerts $\hat{\underline{d}}(t)$ und des gewünschten Signalvektors $\underline{d}(t)$.

Bei instationären Prozessen wird der Empfänger i.a. ein zeitvariables System sein, so daß man es wie im zeitdiskreten Fall durch Zustandsgleichungen beschreiben wird. Verwendet man statt der Zustandsgleichungen (36.7) deren erweiterte Form (34.2), so zeigt Bild 3.2 die Struktur eines derartigen Systems.

Zunächst soll, wie erwähnt, der optimale Empfänger zur Filterung des Signalprozesses $\underline{a}(t)$ hergeleitet werden.

5.2 Filterung

Überträgt man den Ansatz (42.7) der Schätzeinrichtung zur Prädiktion um einen Schritt bei zeitdiskreten Prozessen auf kontinuierliche Prozesse, so erhält man

$$\dot{\hat{\underline{a}}}(t|t) = \underline{Q}(t)\,\hat{\underline{a}}(t|t) + \underline{P}(t)\,\underline{r}(t) \quad , \qquad (52.1)$$

weil in den Zustandsgleichungen nach Tab. 3.1 dem Zustandsvektor $\underline{a}(k+1)$ der Vektor $\dot{\underline{a}}(t)$ und dem Vektor $\underline{a}(k)$ der Vektor $\underline{a}(t)$ entspricht. Der Bezeichnungsweise bei den diskreten Prozessen entsprechend wird der zur Zeit t bestimmte Schätzwert der Filterung mit $\hat{\underline{a}}(t|t)$ bezeichnet.

Weil der Schätzwert durch ein lineares, mit den Matrizen $\underline{P}(t)$ und $\underline{Q}(t)$ beschriebenes System gewonnen wird und in dem Sinne optimal ist, daß die mittleren quadratischen Schätzfehler, d.h. die Hauptdiagonalelemente der Fehlerkorrelationsmatrix, minimal werden, muß das Orthogonalitätsprinzip gelten. Für den Fall der Filterung zeitkontinuierlicher Prozesse erhält man die folgende Formulierung des Orthogonalitätsprinzips:

$$E((\hat{\underline{a}}(t|t)-\underline{a}(t))\cdot\underline{r}^T(\tau)) = \underline{0} \quad \text{für } 0 \le \tau \le t \quad . \qquad (52.2)$$

Bei der Berechnung der Matrizen $\underline{P}(t)$ und $\underline{Q}(t)$ wird das Argument aller auftretenden Matrizen wie bisher weggelassen, wenn es gleich t ist. Bildet man die Ableitung von (52.2) nach der Zeit, so erhält man

$$E((\hat{\underline{a}}(t|t)-\underline{a}(t))\cdot\underline{r}^T(\tau)) = \underline{0} \qquad 0 \leq \tau < t \quad , \qquad (52.3)$$

d.h. die obere Grenze t des Zeitintervalls von τ bleibt ausgeklammert, um die Ableitung von $\underline{r}(\tau)$ nicht berücksichtigen zu müssen. Setzt man in (52.3) den Ansatz (52.1) für $\hat{\underline{a}}(t|t)$ und die Zustandsgleichung für $\dot{\underline{a}}(t)$ ein, so folgt:

$$E((\underline{Q}\,\hat{\underline{a}}(t|t) + \underline{P}\,\underline{r}(t) - \underline{A}\,\underline{a}(t) - \underline{B}\,\underline{u}(t))\cdot\underline{r}^T(\tau)) = \underline{0}$$
$$0 \leq \tau < t \quad . \qquad (52.4)$$

Nach Tab. 5.1 verschwindet aber der Erwartungswert $E(\underline{u}(t)\underline{r}^T(\tau))$ für $0 \leq \tau < t$, und mit (52.2) gilt:

$$E(\hat{\underline{a}}(t|t)\cdot\underline{r}^T(\tau)) = E(\underline{a}(t)\cdot\underline{r}^T(\tau)) \qquad 0 \leq \tau \leq t \quad , \qquad (52.5)$$

so daß man für (52.4)

$$E((\underline{Q}\,\underline{a}(t) + \underline{P}\,\underline{r}(t) - \underline{A}\,\underline{a}(t))\cdot\underline{r}^T(\tau)) = \underline{0} \quad 0 \leq \tau < t \qquad (52.6)$$

erhält. Setzt man nun für $\underline{r}(t)$ die entsprechende Zustandsgleichung ein und beachtet, daß der Erwartungswert $E(\underline{n}(t)\underline{r}^T(\tau))$, $0 \leq \tau < t$ nach Tab. 5.1 verschwindet, so folgt schließlich

$$E(((\underline{Q}-\underline{A})\,\underline{a}(t) + \underline{P}\,\underline{C}\,\underline{a}(t) + \underline{P}\,\underline{n}(t))\cdot\underline{r}^T(\tau))$$
$$= (\underline{Q} - \underline{A} + \underline{P}\,\underline{C})\,E(\underline{a}(t)\underline{r}^T(\tau)) = \underline{0} \qquad 0 \leq \tau < t \quad . \quad (52.7)$$

Damit diese Beziehung stets erfüllt wird, muß gelten:

$$\underline{Q} = \underline{A} - \underline{P}\,\underline{C} \quad . \qquad (52.8)$$

Dieses Ergebnis entspricht ganz dem für zeitdiskrete Prozesse nach (42.15). Der Grund liegt darin, daß die Strukturen des kontinuierlichen und des zeitdiskreten Prozeßmodells ähnlich gewählt wurden.

Um die beiden Matrizen $\underline{P}$ und $\underline{Q}$ der Schätzeinrichtung berechnen zu können, ist neben (52.8) eine weitere Bestimmungsgleichung erforderlich. Zu ihrer Herleitung betrachtet man die Orthogonalitäts-bedingung (52.2) zum Zeitpunkt $\tau=t$ und setzt für $\underline{r}(t)$ die entsprechende Zustandsgleichung ein:

$$E((\hat{\underline{a}}(t|t)-\underline{a}(t))\cdot\underline{r}^T(t))$$

$$= E((\hat{\underline{a}}(t|t)-\underline{a}(t))\cdot(\underline{a}^T(t)\ \underline{C}^T+ \underline{n}^T(t)))$$

$$= E((\hat{\underline{a}}(t|t)-\underline{a}(t))\cdot\underline{a}^T(t))\ \underline{C}^T+ E((\hat{\underline{a}}(t|t)-\underline{a}(t))\cdot\underline{n}^T(t)) = \underline{0} \quad .$$

$$(52.9)$$

Beachtet man, daß $\hat{\underline{a}}(t|t)$ durch eine lineare Operation aus den verfügbaren Empfangsvektoren $\underline{r}(\tau)$, $0\leq\tau\leq t$ entsteht, so folgt aus der Orthogonalitätsbedingung (52.2)

$$E((\hat{\underline{a}}(t|t)-\underline{a}(t))\cdot\hat{\underline{a}}^T(t|t)) = \underline{0} \quad .$$

$$(52.10)$$

Multipliziert man dies mit $\underline{C}^T$, subtrahiert diesen Ausdruck von (52.9) und setzt den Erwartungswert $E((\hat{\underline{a}}(t|t)-\underline{a}(t))\underline{n}^T(t))=\underline{P}\cdot\underline{N}$ nach Tab. 5.1 ein, so erhält man schließlich folgende Bestimmungsgleichung für $\underline{P}$

$$E((\hat{\underline{a}}(t|t)-\underline{a}(t))\cdot\underline{a}^T(t))\underline{C}^T - E((\hat{\underline{a}}(t|t)-\underline{a}(t))\cdot\hat{\underline{a}}^T(t|t))\underline{C}^T + \underline{P}\ \underline{N}$$

$$= -E((\hat{\underline{a}}(t|t)-\underline{a}(t))\cdot(\hat{\underline{a}}(t|t)-\underline{a}(t))^T)\ \underline{C}^T + \underline{P}\ \underline{N}$$

$$= -\underline{S}_{ee}(t|t)\ \underline{C}^T + \underline{P}\ \underline{N} = \underline{0}$$

$$(52.11)$$

bzw.

$$\underline{P} = \underline{S}_{ee}(t|t)\ \underline{C}^T\ \underline{N}^{-1} \quad ,$$

$$(52.12)$$

wobei $\underline{S}_{ee}(t|t)$ die Korrelationsmatrix des Schätzfehlers darstellt. Für diese muß nun noch zur vollständigen Lösung des Filterproblems eine Bestimmungsgleichung hergeleitet werden. Für die Ableitung des Schätzfehlers gilt

$$\dot{\underline{e}}(t) = \dot{\hat{\underline{a}}}(t|t) - \dot{\underline{a}}(t)$$

$$= \underline{Q}\ \hat{\underline{a}}(t|t) + \underline{P}\ \underline{r}(t) - \underline{A}\ \underline{a}(t) - \underline{B}\ \underline{u}(t)$$

$$= (\underline{A} - \underline{P}\ \underline{C})\ \hat{\underline{a}}(t|t) + \underline{P}\ (\underline{C}\ \underline{a}(t) + \underline{n}(t)) - \underline{A}\ \underline{a}(t) - \underline{B}\ \underline{u}(t)$$

$$= (\underline{A} - \underline{P}\ \underline{C})\ \underline{e}(t) + \underline{P}\ \underline{n}(t) - \underline{B}\ \underline{u}(t) \quad , \tag{52.13}$$

wenn man die Schätzgleichung für $\hat{\underline{a}}(t|t)$, die Zustandsgleichungen und die Lösung für $\underline{Q}$ einsetzt. Will man aus dieser Differentialgleichung $\underline{e}(t)$ berechnen, so verwendet man den Lösungsansatz für die Zustandsgleichungen nach Tab. 3.2 und erhält:

$$\underline{e}(t) = \underline{\Phi}_e(t,0)\ \underline{e}(0) + \int_0^t \underline{\Phi}_e(t,\tau)\ (\underline{P}(\tau)\underline{n}(\tau) - \underline{B}(\tau)\underline{u}(\tau))\ d\tau \quad , \tag{52.14}$$

wobei entsprechend (33.1) und (52.13) die hier geltende Zustandsübergangsmatrix $\underline{\Phi}_e(t,\tau)$ aus

$$\frac{\partial}{\partial t}\ \underline{\Phi}_e(t,\tau) = (\underline{A} - \underline{P}\ \underline{C})\ \underline{\Phi}_e(t,\tau) \tag{52.15}$$

folgt. Mit (52.14) läßt sich nun die gesuchte Fehlerkorrelationsmatrix berechnen

$$\underline{S}_{ee}(t|t) = E(\underline{e}(t) \cdot \underline{e}^T(t))$$

$$= E((\underline{\Phi}_e(t,0)\underline{e}(0) + \int_0^t \underline{\Phi}_e(t,\tau)\ (\underline{P}(\tau)\underline{n}(\tau) - \underline{B}(\tau)\underline{u}(\tau))\ d\tau)$$

$$\cdot (\underline{e}^T(0)\underline{\Phi}_e^T(t,0) + \int_0^t (\underline{n}^T(\tau)\underline{P}^T(\tau) - \underline{u}^T(\tau)\underline{B}^T(\tau))\underline{\Phi}_e^T(t,\tau)\ d\tau))$$

$$= \underline{\Phi}_e(t,0)\ E(\underline{e}(0)\underline{e}^T(0))\ \underline{\Phi}_e^T(t,0)$$

$$+\ \underline{\Phi}_e(t,0)\ \int_0^t E(\underline{e}(0)\underline{n}^T(\tau)\underline{P}^T(\tau) - \underline{e}(0)\underline{u}^T(\tau)\underline{B}^T(\tau))\ \underline{\Phi}_e^T(t,\tau)\ d\tau$$

$$+\ \int_0^t \underline{\Phi}_e(t,\tau)\ E(\underline{P}(\tau)\underline{n}(\tau)\underline{e}^T(0) - \underline{B}(\tau)\underline{u}(\tau)\underline{e}^T(0))\ d\tau\ \underline{\Phi}_e^T(t,0)$$

$$+\ \int_0^t \int_0^t \underline{\Phi}_e(t,\tau)\ E((\underline{P}(\tau)\underline{n}(\tau) - \underline{B}(\tau)\underline{u}(\tau))$$

$$\cdot (\underline{n}^T(\sigma)\underline{P}^T(\sigma) - \underline{u}^T(\sigma)\underline{B}^T(\sigma)))\ \underline{\Phi}_e^T(t,\sigma)\ d\tau\ d\sigma$$

$$= \underline{\Phi}_e(t,0)\ \underline{S}_{ee}(0|0)\ \underline{\Phi}_e^T(t,0)$$

$$+\ \int_0^t \int_0^t \underline{\Phi}_e(t,\tau)\ (\underline{P}(\tau)\ \underline{N}(\tau)\delta_0(\tau-\sigma)\ \underline{P}^T(\sigma)$$

Tab. 5.1a   Eigenschaften von Zufallsprozessen

Voraussetzungen

$$E(\underline{u}(t)\underline{n}^T(\tau))=E(\underline{u}(t)\underline{a}^T(0))=E(\underline{n}(t)\underline{a}^T(0))=E(\underline{n}(t)\hat{\underline{a}}^T(0|0))=\underline{0} \quad (1)$$

$$E(\underline{u}(t)\underline{u}^T(\tau))=\underline{U}(t)\ \delta_0(t-\tau) \quad (2)$$

$$E(\underline{n}(t)\underline{n}^T(\tau))=\underline{N}(t)\ \delta_0(t-\tau) \quad (3)$$

$$\dot{\underline{a}}(t) = \underline{A}(t)\ \underline{a}(t) + \underline{B}(t)\ \underline{u}(t) \quad (4)$$

$$\underline{a}(t) = \underline{\Phi}(t,0)\ \underline{a}(0) + \int_0^t \underline{\Phi}(t,\tau)\ \underline{B}(\tau)\ \underline{u}(\tau)\ d\tau \quad (5)$$

$$\frac{\partial}{\partial t}\ \underline{\Phi}(t,\tau) = \underline{A}(t)\ \underline{\Phi}(t,\tau) \quad , \quad \underline{\Phi}(t,t) = \underline{I} \quad (6)$$

$$\underline{r}(t) = \underline{C}(t)\ \underline{a}(t) + \underline{n}(t) \quad (7)$$

$$\hat{\underline{a}}(t|t) = \underline{Q}(t)\ \hat{\underline{a}}(t|t) + \underline{P}(t)\ \underline{r}(t) \quad (8)$$

Folgerungen

$$E(\underline{u}(t)\underline{r}^T(\tau)) = \quad (I)$$
$$\quad\quad -\ (7)\ \longrightarrow$$

$$E(\underline{u}(t)\underline{a}^T(\tau))\ \underline{C}^T(\tau) + E(\underline{u}(t)\underline{n}^T(\tau)) =$$
$$\quad\quad (1)\ \ -\ (5)\ \longrightarrow$$

$$(E(\underline{u}(t)\underline{a}^T(0))\underline{\Phi}^T(\tau,0) + \int_0^\tau E(\underline{u}(t)\underline{u}^T(\alpha))\underline{B}^T(\alpha)\underline{\Phi}^T(\tau,\alpha)\ d\alpha)\underline{C}^T(\tau)$$
$$\quad (1)\quad\quad\quad\quad\quad\quad\quad\quad\quad (2)$$
$$\quad\quad\quad\quad\quad\quad\quad\quad\quad\quad\quad\quad = \underline{0} \quad\quad 0 \leq \tau < t$$

$$E(\underline{n}(t)\underline{r}^T(\tau)) = \quad (II)$$
$$\quad\quad -\ (7)\ \longrightarrow$$

$$E(\underline{n}(t)\underline{a}^T(\tau))\ \underline{C}^T(\tau) + E(\underline{n}(t)\underline{n}^T(\tau)) =$$
$$\quad\quad (3)\ \ -\ (5)\ \longrightarrow$$

$$(E(\underline{n}(t)\underline{a}^T(0))\underline{\Phi}^T(\tau,0) + \int_0^\tau E(\underline{n}(t)\underline{u}^T(\alpha))\underline{B}^T(\alpha)\underline{\Phi}^T(\tau,\alpha)\ d\alpha)\underline{C}^T(\tau)$$
$$\quad (1)\quad\quad\quad\quad\quad\quad\quad\quad\quad (1)$$
$$\quad\quad\quad\quad\quad\quad\quad\quad\quad\quad\quad\quad = \underline{0} \quad\quad 0 \leq \tau < t$$

Tab. 5.1b   Eigenschaften von Zufallsprozessen

Folgerungen (Fortsetzung)

$$E((\hat{\underline{a}}(t|t)-\underline{a}(t))\cdot\underline{n}^T(\tau)) = \qquad\qquad\qquad (III)$$

$$— (5),(8) \longrightarrow$$

$$\hat{\underline{\Phi}}(t,0)\ E(\hat{\underline{a}}(0|0)\underline{n}^T(\tau)) + \int_0^t \hat{\underline{\Phi}}(t,\alpha)\ \underline{P}(\alpha)\ E(\underline{r}(\alpha)\underline{n}^T(\tau))\ d\alpha$$
$$(1)$$

$$-\ \underline{\Phi}(t,0)\ E(\underline{a}(0)\underline{n}^T(\tau)) + \int_0^t\underline{\Phi}(t,\alpha)\ \underline{B}(\alpha)\ E(\underline{u}(\alpha)\underline{n}^T(\tau))\ d\alpha$$
$$(1)\qquad\qquad\qquad\qquad\qquad(1)$$

mit (6),(8)

$$\frac{\partial}{\partial t}\ \hat{\underline{\Phi}}(t,\tau) = \underline{Q}(t)\ \hat{\underline{\Phi}}(t,\tau)$$

$$E((\hat{\underline{a}}(t|t)-\underline{a}(t))\cdot\underline{n}^T(\tau)) = \int_0^t \hat{\underline{\Phi}}(t,\alpha)\ \underline{P}(\alpha)\ E(\underline{r}(\alpha)\underline{n}^T(\tau))\ d\alpha =$$
$$— (7) \longrightarrow$$

$$\int_0^t \hat{\underline{\Phi}}(t,\alpha)\ \underline{P}(\alpha)\cdot(\underline{C}(\alpha)\ E(\underline{a}(\alpha)\underline{n}^T(\tau)) + E(\underline{n}(\alpha)\underline{n}^T(\tau)))\ d\alpha =$$
$$(3)$$

$$\int_0^\tau \hat{\underline{\Phi}}(t,\alpha)\ \underline{P}(\alpha)\ \underline{C}(\alpha)\ E(\underline{a}(\alpha)\underline{n}^T(\tau))\ d\alpha$$
$$(II)$$

$$+ \int_\tau^t \hat{\underline{\Phi}}(t,\alpha)\ \underline{P}(\alpha)\ \underline{C}(\alpha)\ E(\underline{a}(\alpha)\underline{n}^T(\tau))\ d\alpha$$

$$+ \int_0^t \hat{\underline{\Phi}}(t,\alpha)\underline{P}(\alpha)\ \underline{N}(\alpha)\ \delta_0(\alpha-\tau)\ d\alpha =$$

$$\int_\tau^t \hat{\underline{\Phi}}(t,\alpha)\ \underline{P}(\alpha)\ \underline{C}(\alpha)\ E(\underline{a}(\alpha)\underline{n}^T(\tau))\ d\alpha + \hat{\underline{\Phi}}(t,\tau)\ \underline{P}(\tau)\ \underline{N}(\tau)$$

$$E((\hat{\underline{a}}(t|t)-\underline{a}(t))\cdot\underline{n}^T(t)) =$$

$$\lim_{\tau t}\int_\tau^t \hat{\underline{\Phi}}(t,\alpha)\ \underline{P}(\alpha)\ \underline{C}(\alpha)\ E(\underline{a}(\alpha)\underline{n}^T(\tau))\ d\alpha + \hat{\underline{\Phi}}(t,\tau)\ \underline{P}(\tau)\ \underline{N}(\tau) =$$
$$— (6) \longrightarrow$$

$$\underline{P}(t)\ \underline{N}(t)$$

$$+ \underline{B}(\tau) \ \underline{U}(\tau) \delta_0(\tau-\sigma) \ \underline{B}^T(\sigma)) \ \underline{\Phi}_e^T(t,\sigma) \ d\tau \ d\sigma$$

$$= \underline{\Phi}_e(t,0) \ \underline{S_{ee}}(0|0) \ \underline{\Phi}_e^T(t,0)$$

$$+ \int_0^t \underline{\Phi}_e(t,\sigma)(\underline{P}(\sigma)\underline{N}(\sigma)\underline{P}^T(\sigma)+\underline{B}(\sigma)\underline{U}(\sigma)\underline{B}^T(\sigma)) \ \underline{\Phi}_e^T(t,\sigma) \ d\sigma \quad ,$$

$$(52.16)$$

wobei die Annahmen beachtet wurden, daß $\underline{u}(t)$ und $\underline{n}(t)$ weiße Prozesse sind, die weder miteinander noch mit den Anfangswerten $\underline{a}(0)$ und $\hat{\underline{a}}(0|0)$, d.h. mit dem Schätzfehler $\underline{e}(0)$ korreliert sind.

Aus (52.16) läßt sich eine Differentialgleichung für $\underline{S_{ee}}(t|t)$ gewinnen, wenn man nach t, der oberen Integrationsgrenze, differenziert

$$\dot{\underline{S}}_{\underline{ee}}(t|t)$$

$$= \frac{d}{dt} \ \underline{\Phi}_e(t,0) \ \underline{S_{ee}}(0|0) \ \underline{\Phi}_e^T(t,0) + \underline{\Phi}_e(t,0) \ \underline{S_{ee}}(0|0) \ \frac{d}{dt} \ \underline{\Phi}_e^T(t,0)$$

$$+ \int_0^t (\frac{\partial}{\partial t} \ \underline{\Phi}_e(t,\sigma) \ (\underline{P}(\sigma)\underline{N}(\sigma)\underline{P}^T(\sigma)+\underline{B}(\sigma)\underline{U}(\sigma)\underline{B}^T(\sigma)) \ \underline{\Phi}_e^T(t,\sigma)$$

$$+ \underline{\Phi}_e(t,\sigma) \ (\underline{P}(\sigma)\underline{N}(\sigma)\underline{P}^T(\sigma)+\underline{B}(\sigma)\underline{U}(\sigma)\underline{B}^T(\sigma)) \ \frac{\partial}{\partial t} \ \underline{\Phi}_e^T(t,\sigma)) \ d\sigma$$

$$+ \underline{\Phi}_e(t,t) \ (\underline{P} \ \underline{N} \ \underline{P}^T + \underline{B} \ \underline{U} \ \underline{B}^T) \ \underline{\Phi}_e^T(t,t) \quad . \qquad (52.17)$$

Setzt man hierin für $\partial\underline{\Phi}(t,\tau)/\partial t$ die Bestimmungsgleichung (52.15) mit dem Anfangswert $\underline{\Phi}_e(t,t)=\underline{I}$ und zur Abkürzung $\underline{S_{ee}}(t|t)$ nach (52.16) ein, so folgt:

$$\dot{\underline{S}}_{\underline{ee}}(t|t) = (\underline{A}-\underline{P} \ \underline{C}) \ \underline{\Phi}_e(t,0) \ \underline{S_{ee}}(0|0) \ \underline{\Phi}_e^T(t,0)$$

$$+ \ \underline{\Phi}_e(t,0) \ \underline{S_{ee}}(0|0) \ \underline{\Phi}_e^T(t,0) \ (\underline{A}-\underline{P} \ \underline{C})^T$$

$$+ \int_0^t ((\underline{A}-\underline{P} \ \underline{C}) \ \underline{\Phi}_e(t,\sigma) \ (\underline{P} \ \underline{N} \ \underline{P}^T + \underline{B} \ \underline{U} \ \underline{B}^T) \ \underline{\Phi}_e^T(t,\sigma)$$

$$+ \ \underline{\Phi}_e(t,\sigma) \ (\underline{P} \ \underline{N} \ \underline{P}^T + \underline{B} \ \underline{U} \ \underline{B}^T) \ \underline{\Phi}_e^T(t,\sigma) \ (\underline{A}-\underline{P} \ \underline{C})^T) \ d\sigma$$

$$+ \ \underline{P} \ \underline{N} \ \underline{P}^T + \underline{B} \ \underline{U} \ \underline{B}^T$$

$$= (\underline{A}-\underline{P} \ \underline{C}) \ \underline{S_{ee}}(t|t) + \underline{S_{ee}}(t|t) \ (\underline{A}-\underline{P} \ \underline{C})^T$$

$$+ \underline{P} \ \underline{N} \ \underline{P}^T + \underline{B} \ \underline{U} \ \underline{B}^T \quad , \tag{52.18}$$

wobei das Argument der Matrizen unter dem Integral gleich der Integrationsvariablen σ ist. Wenn man nun $\underline{P}$ nach (52.12) in diese Beziehung einsetzt, erhält man die gesuchte Differentialgleichung für die Fehlerkorrelationsmatrix

$$\dot{\underline{S}}_{ee}(t|t) = (\underline{A} - \underline{S}_{ee}(t|t) \ \underline{C}^T \ \underline{N}^{-1} \ \underline{C}) \ \underline{S}_{ee}(t|t)$$

$$+ \ \underline{S}_{ee}(t|t) \ (\underline{A} - \underline{S}_{ee}(t|t) \ \underline{C}^T \ \underline{N}^{-1} \ \underline{C})^T$$

$$+ \ \underline{S}_{ee}(t|t) \ \underline{C}^T \ \underline{N}^{-1} \ \underline{N} \ (\underline{N}^{-1})^T \ \underline{C} \ \underline{S}_{ee}^T(t|t) + \underline{B} \ \underline{U} \ \underline{B}^T$$

$$= \underline{A} \ \underline{S}_{ee}(t|t) + \underline{S}_{ee}(t|t) \ \underline{A}^T$$

$$- \ \underline{S}_{ee}(t|t) \ \underline{C}^T \ \underline{N}^{-1} \ \underline{C} \ \underline{S}_{ee}(t|t) + \underline{B} \ \underline{U} \ \underline{B}^T \quad , \tag{52.19}$$

wobei die Tatsache benutzt wurde, daß Korrelationsmatrizen symmetrisch und deshalb gleich ihren Transponierten sind. Auch hier wurde vereinbarungsgemäß das Argument t bei den Matrizen $\underline{A}$, $\underline{B}$, $\underline{C}$, $\underline{N}$ und $\underline{U}$ weggelassen, um eine übersichtlichere Form der Darstellung zu gewinnen.

Die Bestimmungsgleichung (52.19) für die Fehlerkorrelationsmatrix stellt eine Riccatische Differentialgleichung dar, die i.a. schwer zu lösen ist. Man kann zeigen, daß eine eindeutige Lösung existiert, sofern $\underline{S}_{ee}(0|0)$ eine nichtnegativ definite Matrix ist. Eine Lösungsmöglichkeit besteht darin, (52.19) in ein System zweier linearer Differentialgleichungen zu zerlegen. Dazu verwendet man den Ansatz

$$\underline{S}_{ee}(t|t) = \underline{X}(t) \ \underline{Y}^{-1}(t) \tag{52.20}$$

mit den Anfangsbedingungen

$$\underline{S}_{ee}(0|0) = \underline{X}(0) \tag{52.21}$$

und daraus folgend

$$\underline{Y}^{-1}(0) = \underline{I} = \underline{Y}(0) \quad . \tag{52.22}$$

Für $\underline{X}(t)$ und $\underline{Y}(t)$ gewinnt man die zwei linearen Differentialgleichungen, indem man (52.20) nach $\underline{X}(t)$ auflöst und nach t ableitet:

$$\underline{X}(t) = \underline{S}_{ee}(t|t)\ \underline{Y}(t) \tag{52.23}$$

bzw.

$$\dot{\underline{X}}(t) = \dot{\underline{S}}_{ee}(t|t)\ \underline{Y}(t) + \underline{S}_{ee}(t|t)\ \dot{\underline{Y}}(t)\ . \tag{52.24}$$

Setzt man in (52.24) $\dot{\underline{S}}_{ee}(t|t)$ nach (52.19) ein, so folgt:

$$\dot{\underline{X}}(t) = (\underline{A}\ \underline{S}_{ee}(t|t) + \underline{S}_{ee}(t|t)\ \underline{A}^T - \underline{S}_{ee}(t|t)\ \underline{C}^T\underline{N}^{-1}\underline{C}\ \underline{S}_{ee}(t|t)$$

$$+ \underline{B}\ \underline{U}\ \underline{B}^T)\cdot\underline{Y}(t) + \underline{S}_{ee}(t|t)\ \dot{\underline{Y}}(t)$$

$$= \underline{A}\ \underline{S}_{ee}(t|t)\ \underline{Y}(t) + \underline{B}\ \underline{U}\ \underline{B}^T\ \underline{Y}(t)$$

$$+ \underline{S}_{ee}(t|t)\ (\underline{A}^T\ \underline{Y}(t) - \underline{C}^T\underline{N}^{-1}\underline{C}\ \underline{S}_{ee}(t|t)\ \underline{Y}(t) + \dot{\underline{Y}}(t))$$

$$= \underline{A}\ \underline{X}(t) + \underline{B}\ \underline{U}\ \underline{B}^T\ \underline{Y}(t)$$

$$+ \underline{S}_{ee}(t|t)\ (\underline{A}^T\ \underline{Y}(t) - \underline{C}^T\underline{N}^{-1}\underline{C}\ \underline{X}(t) + \dot{\underline{Y}}(t))\ , \tag{52.25}$$

wobei $\underline{X}(t)$ nach (52.23) eingesetzt wurde. Nun kann man (52.25) in ein System zweier linearer Differentialgleichungen auftrennen, indem man den mit $\underline{S}_{ee}(t|t)$ multiplizierten Summanden durch

$$\dot{\underline{Y}}(t) = \underline{C}^T\underline{N}^{-1}\underline{C}\ \underline{X}(t) - \underline{A}^T\underline{Y}(t) \tag{52.26}$$

zu Null werden läßt. Damit folgt für (52.25)

$$\dot{\underline{X}}(t) = \underline{A}\ \underline{X}(t) + \underline{B}\ \underline{U}\ \underline{B}^T\ \underline{Y}(t)\ , \tag{52.27}$$

womit die zwei linearen Differentialgleichungen gefunden sind. Ob die Lösung dieser zwei linearen Differentialgleichungen einfacher ist als die Lösung der ursprünglichen nichtlinearen Riccati-Differentialgleichung, kann man allgemein nicht angeben. Wenn die Matrizen $\underline{A}$, $\underline{B}$, $\underline{C}$, $\underline{N}$ und $\underline{U}$ zeitunabhängig sind, kann man die linearen Differentialgleichungen mit Hilfe bekannter Methoden der Laplace-Transformation lösen. Hat man die Lösungen $\underline{X}(t)$ und $\underline{Y}(t)$ gefunden, erhält man nach (52.20) die gesuchte Fehlerkorrela-

Tab. 5.2   Filterung

Zu schätzender Signalvektor: $\underline{a}(t)$

Schätzwert: $\hat{\underline{a}}(t|t)$

Verfügbare Empfangsvektoren: $\underline{r}(\tau)$, $0 \leq \tau \leq t$

Schätzeinrichtung: linear

Optimalitätskriterium: minimale Hauptdiagonalelemente der

Fehlerkorrelationsmatrix $\underline{S}_{\underline{ee}}(t|t)$

Lösungsansatz: Orthogonalitätsprinzip

$$E((\hat{\underline{a}}(t|t)-\underline{a}(t)) \cdot \underline{r}^T(\tau)) = \underline{0} \qquad 0 \leq \tau \leq t$$

Verstärkungsmatrix:

$$\underline{P} = \underline{S}_{\underline{ee}}(t|t) \; \underline{C}^T \underline{N}^{-1}$$

Schätzgleichung:

$$\hat{\underline{a}}(t|t) = (\underline{A} - \underline{P} \; \underline{C}) \; \hat{\underline{a}}(t|t) + \underline{P} \; \underline{r}(t)$$

Optimale Fehlerkorrelationsmatrix:
(Riccati-Differentialgleichung)

$$\dot{\underline{S}}_{\underline{ee}}(t|t) = \underline{A} \; \underline{S}_{\underline{ee}}(t|t) + \underline{S}_{\underline{ee}}(t|t) \; \underline{A}^T$$

$$- \; \underline{S}_{\underline{ee}}(t|t) \; \underline{C}^T \underline{N}^{-1} \; \underline{C} \; \underline{S}_{\underline{ee}}(t|t) + \underline{B} \; \underline{U} \; \underline{B}^T$$

Vorzugebende Anfangswerte:

$$\hat{\underline{a}}(0|0) \quad ; \quad \underline{S}_{\underline{ee}}(0|0)$$

---

tionsmatrix.

Wie bei der Prädiktion um einen Schritt für zeitdiskrete Prozesse sollen nun zusammenfassend die Verstärkungsgleichung, die Schätzgleichung und die Fehlergleichung angegeben werden.

$$\underline{P} = \underline{S}_{\underline{ee}}(t|t) \ \underline{c}^T \underline{N}^{-1} \tag{52.28}$$

$$\hat{\underline{a}}(t|t) = (\underline{A} - \underline{P} \ \underline{C}) \ \hat{\underline{a}}(t|t) + \underline{P} \ \underline{r}(t) \tag{52.29}$$

$$\dot{\underline{S}}_{\underline{ee}}(t|t) = \underline{A} \ \underline{S}_{\underline{ee}}(t|t) + \underline{S}_{\underline{ee}}(t|t) \ \underline{A}^T$$

$$- \ \underline{S}_{\underline{ee}}(t|t) \ \underline{c}^T \underline{N}^{-1} \ \underline{C} \ \underline{S}_{\underline{ee}}(t|t) + \underline{B} \ \underline{U} \ \underline{B}^T \quad . \tag{52.30}$$

Zur Lösung dieser Gleichungen braucht man wie bei den entsprechenden Gleichungen (42.31) bis (42.33) die Anfangsbedingungen $\underline{S}_{\underline{ee}}(0|0)$ und $\hat{\underline{a}}(0|0)$. Wie aber bereits dort gesagt wurde, nimmt mit wachsender Zeit der Einfluß dieser Anfangswerte auf die Lösung ab.

Die Struktur der Gleichungen für das hier betrachtete Filterproblem und die Prädiktion um einen Schritt für zeitdiskrete Signale ist sehr ähnlich, wie auch Bild 5.2 zeigt. Der Grund dafür liegt an der Ähnlichkeit der beiden Prozeßmodelle.

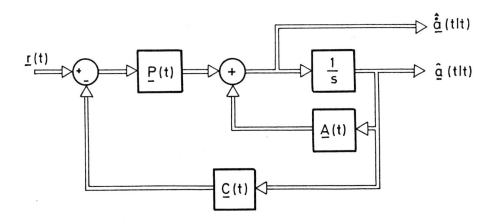

Bild 5.2   Schätzeinrichtung zur Filterung

Daß die Form der Gewichtungsmatrix $\underline{P}$ in beiden Fällen verschieden ist, liegt daran, daß die Matrizen $\underline{A}$ und $\underline{B}$ in beiden Fällen strukturell verschieden ist.

An der Schätzeinrichtung zur Filterung kontinuierlicher Signale nach Bild 5.2 erkennt man, daß neben dem Schätzwert $\hat{\underline{a}}(t|t)$ auch der Wert $\underline{a}(t|t)$ am Ausgang des durch 1/s gekennzeichneten Integrierers zur Verfügung steht.

4.3 Prädiktion

Bei der Prädiktion wird aus den bis zur Zeit t verfügbaren Empfangsvektoren $\underline{r}(\tau)$, $0 \leq \tau \leq t$ durch eine lineare Operation der optimale Schätzwert für den Signalvektor $\underline{a}(t+\delta)$ gewonnen. Wie bei der Schätzung zeitdiskreter Signale kann man drei Fälle der Prädiktion unterscheiden:

1. **Prädiktion über einen festen Zeitabstand:**
   Schätzwert $\hat{\underline{a}}(t+\delta|t)$ aus $\underline{r}(\tau)$, $0 \leq \tau \leq t$, $\delta > 0$ konstant

2. **Prädiktion für einen festen Endpunkt:**
   Schätzwert $\hat{\underline{a}}(t_0|t) = \hat{\underline{a}}(t+\delta|t)$ aus $\underline{r}(\tau)$, $0 \leq \tau \leq t$, $\delta = t_0 - t$ variabel

3. **Prädiktion von einem festen Anfangspunkt aus:**
   Schätzwert $\hat{\underline{a}}(t_0+\delta|t_0)$ aus $\underline{r}(\tau)$, $0 \leq \tau \leq t_0$, $\delta > 0$ variabel

Die Herleitung des Schätzwertes $\hat{\underline{a}}(t+\delta|t)$ für den ersten Fall der Prädiktion erfolgt wie bei der Prädiktion zeitdiskreter Signale.

Weil $\hat{\underline{a}}(t+\delta|t)$ durch eine lineare Operation aus $\underline{r}(\tau)$, $0 \leq \tau \leq t$ gewonnen wird und auf minimale Hauptdiagonalelemente der Fehlerkorrelationsmatrix führt, gilt das Orthogonalitätsprinzip

$$E((\hat{\underline{a}}(t+\delta|t) - \underline{a}(t+\delta)) \cdot \underline{r}^T(\tau)) = \underline{0} \quad \text{für } 0 \leq \tau \leq t \quad . \quad (53.1)$$

Da sowohl der Schätzwert der Prädiktion wie der der Filterung als Linearkombination von $\underline{r}(\tau)$, $0 \leq \tau \leq t$ gewonnen werden, müssen beide durch eine lineare Transformation ineinander überführbar sein:

$$\hat{\underline{a}}(t+\delta|t) = \underline{T}(t+\delta, t) \, \hat{\underline{a}}(t|t) \quad . \quad (53.2)$$

Für $\underline{a}(t+\delta)$ gilt nach Umformung von (33.9):

$$\underline{a}(t+\delta) = \underline{\Phi}(t+\delta,0) \, \underline{a}(0) + \int_0^{t+\delta} \underline{\Phi}(t+\delta,\alpha) \, \underline{B}(\alpha) \, \underline{u}(\alpha) d\alpha$$

$$= \underline{\Phi}(t+\delta,t) \cdot (\underline{\Phi}(t,0) \; \underline{a}(0)$$

$$+ \int_0^t \underline{\Phi}(t,\alpha) \; \underline{B}(\alpha) \; \underline{u}(\alpha)d\alpha + \int_{t_+}^{t+\delta} \underline{\Phi}(t,\alpha) \; \underline{B}(\alpha) \; \underline{u}(\alpha) \; d\alpha$$

$$= \underline{\Phi}(t+\delta,t) \; (\underline{a}(t) + \int_{t_+}^{t+\delta} \underline{\Phi}(t,\alpha) \; \underline{B}(\alpha) \; \underline{u}(\alpha)d\alpha) \quad . \quad (53.3)$$

Hierbei wurde die in (33.3) genannte Eigenschaft für zeitinvariable Systeme auf zeitvariable Systeme erweitert und u.a. $\underline{\Phi}(t+\delta,\alpha)=\underline{\Phi}(t+\delta,t)\cdot\underline{\Phi}(t,\alpha)$ gesetzt. Bei der Aufteilung des Integrationsintervalls wurde der Zeitpunkt t dem unteren Intervall zugeordnet,so daß das obere Intervall bei t_+ beginnt, d.h. t nicht enthält.

Mit (53.2) und (53.3) folgt für (53.1):

$$E((\underline{T}(t+\delta,t) \; \hat{\underline{a}}(t|t) - \underline{\Phi}(t+\delta,t)$$

$$\cdot \; (\underline{a}(t) + \int_{t_+}^{t+\delta} \underline{\Phi}(t,\alpha) \; \underline{B}(\alpha) \; \underline{u}(\alpha) \; d\alpha)) \cdot \underline{r}^T(\tau))$$

$$= \underline{\Phi}(t+\delta,t) \; E((\underline{\Phi}^{-1}(t+\delta,t) \; \underline{T}(t+\delta,t) \; \hat{\underline{a}}(t|t) - \underline{a}(t)) \cdot \underline{r}^T(\tau))$$

$$= \underline{0} \quad , \quad 0 \leq \tau \leq t \quad , \qquad (53.4)$$

wenn man beachtet, daß der Erwartungswert $E(\underline{u}(\alpha)\underline{r}^T(\tau))$ nach Tab. 5.3 für $0\leq\tau\leq t<t_+\leq\alpha\leq t+\delta$ verschwindet. Für

$$\underline{\Phi}^{-1}(t+\delta,t) \; \underline{T}(t+\delta,t) = \underline{I} \qquad (53.5)$$

bzw.

$$T(t+\delta,t) = \underline{\Phi}(t+\delta,t) \qquad (53.6)$$

geht (53.4) in die Orthogonalitätsbedingung für Filterung über. Damit gilt für den Schätzwert in (53.2):

$$\hat{\underline{a}}(t+\delta|t) = \underline{\Phi}(t+\delta,t) \; \hat{\underline{a}}(t|t) \quad , \qquad (53.7)$$

d.h. der Schätzwert der Prädiktion entsteht dadurch, daß das Schätzsystem ohne Erregung vom Anfangswert $\hat{\underline{a}}(t|t)$ der Filterung ausgehend bis zur Zeit t+δ der Eigenbewegung folgt.

Vergleicht man die Herleitung und das Ergebnis mit den Betrach-

Tab. 5.3   Eigenschaften von Zufallsprozessen

Voraussetzungen

$$E(\underline{u}(\alpha)\underline{n}^T(\tau)) = E(\underline{u}(\alpha)\underline{a}^T(0)) = \underline{0} \tag{1}$$

$$E(\underline{u}(\alpha)\underline{u}^T(\tau)) = \underline{U}(\alpha)\ \delta_0(\alpha-\tau) \tag{2}$$

$$\underline{r}(t) = \underline{C}(t)\ \underline{a}(t) + \underline{n}(t) \tag{3}$$

$$\underline{a}(\tau) = \underline{\Phi}(\tau,0)\ \underline{a}(0) + \int_0^\tau \underline{\Phi}(\tau,\alpha)\ \underline{B}(\alpha)\ \underline{u}(\alpha)\ d\alpha \tag{4}$$

$$\underline{\hat{a}}(t|t) = \int_0^t \underline{P}^{\cdot}(t,\tau)\ \underline{r}(\tau)\ d\tau \qquad \text{(lineare Operation)} \tag{5}$$

Folgerungen

$$E(\underline{u}(\alpha)\underline{r}^T(\tau)) = \tag{I}$$
$$\underline{\hspace{1cm}}\ (3)\ \longrightarrow$$

$$E(\underline{u}(\alpha)\underline{a}^T(\tau))\ \underline{C}^T(\tau) + E(\underline{u}(\alpha)\underline{n}^T(\tau)) =$$
$$(1)\ \underline{\hspace{1cm}}\ (4)\ \longrightarrow$$

$$[E(\underline{u}(\alpha)\underline{a}^T(0))\ \underline{\Phi}^T(\tau,0) + \int_0^\tau E(\underline{u}(\alpha)\underline{u}^T(\beta))\underline{B}^T(\beta)\underline{\Phi}^T(\tau,\beta)d\beta]\cdot\underline{C}^T(\tau)$$
$$(1)\hspace{4cm}(2)$$

$$= \underline{0}\ ,\quad 0 \le \tau < t_+ \le \alpha \le t+\delta$$

$$E(\underline{\hat{a}}(t|t)\underline{u}^T(\alpha)) = \tag{II}$$
$$\underline{\hspace{1cm}}\ (5)\ \longrightarrow$$

$$\int_0^t \underline{P}'(t,\tau)\ E(\underline{r}(\tau)\underline{u}^T(\alpha))\ d\tau =$$
$$\underline{\hspace{1cm}}\ (3)\ \rightarrow$$

$$\int_0^t \underline{P}'(t,\tau)[\underline{C}(\tau)\ E(\underline{a}(\tau)\underline{u}^T(\alpha)) + E(\underline{n}(\tau)\underline{u}^T(\alpha))]\ d\tau = \underline{0}$$
$$(I)\hspace{3cm}(1)$$

$$t < t_+ \le \alpha \le t+\delta$$

$$E(\underline{a}(t)\underline{u}^T(\alpha)) = \underline{0}\ ,\quad t < t_+ \le \alpha \le t+\delta \tag{III}$$

tungen zur Prädiktion zeitdiskreter Signale, so stellt man weitgehende Übereinstimmung fest. Der Unterschied besteht im wesentlichen darin, daß bei der Prädiktion zeitdiskreter Signale von der Prädiktion um einen Schritt, d.h. vom Schätzwert $\hat{\underline{a}}(k+1|k)$ ausgegangen wurde, während die Prädiktion kontinuierlicher Signale auf der Filterung, d.h. dem Schätzwert $\hat{\underline{a}}(t|t)$ aufbaut.

Die Schätzeinrichtung zur Prädiktion, die die Schätzgleichung nach (53.7) realisiert, ist in Bild 5.3 dargestellt. Sie geht aus von der Schätzeinrichtung zur Filterung nach Bild 5.2.

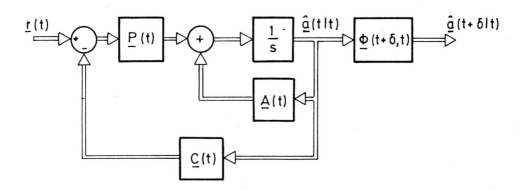

Bild 5.3   Schätzeinrichtung zur Prädiktion

Bei Stationarität der Signalprozesse vereinfacht sich die Schätzung. Dann hängt die Matrix $\underline{\Phi}(t+\delta,t)$ nur von der Differenz der Zeitparameter $t+\delta$ und t ab, und mit (33.2) gilt:

$$\underline{\Phi}(t+\delta,t) = \underline{\Phi}(t+\delta-t) = \underline{\Phi}(\delta) = e^{\underline{A}\cdot\delta} \quad . \tag{53.8}$$

Bisher wurde noch nichts über die Bestimmung der Matrix $\underline{\Phi}(t+\delta,t)$ gesagt. Da diese Matrix in beiden Argumenten vom laufenden Zeitparameter t abhängt, kann man sie nicht allein nach der Beziehung

$$\frac{\partial}{\partial t}\,\underline{\Phi}(t,\tau) = \underline{A}(t)\,\underline{\Phi}(t,\tau) \tag{53.9}$$

aus Abschnitt 3.3 berechnen. Statt des partiellen Differentials braucht man hier das totale Differential, weil eben auch der zweite Zeitparameter von t abhängt. Um Verwechslungen zu vermeiden, soll hier im Gegensatz zur sonst verwendeten Nomenklatur das Argument t bei der Matrix $\underline{A}$ angegeben werden.

Für das totale Differential von $\underline{\Phi}(t+\delta,t)$ gilt:

$$\frac{d}{dt}\underline{\Phi}(t+\delta,t) = \frac{\partial}{\partial\tau}\underline{\Phi}(\tau,t)\Big|_{\tau=t+\delta} + \frac{\partial}{\partial t}\underline{\Phi}(\tau,t)\Big|_{\tau=t+\delta} \qquad . \qquad (53.10)$$

Für den ersten Term folgt aus (53.9)

$$\frac{\partial}{\partial\tau}\underline{\Phi}(\tau,t)\Big|_{\tau=t+\delta} = \underline{A}(t+\delta)\ \underline{\Phi}(t+\delta,t) \qquad . \qquad (53.11)$$

Für den zweiten Term erhält man mit der aus (33.7) folgenden Beziehung $\underline{\Phi}^{-1}(\tau,t)=\underline{\Phi}(t,\tau)$ nach Umformung:

$$\frac{\partial}{\partial t}\ \underline{I} = \frac{\partial}{\partial t}\ (\underline{\Phi}(\tau,t)\ \underline{\Phi}(t,\tau))$$

$$= (\frac{\partial}{\partial t}\ \underline{\Phi}(\tau,t))\ \underline{\Phi}(t,\tau) + \underline{\Phi}(\tau,t)\ \frac{\partial}{\partial t}\ \underline{\Phi}(t,\tau) = \underline{0} \qquad . \qquad (53.12)$$

Daraus folgt

$$(\frac{\partial}{\partial t}\ \underline{\Phi}(\tau,t))\ \underline{\Phi}(t,\tau) = -\ \underline{\Phi}(\tau,t)\ \frac{\partial}{\partial t}\ \underline{\Phi}(t,\tau) \qquad (53.13)$$

bzw. mit (53.9)

$$\frac{\partial}{\partial t}\ \underline{\Phi}(\tau,t) = -\ \underline{\Phi}(\tau,t)\ \underline{A}(t)\ \underline{\Phi}(t,\tau)\ \underline{\Phi}^{-1}(t,\tau) = -\ \underline{\Phi}(\tau,t)\ \underline{A}(t) \qquad .$$
$$(53.14)$$

Für das totale Differential (53.10) gilt damit:

$$\frac{d}{dt}\underline{\Phi}(t+\delta,t) = \underline{A}(t+\delta)\ \underline{\Phi}(t+\delta,t) - \underline{\Phi}(t+\delta,t)\ \underline{A}(t) \qquad . \qquad (53.15)$$

Die Schätzgleichung (53.7) läßt sich mit diesem Ergebnis auswerten.

Nun sollen noch die beiden anderen Fälle der Prädiktion behandelt werden. Für den Schätzwert $\hat{\underline{a}}(t_0|t)$ folgt aus (53.7)

$$\hat{\underline{a}}(t_0|t) = \underline{\Phi}(t_0,t)\ \hat{\underline{a}}(t|t) \qquad . \qquad (53.16)$$

Für die Matrix $\underline{\Phi}(t_0,t)$ folgt aus (53.14), da auch hier die zweite Variable der Matrix der laufende Zeitparameter t ist,

$$\frac{\partial}{\partial t}\ \underline{\Phi}(t_0,t) = -\ \underline{\Phi}(t_0,t)\ \underline{A}(t) \qquad . \qquad (53.17)$$

Wenn das betrachtete System zeitinvariant ist, gilt:

$$\underline{\Phi}(t_0,t) = \underline{\Phi}(t_0-t) = e^{\underline{A}\cdot(t_0-t)} \quad . \tag{53.18}$$

Für den dritten Fall der Prädiktion erhält man entsprechend

$$\underline{\hat{a}}(t_0+\delta|t_0) = \underline{\Phi}(t_0+\delta,t_0) \, \underline{\hat{a}}(t_0|t_0) \quad . \tag{53.19}$$

Da die erste Variable der Matrix $\underline{\Phi}(t_0+\delta)$ den laufenden Zeitparameter darstellt, folgt mit (53.9):

$$\frac{\partial}{\partial\delta} \, \underline{\Phi}(t_0+\delta,t_0) = \underline{A}(t_0+\delta) \, \underline{\Phi}(t_0+\delta,t_0) \quad . \tag{53.20}$$

Bei zeitinvarianten Systemen gilt:

$$\underline{\Phi}(t_0+\delta,t_0) = \underline{\Phi}(t_0+\delta-t_0) = \underline{\Phi}(\delta) = e^{\underline{A}\cdot\delta} \quad . \tag{53.21}$$

Damit sind die Schätzgleichungen für die drei Fälle der Prädiktion gefunden.

Nun ist noch die Fehlerkorrelationsmatrix zu berechnen. Hier soll nur $\underline{S}_{ee}(t+\delta|t)$ angegeben werden, da sich die Matrizen der übrigen Fälle aus $\underline{S}_{ee}(t+\delta|t)$ durch geeignetes Einsetzen von t_0 ergeben. Bei stationären Prozessen ist entsprechend zu verfahren.

Aus der Definition der Fehlerkorrelationsmatrix, dem Ansatz (53.3) für $\underline{a}(t+\delta)$ und der Schätzgleichung (53.7) folgt

$$\underline{S}_{ee}(t+\delta|t) = E((\underline{\hat{a}}(t+\delta|t)-\underline{a}(t+\delta))\cdot(\underline{\hat{a}}(t+\delta|t)-\underline{a}(t+\delta))^T)$$

$$= E((\underline{\Phi}(t+\delta,t)\cdot(\underline{\hat{a}}(t|t)-\underline{a}(t)) - \int_{t_+}^{t+\delta}\underline{\Phi}(t,\alpha)\underline{B}(\alpha)\underline{u}(\alpha)\,d\alpha)$$

$$\cdot (\underline{\hat{a}}(t|t)-\underline{a}(t))^T\underline{\Phi}^T(t+\delta,t) - \int_{t_+}^{t+\delta}\underline{u}^T(\beta)\underline{B}^T(\beta)\underline{\Phi}^T(t,\beta)\,d\beta))$$

$$\tag{53.22}$$

Weil die Erwartungswerte $E(\underline{\hat{a}}(t|t)\underline{u}^T(\alpha))$ und $E(\underline{a}(t)\underline{u}^T(\alpha))$ nach Tab. 5.3 für $t < t_+ \le \alpha \le t+\delta$ verschwinden und weil $\underline{u}(t)$ ein weißer Prozeß ist, gilt weiter:

$$\underline{S}_{ee}(t+\delta|t) = \underline{\Phi}(t+\delta,t) \, \underline{S}_{ee}(t|t) \, \underline{\Phi}^T(t+\delta,t)$$

Tab. 5.4 Prädiktion

Formen der Prädiktion

1. Prädiktion über einen festen Zeitabstand δ
   Schätzwert $\hat{\underline{a}}(t+\delta|t)$ aus $\underline{r}(\tau)$, $0 \leq \tau \leq t$

2. Prädiktion für einen festen Zeitpunkt t_0
   Schätzwert $\hat{\underline{a}}(t_0|t)$ aus $\underline{r}(\tau)$, $0 \leq \tau \leq t$

3. Prädiktion von einem festen Anfangszeitpunkt t_0 aus
   Schätzwert $\hat{\underline{a}}(t_0+\delta|t_0)$ aus $\underline{r}(\tau)$, $0 \leq \tau \leq t_0$

Schätzgleichungen

ausgehend von der Filterung, Tab. 5.2

1. $\hat{\underline{a}}(t+\delta|t) = \underline{\Phi}(t+\delta,t)\,\hat{\underline{a}}(t|t)$

$$\frac{d}{dt}\,\underline{\Phi}(t+\delta,t) = \underline{A}(t+\delta)\,\underline{\Phi}(t+\delta,t) - \underline{\Phi}(t+\delta,t)\,\underline{A}(t)$$

2. $\hat{\underline{a}}(t_0|t) = \underline{\Phi}(t_0,t)\,\hat{\underline{a}}(t|t)$

$$\frac{\partial}{\partial t}\,\underline{\Phi}(t_0,t) = -\,\underline{\Phi}(t_0,t)\,\underline{A}(t)$$

3. $\hat{\underline{a}}(t_0+\delta|t_0) = \underline{\Phi}(t_0+\delta,t_0)\,\hat{\underline{a}}(t_0|t_0)$

$$\frac{\partial}{\partial \delta}\,\underline{\Phi}(t_0+\delta,t_0) = \underline{A}(t_0+\delta)\,\underline{\Phi}(t_0+\delta,t_0)$$

Fehlerkorrelationsmatrix

$$\underline{S}_{ee}(t+\delta|t) = \underline{\Phi}(t+\delta,t)\,\underline{S}_{ee}(t|t)\,\underline{\Phi}^T(t+\delta,t)$$
$$+ \int_{t_+}^{t+\delta} \underline{\Phi}(t,\alpha)\,\underline{B}(\alpha)\,\underline{U}(\alpha)\,\underline{B}^T(\alpha)\,\underline{\Phi}^T(t,\alpha)\,d\alpha$$

$$+ \iint_{t_+}^{t+\delta} \underline{\Phi}(t,\alpha)\underline{B}(\alpha)E(\underline{u}(\alpha)\underline{u}^T(\beta))\;\underline{B}^T(\beta)\underline{\Phi}^T(t,\beta)\;d\alpha d\beta$$

$$= \underline{\Phi}(t+\delta,t)\;\underline{S}_{\underline{ee}}(t|t)\;\underline{\Phi}^T(t+\delta,t)$$

$$+ \iint_{t_+}^{t+\delta} \underline{\Phi}(t,\alpha)\underline{B}(\alpha)\;\underline{U}(\alpha)\delta_0(\alpha-\beta)\;\underline{B}^T(\beta)\underline{\Phi}^T(t,\beta)\;d\alpha d\beta$$

$$= \underline{\Phi}(t+\delta,t)\;\underline{S}_{\underline{ee}}(t|t)\;\underline{\Phi}^T(t+\delta,t)$$

$$+ \int_{t_+}^{t+\delta} \underline{\Phi}(t,\alpha)\;\underline{B}(\alpha)\;\underline{U}(\alpha)\;\underline{B}^T(\alpha)\;\underline{\Phi}^T(t,\alpha)\;d\alpha \quad .$$

$$(53.23)$$

Kennt man die Fehlerkorrelationsmatrix $\underline{S}_{\underline{ee}}(t|t)$ der Filterung, so kann man auch die Fehlerkorrelationsmatrix der Prädiktion be-rechnen.

Auch hier läßt die Fehlerkorrelationsmatrix die Tendenz erkennen, daß mit Zunahme des Prädiktionsabstandes δ der Fehler zunimmt, wie man an dem Integralausdruck in (53.23) ablesen kann. Dies liegt an der Annahme, daß das System vom Zeitpunkt t beginnend bis zum Zeitpunkt $t+\delta$ "weiterschwingt". Die möglichen Ab-weichungen zwischen diesem Weiterschwingen und dem tatsächlichen Signal sind umso größer, je größer die Varianzen der Komponenten des Steuerprozesses sind. In (53.23) drückt sich dieser Einfluß in der Korrelationsmatrix $\underline{U}(\alpha)$ aus.

5.4 Interpolation

Wie bei der Interpolation zeitdiskreter Signale kann man drei verschiedene Fälle unterscheiden:

1. **Interpolation von einem festen Zeitpunkt t_0 aus:**
   Schätzwert $\underline{\hat{a}}(t_0-\delta|t_0)$ aus $\underline{r}(\tau)$, $0\leq\tau\leq t_0$, $\delta>0$ variabel.

2. **Interpolation für einen festen Zeitpunkt t_0:**
   Schätzwert $\underline{\hat{a}}(t-\delta|t)=\underline{\hat{a}}(t_0|t)$ aus $\underline{r}(\tau)$, $0\leq\tau\leq t$, $\delta=t-t_0>0$ varia-bel.

3. **Interpolation über einen festen Zeitabstand δ:**
   Schätzwert $\underline{\hat{a}}(t-\delta|t)$ aus $\underline{r}(\tau)$, $0\leq\tau\leq t$, $\delta>0$ fest.

Auch hier werden wie bei den zeitdiskreten Signalen diese Fälle gesondert betrachtet, da man sie nicht wie bei der Prädiktion durch die Festlegung der Zeitparameter ineinander überführen kann.

Die Interpolation soll hier nicht so ausführlich wie bei den zeitdiskreten Signalen behandelt werden, weil dabei grundsätzlich keine neuen Erkenntnisse mehr gewonnen werden können.

5.4.1 Interpolation von einem festen Zeitpunkt aus

Zur Vereinfachung der Schreibweise wird $t_0-\delta=t$ gesetzt, so daß für den gesuchten Schätzwert

$$\hat{\underline{a}}(t_0-\delta|t_0) = \hat{\underline{a}}(t|t_0) \tag{54.1}$$

gilt. Aus der Forderung, daß dieser Schätzwert linear in $\underline{r}(\tau)$, $0 \le \tau \le t_0$ sein soll, und der Bedingung, daß die Hauptdiagonalelemente der Fehlerkorrelationsmatrix

$$\underline{S}_{\underline{ee}}(t|t_0) = E((\hat{\underline{a}}(t|t_0)-\underline{a}(t))\cdot(\hat{\underline{a}}(t|t_0)-\underline{a}(t))^T) \tag{54.2}$$

minimal werden sollen, folgt, daß die Orthogonalitätsbedingung

$$E((\hat{\underline{a}}(t|t_0)-\underline{a}(t))\cdot\underline{r}^T(\tau)) = \underline{0} \qquad 0 \le \tau \le t_0 \tag{54.3}$$

erfüllt sein muß. Wie bei den zeitdiskreten Signalen verwendet man den folgenden Ansatz

$$\hat{\underline{a}}(t|t_0) = \underline{F}\,\hat{\underline{a}}(t|t_0) + \underline{G}\,\hat{\underline{a}}(t|t) \quad , \tag{54.4}$$

wobei das Argument t der Matrizen $\underline{F}$ und $\underline{G}$ weggelassen wurde. Um diese Matrizen zu bestimmen, betrachtet man die Orthogonalitätsbedingung (54.3) in den Intervallen $0 \le \tau < t$ und $t < \tau \le t_0$, d.h. unter Ausschluß des Zeitpunktes $\tau=t$. Dann gilt für die Ableitung von (54.3) nach t:

$$E((\hat{\dot{\underline{a}}}(t|t_0)-\dot{\underline{a}}(t))\cdot\underline{r}^T(\tau)) = \underline{0}$$

$$0 \le \tau < t \; , \; t < \tau \le t_0 \quad . \tag{54.5}$$

Setzt man hierin $\hat{\underline{a}}(t|t_0)$ nach (54.4) und für $\hat{\underline{a}}(t)$ die entsprechende Zustandsgleichung ein, so folgt:

$$E((\underline{F}\,\hat{\underline{a}}(t|t_0) + \underline{G}\,\hat{\underline{a}}(t|t) - \underline{A}\,\underline{a}(t) - \underline{B}\,\underline{u}(t))\cdot\underline{r}^T(\tau)) = \underline{0}$$

$$0 \le \tau < t, \quad 0 < \tau \le t_0 \quad . \qquad (54.6)$$

Betrachtet man nun das erste Intervall, so verschwindet nach Tab. 5.1 der Erwartungswert $E(\underline{u}(t)\underline{r}^T(\tau))$, $0\le\tau<t$. Nach einiger Umformung folgt damit:

$$E((\underline{F}\,\hat{\underline{a}}(t|t_0) + \underline{G}\,\hat{\underline{a}}(t|t) - \underline{A}\,\underline{a}(t))\cdot\underline{r}^T(\tau))$$

$$= E((\underline{F}(\hat{\underline{a}}(t|t_0)-\underline{a}(t)) + \underline{G}(\hat{\underline{a}}(t|t)-\underline{a}(t)) + (\underline{F}+\underline{G}-\underline{A})\underline{a}(t))\cdot\underline{r}^T(\tau))$$

$$= (\underline{F} + \underline{G} - \underline{A})\,E(\underline{a}(t)\cdot\underline{r}^T(\tau)) = \underline{0} \qquad 0 \le \tau < t \quad , \qquad (54.7)$$

weil die beiden übrigen Erwartungswerte nach (52.2) und (54.3) Orthogonalitätsbedingungen darstellen und deshalb verschwinden. Daraus folgt aber

$$\underline{F} + \underline{G} - \underline{A} = \underline{0} \quad , \qquad (54.8)$$

damit (54.7) stets erfüllt wird.

Nun betrachtet man das zweite Intervall von (54.6). Mit dem Ergebnis (54.8) und der Orthogonalitätsbedingung (54.3) gilt dafür

$$E((\underline{F}\,\hat{\underline{a}}(t|t_0) + \underline{G}\,\hat{\underline{a}}(t|t) - \underline{A}\,\underline{a}(t) - \underline{B}\,\underline{u}(t))\cdot\underline{r}^T(\tau))$$

$$= E((\underline{F}(\hat{\underline{a}}(t|t_0)-\underline{a}(t)) + \underline{G}\,\hat{\underline{a}}(t|t) - (\underline{A}-\underline{F})\underline{a}(t) - \underline{B}\,\underline{u}(t))\cdot\underline{r}^T(\tau))$$

$$= E((\underline{G}(\hat{\underline{a}}(t|t)-\underline{a}(t)) - \underline{B}\,\underline{u}(t))\cdot\underline{r}^T(\tau)) = \underline{0}$$

$$t < \tau \le t_0 \quad . \qquad (54.9)$$

Nach Tab. 5.5 gilt für die Erwartungswerte mit $t<\tau\le t_0$

$$E((\hat{\underline{a}}(t|t)-\underline{a}(t))\cdot\underline{r}^T(\tau)) = - \underline{S}_{ee}(t|t)\,\underline{\Phi}^T(\tau,t)\,\underline{C}^T(\tau) \qquad (54.10)$$

$$E(\underline{u}(t)\,\underline{r}^T(\tau)) = \underline{U}\,\underline{B}^T\,\underline{\Phi}^T(\tau,t)\,\underline{C}^T(\tau) \quad , \qquad (54.11)$$

Tab. 5.5a   Eigenschaften von Zufallsprozessen

Voraussetzungen

$$E(\underline{u}(t)\ \underline{n}^T(\tau)) = E(\underline{u}(t)\ \underline{a}^T(0)) = E(\underline{n}(t)\ \underline{a}^T(0)) = \underline{0} \tag{1}$$

$$E(\underline{u}(t)\ \underline{u}^T(\tau)) = \underline{U}(t)\ \delta_0(t-\tau) \tag{2}$$

$$E(\underline{n}(t)\ \underline{n}^T(\tau)) = \underline{N}(t)\ \delta_0(t-\tau) \tag{3}$$

$$\underline{r}(t) = \underline{C}(t)\ \underline{a}(t) + \underline{n}(t) \tag{4}$$

$$\underline{a}(t) = \underline{\Phi}(t,0)\ \underline{a}(0) + \int_0^t \underline{\Phi}(t,\tau)\ \underline{B}(\tau)\ \underline{u}(\tau)\ d\tau \tag{5}$$

$$\hat{\underline{a}}(t|t) = \int_0^t \underline{P}'(t,\tau)\ \underline{r}(\tau)\ d\tau \tag{6}$$

$$E((\hat{\underline{a}}(t|t)-\underline{a}(t))\cdot\hat{\underline{a}}^T(t|t)) = \underline{0} \tag{7}$$

Folgerungen

$$E(\underline{u}(t)\ \underline{r}^T(\tau)) = E(\underline{u}(t)\ \underline{a}^T(\tau))\ \underline{C}^T(\tau) + E(\underline{u}(t)\ \underline{n}^T(\tau)) =$$
$$(4) \qquad\qquad\qquad\qquad (1)\quad —(5)\longrightarrow$$

$$[E(\underline{u}(t)\underline{a}^T(0))\underline{\Phi}^T(\tau,0) + \int_0^\tau E(\underline{u}(t)\underline{u}^T(\alpha))\underline{B}^T(\alpha)\underline{\Phi}^T(\tau,\alpha)\ d\alpha]\ \underline{C}^T(\tau)$$
$$(1) \qquad\qquad\qquad\qquad (2)$$

$$= \underline{U}(t)\ \underline{B}^T(t)\ \underline{\Phi}^T(\tau,t)\ \underline{C}^T(\tau) \qquad ,\quad t < \tau \le t_0 \tag{I}$$

$$E((\hat{\underline{a}}(t|t)-\underline{a}(t))\cdot\underline{u}^T(\alpha)) \quad = \quad \int_0^t \underline{P}'(t,\tau)\ E(\underline{r}(\tau)\cdot\underline{u}^T(\alpha))\ d\tau$$
$$—(5),(6)\longrightarrow$$

$$- \underline{\Phi}(t,0)\ E(\underline{a}(0)\underline{u}^T(\alpha)) - \int_0^t \underline{\Phi}(t,\beta)\underline{B}(\beta)E(\underline{u}(\beta)\underline{u}^T(\alpha))\ d\beta =$$
$$(1) \qquad\qquad\qquad\qquad (2)\quad —(4)\longrightarrow$$

$$\int_0^t \underline{P}'(t,\tau)\cdot(\underline{C}(\tau)\ E(\underline{a}(\tau)\underline{u}^T(\alpha)) + E(\underline{n}(\tau)\underline{u}^T(\alpha)))\ d\tau =$$
$$(1) \qquad\qquad —(5)\longrightarrow$$

$$\int_0^t \underline{P}'(t,\tau)\underline{C}(\tau)\cdot(\underline{\Phi}(\tau,0)E(\underline{a}(0)\underline{u}^T(\alpha))$$
$$(1)$$

$$+ \int_0^\tau \underline{\Phi}(\tau,\beta)\underline{B}(\beta)E(\underline{u}(\beta)\underline{u}^T(\alpha))d\beta)d\tau = \underline{0} \quad ,\quad t < \alpha \le t_0 \tag{II}$$
$$(2)$$

Tab. 5.5b   Eigenschaften von Zufallsprozessen

Folgerungen (Fortsetzung)

$$E((\hat{\underline{a}}(t|t)-\underline{a}(t))\cdot\underline{n}^T(\tau)) = \int_0^t \underline{P}'(t,\alpha)\ E(\underline{r}(\alpha)\underline{n}^T(\tau))\ d\alpha$$
$$\underline{\qquad}(5),(6)\longrightarrow$$

$$-\ \underline{\Phi}(t,0)\ E(\underline{a}(0)\underline{n}^T(\tau)) - \int_0^t \underline{\Phi}(t,\alpha)\ \underline{B}(\alpha)\ E(\underline{u}(\alpha)\underline{n}^T(\tau))\ d\alpha =$$
$$(1) \qquad\qquad\qquad\qquad\qquad (1) \qquad\qquad \underline{\qquad}(4)\longrightarrow$$

$$\int_0^t \underline{P}'(t,\alpha)(\underline{C}(\alpha)\ E(\underline{a}(\alpha)\underline{n}^T(\tau)) + E(\underline{n}(\alpha)\underline{n}^T(\tau)))\ d\alpha =$$
$$(3) \qquad\qquad \underline{\qquad}(5)\longrightarrow$$

$$\int_0^t \underline{P}'(t,\alpha)\underline{C}(\alpha)\cdot(\underline{\Phi}(\alpha,0)E(\underline{a}(0)\underline{n}^T(\tau))$$
$$(1)$$

$$+ \int_0^\alpha \underline{\Phi}(\alpha,\beta)\underline{B}(\beta)E(\underline{u}(\beta)\underline{n}^T(\tau))d\beta)d\alpha = \underline{0} \quad , \quad t < \tau \le t_0 \quad (III)$$

$$E((\hat{\underline{a}}(t|t)-\underline{a}(t))\cdot\underline{a}^T(\tau)) =$$
$$\underline{\qquad}(5)\longrightarrow$$

$$E((\hat{\underline{a}}(t|t)-\underline{a}(t))\cdot(\underline{\Phi}(\tau,0)\underline{a}(0) + \int_0^\tau \underline{\Phi}(\tau,\alpha)\underline{B}(\alpha)\underline{u}(\alpha)d\alpha)^T) =$$

$$E((\hat{\underline{a}}(t|t)-\underline{a}(t))\cdot(\underline{\Phi}(\tau,0)\underline{a}(0) + \int_0^t \underline{\Phi}(\tau,\alpha)\ \underline{B}(\alpha)\ \underline{u}(\alpha)\ d\alpha$$

$$+ \int_{t_+}^\tau \underline{\Phi}(\tau,\alpha)\ \underline{B}(\alpha)\ \underline{u}(\alpha)\ d\alpha)^T)$$
$$(II)$$

$$= E((\hat{\underline{a}}(t|t)-\underline{a}(t))\cdot(\underline{\Phi}(\tau,0)\underline{a}(0) + \int_0^t \underline{\Phi}(\tau,\alpha)\ \underline{B}(\alpha)\ \underline{u}(\alpha)\ d\alpha)^T) =$$

$$E((\hat{\underline{a}}(t|t)-\underline{a}(t))\cdot(\underline{\Phi}(\tau,t)(\underline{\Phi}(t,0)\underline{a}(0)+\int_0^t \underline{\Phi}(t,\alpha)\underline{B}(\alpha)\underline{u}(\alpha)d\alpha))^T) =$$
$$\underline{\qquad}(5)\longrightarrow$$

$$E((\hat{\underline{a}}(t|t)-\underline{a}(t))\cdot\underline{a}^T(t)\ \underline{\Phi}^T(\tau,t)) =$$
$$\underline{\qquad}(7)\longrightarrow$$

$$-\ E((\hat{\underline{a}}(t|t)-\underline{a}(t))\cdot(\hat{\underline{a}}(t|t)-\underline{a}(t))^T)\underline{\Phi}^T(\tau,t) = -\underline{S}_{ee}(t|t)^T\underline{\Phi}\ (\tau,t)$$
$$t<\tau\le t_0 \quad (IV)$$

$$E((\hat{\underline{a}}(t|t)-\underline{a}(t))\cdot\underline{r}^T(\tau)) =$$
$$\underline{\qquad}(4)\rightarrow$$

$$E((\hat{\underline{a}}(t|t)-\underline{a}(t))\cdot\underline{a}^T(\tau))\ \underline{C}^T(\tau) + E((\hat{\underline{a}}(t|t)-\underline{a}(t))\cdot\underline{n}^T(\tau)) =$$
$$\underline{\qquad}(IV),(III)\longrightarrow$$

$$-\underline{S}_{ee}(t|t)\ \underline{\Phi}^T(\tau,t)\ \underline{C}^T(\tau) \quad , \quad t<\tau\le t_0 \qquad\qquad\qquad (V)$$

womit man für (54.9)

$$E((\underline{G}(\hat{\underline{a}}(t|t)-\underline{a}(t)) - \underline{B}\,\underline{u}(t))\cdot\underline{r}^T(\tau))$$

$$= - \underline{G}\,\underline{S}_{\underline{ee}}(t|t)\,\underline{\Phi}^T(\tau,t)\,\underline{C}^T(\tau) - \underline{B}\,\underline{U}\,\underline{B}^T\,\underline{\Phi}^T(\tau,t)\,\underline{C}^T(\tau)$$

$$= (-\underline{G}\,\underline{S}_{\underline{ee}}(t|t) - \underline{B}\,\underline{U}\,\underline{B}^T)\,\underline{\Phi}^T(\tau,t)\,\underline{C}^T(\tau) = \underline{0}$$

$$t < \tau \le t_0 \qquad (54.12)$$

bzw.

$$\underline{G} = - \underline{B}\,\underline{U}\,\underline{B}^T\,\underline{S}_{\underline{ee}}^{-1}(t|t) \qquad (54.13)$$

erhält. Damit sind die gesuchten Matrizen bekannt. Für die Schätzgleichung (54.4) gilt mit $t=t_0-\delta$ wegen

$$dt = -d\delta \qquad (54.14)$$

nun

$$\frac{d}{d\delta}\,\hat{\underline{a}}(t_0-\delta|t_0)$$

$$= - \underline{F}(t_0-\delta)\hat{\underline{a}}(t_0-\delta|t_0) + (\underline{F}(t_0-\delta)-\underline{A}(t_0-\delta))\,\hat{\underline{a}}(t_0-\delta|t_0-\delta) \quad .$$

$$(54.15)$$

Dabei ist die Gewichtungsmatrix durch

$$\underline{F}(t_0-\delta) = \underline{A}(t_0-\delta) + \underline{B}(t_0-\delta)\underline{U}(t_0-\delta)\underline{B}^T(t_0-\delta)\underline{S}_{\underline{ee}}^{-1}(t_0-\delta|t_0-\delta)$$

$$(54.16)$$

gegeben. Als Anfangswert für die Lösung der Schätzgleichung (54.15) braucht man den Wert $\underline{a}(t_0|t_0)$, der durch die Filterung gewonnen wird. Von t_0 aus wird dann der Schätzwert $\hat{\underline{a}}(t_0-\delta|t_0)$ für wachsende Werte von δ berechnet, wobei man die vorher gespeicherten Werte $\hat{\underline{a}}(t_0-\delta|t_0-\delta)$ der Filterung benötigt. Dieser Vorgang entspricht ganz dem bei der Interpolation zeitdiskreter Signale, wie ein Vergleich von Bild 4.12 und Bild 5.4 zeigt. Bei der Herleitung der Schätzgleichung wurde die Orthogonalitätsbedingung (54.3) unter Ausschluß des Zeitpunktes t verwendet. Man kann zeigen, daß mit den hier gewonnenen Matrizen ein Schätzwert entsteht, der auch für t das Optimalitätskriterium erfüllt [8]. Dieser Nachweis soll allerdings nicht geführt werden.

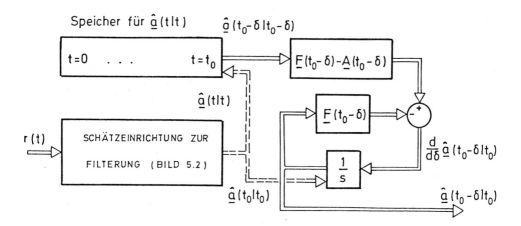

Bild 5.4   Interpolation von einem festen Zeitpunkt t_0 aus

Zum Schluß sei noch die Berechnung der Fehlerkorrelationsmatrix $\underline{S}_{\underline{ee}}(t_0-\delta|t_0-\delta)$ betrachtet. Verwendet man in der Schätzgleichung (54.15) die Matrix $\underline{G}$

$$\frac{d}{d\delta}\,\hat{\underline{a}}(t_0-\delta|t_0)$$

$$= -(\underline{A}(t_0-\delta) - \underline{G}(t_0-\delta))\,\hat{\underline{a}}(t_0-\delta|t_0) - \underline{G}(t_0-\delta)\,\hat{\underline{a}}(t_0-\delta|t_0-\delta) \quad,$$

$$(54.17)$$

so erhält man für den Schätzfehler bei Verwendung der Zustandsgleichung für die Ableitung von $\underline{a}(t_0-\delta)$ nach δ

$$\frac{\partial}{\partial\delta}\,\underline{e}(t_0-\delta) = \frac{\partial}{\partial\delta}\,\hat{\underline{a}}(t_0-\delta|t_0) - \frac{\partial}{\partial\delta}\,\underline{a}(t_0-\delta)$$

$$= -(\underline{A}(t_0-\delta)-\underline{G}(t_0-\delta))\hat{\underline{a}}(t_0-\delta|t_0) - \underline{G}(t_0-\delta)\hat{\underline{a}}(t_0-\delta|t_0-\delta)$$

$$+ \underline{A}(t_0-\delta)\underline{a}(t_0-\delta) + \underline{B}(t_0-\delta)\underline{u}(t_0-\delta)$$

$$= -(\underline{A}(t_0-\delta)-\underline{G}(t_0-\delta))(\hat{\underline{a}}(t_0-\delta|t_0)-\underline{a}(t_0-\delta))$$

$$- \underline{G}(t_0-\delta)(\hat{\underline{a}}(t_0-\delta|t_0-\delta)-\underline{a}(t_0-\delta)) + \underline{B}(t_0-\delta)\underline{u}(t_0-\delta)$$

$$= -(\underline{A}(t_0-\delta)-\underline{G}(t_0-\delta))\underline{e}(t_0-\delta) + \underline{B}(t_0-\delta)\underline{u}(t_0-\delta)$$

$$- \underline{G}(t_0-\delta)(\hat{\underline{a}}(t_0-\delta|t_0-\delta)-\underline{a}(t_0-\delta)) \quad.$$

$$(54.18)$$

Für $\underline{e}(t_0-\delta)$ folgt daraus

$$\underline{e}(t_0-\delta) = \hat{\underline{\Phi}}(t_0-\delta,t_0)\underline{e}(t_0) + \int_0^\delta \hat{\underline{\Phi}}(t_0-\delta,t_0-\alpha)(\underline{B}(t_0-\alpha)\underline{u}(t_0-\alpha)$$

$$-\underline{G}(t_0-\alpha)(\hat{\underline{a}}(t_0-\alpha|t_0-\alpha)-\underline{a}(t_0-\alpha)))d\alpha$$

$$= \hat{\underline{\Phi}}(t_0-\delta,t_0)\,\underline{e}(t_0)$$

$$- \int_{t_0}^{t_0-\delta} \hat{\underline{\Phi}}(t_0-\delta,\beta)(\underline{B}(\beta)\underline{u}(\beta)-\underline{G}(\beta)(\hat{\underline{a}}(\beta|\beta)-\underline{a}(\beta)))d\beta \quad,$$

$$(54.19)$$

wenn man für die Integrationsvariable $t_0-\alpha=\beta$ setzt. Die Matrix $\hat{\underline{\Phi}}(t_0-\delta,\tau)$ berechnet man aus der Beziehung

$$\frac{\partial}{\partial\delta}\,\hat{\underline{\Phi}}(t_0-\delta,\tau) = -(\underline{A}(t_0-\delta) - \underline{G}(t_0-\delta))\cdot\hat{\underline{\Phi}}(t_0-\delta,\tau) \qquad (54.20)$$

bzw. mit $t_0-\delta=t$

$$\frac{\partial}{\partial t}\,\hat{\underline{\Phi}}(t,\tau) = (\underline{A}(t) - \underline{G}(t))\cdot\hat{\underline{\Phi}}(t,\tau) \qquad . \qquad (54.21)$$

Für den Schätzfehler nach (54.19) gilt mit $t_0-\delta=t$

$$\underline{e}(t) = \hat{\underline{\Phi}}(t,t_0)\underline{e}(t_0)$$

$$+ \int_t^{t_0} \hat{\underline{\Phi}}(t,\beta)(\underline{B}(\beta)\underline{u}(\beta)-\underline{G}(\beta)(\hat{\underline{a}}(\beta|\beta)-\underline{a}(\beta)))d\beta \quad . \quad (54.22)$$

Führt man nun eine Rechnung wie bei der Bestimmung der Fehlerkorrelationsmatrix für die Filterung durch, so erhält man

$$\dot{\underline{S}}_{ee}(t|t_0) = (\underline{A}(t)-\underline{G}(t))\,\underline{S}_{ee}(t|t_0) + \underline{S}_{ee}(t|t_0)\,(\underline{A}(t)-\underline{G}(t))^T$$

$$- \underline{B}(t)\,\underline{U}(t)\,\underline{B}^T(t) \qquad , \qquad (54.23)$$

wobei $t=t_0-\delta$ gilt und die Ableitung nach t erfolgt. Diese Differentialgleichung wird mit dem Anfangswert $\underline{S}_{ee}(t_0|t_0)$ für fallende Werte von t gelöst. Den Anfangswert erhält man dabei aus der Fehlerkorrelationsmatrix der Filterung. Im Gegensatz zur entsprechenden Riccatischen Differentialgleichung für die Fehlerkorrelationsmatrix bei der Filterung nach (52.30) ist (54.23) eine lineare Differentialgleichung.

Tab. 5.6   Interpolation von einem festen Zeitpunkt t_0 aus

Zu schätzender Signalvektor:	$\underline{a}(t_0-\delta)$
Schätzwert:	$\hat{\underline{a}}(t_0-\delta\|t_0)$
Verfügbare Empfangsvektoren:	$\underline{r}(\tau)$, $0 \leq \tau \leq t_0$
Schätzeinrichtung:	linear, aufbauend auf der Filterung
Optimalitätskriterium:	minimale Hauptdiagonalelemente der Fehlerkorrelationsmatrix $\underline{S}_{ee}(t_0-\delta\|t_0)$
Lösungsansatz:	Orthogonalitätsprinzip

$$E((\hat{\underline{a}}(t_0-\delta|t_0)-\underline{a}(t_0-\delta))\cdot\underline{r}^T(\tau)) = \underline{0} \quad , \quad 0 \leq \tau \leq t_0$$

Laufender Zeitparameter:	δ, $0 \leq \delta \leq t_0$
Aktueller Zeitparameter:	$t_0-\delta = t$, $t_0 \geq \tau \geq 0$

Gewichtungsmatrix ($\underline{S}_{ee}(t\|t)$ siehe Tab. 5.2 Filterung)

$$\underline{G} = \underline{A} - \underline{F} = -\underline{B}\,\underline{U}\,\underline{B}^T\,\underline{S}_{ee}^{-1}(t|t)$$

Schätzgleichung ($\hat{\underline{a}}(t\|t)$ siehe Tab. 5.2 Filterung)

$$\hat{\underline{a}}(t|t_0) = (\underline{A} - \underline{G})\,\hat{\underline{a}}(t|t_0) + \underline{G}\,\hat{\underline{a}}(t|t)$$

Optimale Fehlerkorrelationsmatrix

$$\dot{\underline{S}}_{ee}(t|t_0) = (\underline{A} - \underline{G})\,\underline{S}_{ee}(t|t_0) + \underline{S}_{ee}(t|t_0)\,(\underline{A} - \underline{G})^T - \underline{B}\,\underline{U}\,\underline{B}^T$$

Vorzugebende Anfangswerte

$$\hat{\underline{a}}(t_0|t_0) \quad ; \quad \underline{S}_{ee}(t_0|t_0)$$

5.4.2 Interpolation für einen festen Zeitpunkt

Man kann die Schätzgleichung für den gesuchten Schätzwert $\hat{\underline{a}}(t_0|t)$, der durch eine lineare Operation aus dem gestörten Empfangsvektor $\underline{r}(\tau)$, $0 \leq \tau \leq t$ entsteht, mit Hilfe der Ergebnisse des letzten Abschnitts gewinnen. Dazu sei zunächst die Differential-gleichung (54.17) für $\hat{\underline{a}}(t_0-\delta|t_0)$ gelöst. Man erhält

$$\hat{\underline{a}}(t_0-\delta|t_0) = \hat{\underline{\Phi}}(t_0-\delta,t_0)\hat{\underline{a}}(t_0|t_0)$$

$$- \int_0^\delta \hat{\underline{\Phi}}(t_0-\delta,t_0-\alpha)\underline{G}(t_0-\alpha)\hat{\underline{a}}(t_0-\alpha|t_0-\alpha) \, d\alpha$$

$$= \hat{\underline{\Phi}}(t_0-\delta,t_0)\hat{\underline{a}}(t_0|t_0) + \int_{t_0}^{t_0-\delta}\hat{\underline{\Phi}}(t_0-\delta,\beta)\underline{G}(\beta)\hat{\underline{a}}(\beta|\beta)d\beta$$

$$(54.24)$$

und bestimmt $\hat{\underline{\Phi}}(t_0-\delta,\tau)$ bzw. $\hat{\underline{\Phi}}(t,\tau)$ nach (54.20) bzw. (54.21). Nimmt man nun an, daß der Interpolationswert zu einem festen Zeitpunkt t_0 bestimmt werden soll, wozu der gestörte Empfangsvektor $\underline{r}(\tau)$, $0 \leq \tau \leq t$ zum zunächst festen Zeitpunkt t zur Verfügung stehe, so folgt nach der Substitution von $t_0-\delta$ durch t_0 und von t_0 durch t

$$\hat{\underline{a}}(t_0|t) = \hat{\underline{\Phi}}(t_0,t)\hat{\underline{a}}(t|t) - \int_{t_0}^t \hat{\underline{\Phi}}(t_0,\beta)\underline{G}(\beta)\hat{\underline{a}}(\beta|\beta)d\beta \quad . \quad (54.25)$$

Betrachtet man in diesem Ausdruck den Zeitparameter t nun als variable Größe und differenziert nach t, so folgt aus (54.25) schließlich die Beziehung

$$\frac{d}{dt}\hat{\underline{a}}(t_0|t) = \left[\frac{d}{dt}\hat{\underline{\Phi}}(t_0,t)\right]\hat{\underline{a}}(t|t) + \hat{\underline{\Phi}}(t_0,t)\frac{d}{dt}\hat{\underline{a}}(t|t)$$

$$- \hat{\underline{\Phi}}(t_0,t)\,\underline{G}(t)\,\hat{\underline{a}}(t|t) \quad . \quad (54.26)$$

Für die Ableitung von $\hat{\underline{\Phi}}(t_0,t)$ nach der Zeit t gilt wie bei der Ableitung von $\underline{\Phi}(t_0,t)$ nach (53.17)

$$\frac{d}{dt}\hat{\underline{\Phi}}(t_0,t) = - \hat{\underline{\Phi}}(t_0,t)\,(\underline{A}-\underline{G}) \quad . \quad (54.27)$$

Mit der Beziehung (52.29) für die Ableitung von $\hat{\underline{a}}(t|t)$ nach der Zeit

$$\frac{d}{dt} \hat{\underline{a}}(t|t) = (\underline{A} - \underline{P}\,\underline{C})\,\hat{\underline{a}}(t|t) + \underline{P}\,\underline{r}(t) \qquad (54.28)$$

folgt damit:

$$\frac{d}{dt}\hat{\underline{a}}(t_0|t) = \dot{\hat{\underline{a}}}(t_0|t) = -\dot{\underline{\Phi}}(t_0,t)(\underline{A}-\underline{G})\,\hat{\underline{a}}(t|t)$$

$$+ \underline{\Phi}(t_0,t)((\underline{A}-\underline{P}\,\underline{C})\,\hat{\underline{a}}(t|t) + \underline{P}\,\underline{r}(t))$$

$$- \underline{\Phi}(t_0,t)\,\underline{G}\,\hat{\underline{a}}(t|t)$$

$$= \underline{\Phi}(t_0,t)\,\underline{P}\,(\underline{r}(t) - \underline{C}\,\hat{\underline{a}}(t|t)) \qquad .$$

$$(54.29)$$

Integration von t_0 bis t liefert schließlich

$$\hat{\underline{a}}(t_0|t) = \hat{\underline{a}}(t_0|t_0)$$

$$+ \int_{t_{0+}}^{t} \underline{\Phi}(t_0,\alpha)\underline{P}(\alpha)(\underline{r}(\alpha)-\underline{C}(\alpha)\hat{\underline{a}}(\alpha|\alpha))d\alpha \qquad . \qquad (54.30)$$

Das Ergebnis zeigt, daß sich der Schätzwert $\hat{\underline{a}}(t_0|t)$ rekursiv berechnen läßt. Dazu braucht man den bei der Filterung gewonnenen Anfangswert $\hat{\underline{a}}(t_0|t_0)$ sowie die folgenden Werte der Filterung $\hat{\underline{a}}(t|t)$ und den gestörten Empfangsvektor $\underline{r}(t)$. Bild 5.5 zeigt die Schätzeinrichtung nach (54.29) bzw. (54.30). Man erkennt, daß man im Gegensatz zur Interpolation von einem festen Zeitpunkt t_0 aus nach Bild 5.4 ohne Zwischenspeicher auskommt.

Ohne Herleitung sei hier noch die Differentialgleichung für die zugehörige Fehlerkorrelationsmatrix $\underline{S}_{ee}(t_0|t)$ angegeben:

$$\dot{\underline{S}}_{ee}(t_0|t) = - \underline{\Phi}(t_0,t)\,\underline{S}_{ee}(t|t)\,\underline{C}^T\,\underline{N}^{-1}\underline{C}\,\underline{S}_{ee}(t|t)\,\underline{\Phi}^T(t_0,t)$$

$$= - \underline{\Phi}(t_0,t)\,\underline{P}\,\underline{C}\,\underline{S}_{ee}(t|t)\,\underline{\Phi}^T(t_0,t) \qquad , \qquad (54.31)$$

wobei $\underline{S}_{ee}(t|t)$ die Fehlerkorrelationsmatrix des Filterproblems nach Tab. 5.2 ist und die Umrechnung der beiden Formeln mit Hilfe der Verstärkungsmatrix $\underline{P}$ der Filterung erfolgte, die ebenfalls in Tab. 5.2 angegeben wurde.

Als Anfangswert zur Lösung der Differentialgleichung benötigt man $\underline{S}_{ee}(t_0|t_0)$.

Tab. 5.7   Interpolation für einen festen Zeitpunkt t_0

Zu schätzender Signalvektor: $a(t_0)$

Schätzwert: $\hat{a}(t_0|t)$

Verfügbare Empfangsvektoren: $\underline{r}(\tau)$, $0 \leq \tau \leq t$

Schätzeinrichtung: linear, aufbauend auf der Filterung

Optimalitätskriterium: minimale Hauptdiagonalelemente der Fehlerkorrelationsmatrix $\underline{S}_{ee}(t_0|t)$

Lösungsansatz: Umformung der Schätzformel zur Interpolation von einem festen Zeitpunkt t_0 aus

Laufender Zeitparameter: t

Fester Zeitparameter: t_0

Schätzgleichung ($\underline{P}$, $\hat{\underline{a}}(t|t)$, $\underline{S}_{ee}(t|t)$ siehe Tab. 5.2 Filterung)

$$\hat{\underline{a}}(t_0|t) = \hat{\underline{\Phi}}(t_0,t) \, \underline{P} \, (\underline{r}(t) - \underline{C} \, \hat{\underline{a}}(t|t))$$

mit

$$\frac{d}{dt} \hat{\underline{\Phi}}(t_0,t) = - \hat{\underline{\Phi}}(t_0|t)(\underline{A} + \underline{B} \, \underline{U} \, \underline{B}^T \, \underline{S}_{ee}^{-1}(t|t))$$

Optimale Fehlerkorrelationsmatrix

$$\dot{\underline{S}}_{ee}(t_0|t) = - \underline{\Phi}(t_0,t) \, \underline{P} \, \underline{C} \, \underline{S}_{ee}(t|t) \, \underline{\Phi}^T(t_0,t)$$

Vorzugebende Anfangswerte

$$\hat{\underline{a}}(t_0|t_0) \quad ; \quad \underline{S}_{ee}(t_0|t_0)$$

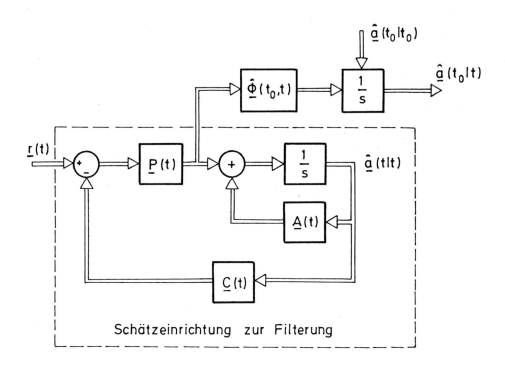

Bild 5.5 Interpolation für einen festen Zeitpunkt t_0

5.4.3 Interpolation über einen festen Zeitabstand

Ähnlich wie den Schätzwert $\hat{\underline{a}}(t_0|t)$ der Interpolation für einen festen Zeitpunkt t_0 kann man den hier gesuchten Schätzwert $\hat{\underline{a}}(t-\delta|t)$ aus der Schätzformel der Interpolation von einem festen Zeitpunkt aus gewinnen.

Nimmt man zuerst an, daß t einen festen Zeitpunkt beschreibt und daß δ ebenfalls ein fester Zeitparameter ist, dann gilt für die Schätzformel (54.24)

$$\hat{\underline{a}}(t-\delta|t) = \hat{\underline{\Phi}}(t-\delta,t)\hat{\underline{a}}(t|t) - \int_{t-\delta}^{t}\hat{\underline{\Phi}}(t-\delta,\beta)\underline{G}(\beta)\hat{\underline{a}}(\beta|\beta)d\beta \quad .$$

(54.32)

Der Schätzwert $\hat{\underline{a}}(t-\delta|t)$ stellt den optimalen Schätzwert des Signalvektors $\underline{a}(t-\delta)$ zum festen Zeitpunkt $t-\delta$ dar, gewonnen aus dem gestörten Empfangsvektor $\underline{r}(\tau)$, $0 \le \tau \le t$. Betrachtet man nun den Zeitparameter t als variable Größe und differenziert (54.32) nach t, so folgt:

$$\frac{d}{dt} \hat{\underline{a}}(t-\delta|t) = \frac{d}{dt} \hat{\underline{\Phi}}(t-\delta,t) \hat{\underline{a}}(t|t) + \hat{\underline{\Phi}}(t-\delta,t) \frac{d}{dt} \hat{\underline{a}}(t|t)$$

$$- \int_{t-\delta}^{t} \frac{\partial}{\partial t} \hat{\underline{\Phi}}(t-\delta,\beta) \underline{G}(\beta) \hat{\underline{a}}(\beta|\beta) d\beta$$

$$- \hat{\underline{\Phi}}(t-\delta,t) \underline{G}(t) \hat{\underline{a}}(t|t)$$

$$+ \hat{\underline{\Phi}}(t-\delta,t-\delta) \underline{G}(t-\delta) \hat{\underline{a}}(t-\delta|t-\delta) \quad . \quad (54.33)$$

Für das totale Differential von $\hat{\underline{\Phi}}(t-\delta,t)$ gilt wie bei $\hat{\underline{\Phi}}(t+\delta,t)$ nach (53.15)

$$\frac{d}{dt} \hat{\underline{\Phi}}(t-\delta,t) = (\underline{A}(t-\delta)-\underline{G}(t-\delta))\hat{\underline{\Phi}}(t-\delta,t) - \hat{\underline{\Phi}}(t-\delta,t)(\underline{A}(t)-\underline{G}(t)).$$

$$(54.34)$$

Setzt man dies und die Schätzgleichung der Filterung für die Ableitung von $\hat{\underline{a}}(t|t)$ in (54.33) ein, so erhält man

$$\hat{\dot{\underline{a}}}(t-\delta|t) = (\underline{A}(t-\delta)-\underline{G}(t-\delta))\hat{\underline{\Phi}}(t-\delta,t) \hat{\underline{a}}(t|t)$$

$$- \hat{\underline{\Phi}}(t-\delta,t)(\underline{A}-\underline{G}) \hat{\underline{a}}(t|t)$$

$$+ \hat{\underline{\Phi}}(t-\delta,t)((\underline{A}-\underline{P} \underline{C}) \hat{\underline{a}}(t|t) + \underline{P} \underline{r}(t))$$

$$- (\underline{A}(t-\delta)-\underline{G}(t-\delta)) \int_{t-\delta}^{t} \hat{\underline{\Phi}}(t-\delta,\beta)\underline{G}(\beta)\hat{\underline{a}}(\beta|\beta)d\beta$$

$$- \hat{\underline{\Phi}}(t-\delta,t)\underline{G} \hat{\underline{a}}(t|t)$$

$$+ \underline{G}(t-\delta) \hat{\underline{a}}(t-\delta|t-\delta) \quad , \quad (54.35)$$

wobei $\hat{\underline{\Phi}}(t-\delta,t-\delta)=\underline{I}$ gesetzt und für die partielle Ableitung von $\hat{\underline{\Phi}}(t-\delta,\beta)$ nach t die Beziehung (54.21) verwendet wurde. Faßt man (54.35) zusammen und ersetzt $\underline{a}(t-\delta|t)$ nach (54.32), so folgt schließlich.

$$\hat{\dot{\underline{a}}}(t-\delta|t) = (\underline{A}(t-\delta)-\underline{G}(t-\delta)) \hat{\underline{a}}(t-\delta|t)$$

$$+ \underline{\Phi}(t-\delta,t) \underline{P} (\underline{r}(t) - \underline{C} \hat{\underline{a}}(t|t))$$

$$+ \underline{G}(t-\delta) \hat{\underline{a}}(t-\delta|t-\delta) \quad . \quad (54.36)$$

Diese Differentialgleichung läßt sich lösen, wenn man den Schätz-
wert der Filterung $\hat{\underline{a}}(t|t)$ und den Anfangswert $\hat{\underline{a}}(t_0-\delta|t_0)$ kennt.
Der Anfangswert wird durch die Interpolation für den festen
Zeitpunkt $t_0-\delta$ geliefert.

Es bleibt noch zu bemerken, daß man zur Lösung der Differential-
gleichung (54.34) für $\hat{\underline{\Phi}}(t-\delta,t)$ die Anfangsbedingung $\hat{\underline{\Phi}}(t_0-\delta,t_0)$
benötigt. Diese erhält man aber durch Lösung der Differential-
gleichung (54.27) rückwärts von $t=t_0$ bis $t=t_0-\delta$.

Bild 5.6 zeigt die Schätzeinrichtung, welche (54.36) realisiert.
Sie baut auf der Schätzeinrichtung zur Filterung nach Bild 5.2
auf und benötigt als speicherndes Element lediglich ein Verzögerungsglied mit der Verzögerungszeit δ. Dabei wurde der
Schätzwert der Filterung zunächst mit der Matrix $\underline{G}(t)$ gewichtet
und anschließend um die Zeit δ verzögert.

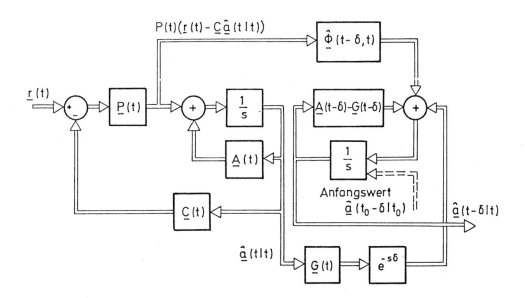

Bild 5.6   Interpolation über einen festen Zeitabstand δ

Zum Schluß sei auch hier ohne Herleitung die Differential-
gleichung für die Fehlerkorrelationsmatrix $\underline{S}_{ee}(t-\delta|t)$ angegeben,
wobei die Verstärkungsmatrix $\underline{P}$ der Filterung nach Tab. 5.2 wie in
(54.31) zur Umformung verwendet wird:

Tab. 5.8   Interpolation über einen festen Zeitabstand δ

Zu schätzender Signalvektor: $\underline{a}(t-\delta)$

Schätzwert: $\hat{\underline{a}}(t-\delta|t)$

Verfügbare Empfangsvektoren: $\underline{r}(\tau)$, $0 \leq \tau \leq t$

Schätzeinrichtung: linear, aufbauend auf der Filterung

Optimalitätskriterium: minimale Hauptdiagonalelemente der Fehlerkorrelationsmatrix $\underline{S}_{ee}(t-\delta|t)$

Lösungsansatz: Umformung der Schätzformel für die Interpolation von dem festen Zeitpunkt t_0 aus

Laufender Zeitparameter: t

Fester Zeitparameter: δ

Schätzgleichung ($\underline{P}$, $\hat{\underline{a}}(t|t)$, $\underline{S}_{ee}(t|t)$ siehe Tab. 5.2 Filterung)

$$\hat{\underline{a}}(t-\delta|t) = (\underline{A}(t-\delta)-\underline{G}(t-\delta))\,\hat{\underline{a}}(t-\delta|t) + \underline{G}(t-\delta)\,\hat{\underline{a}}(t-\delta|t-\delta)$$

$$+ \hat{\underline{\Phi}}(t-\delta,t)\underline{P}(t)(\underline{r}(t) - \underline{C}(t)\,\hat{\underline{a}}(t|t))$$

mit

$$\frac{d}{dt}\,\hat{\underline{\Phi}}(t-\delta,t) = (\underline{A}(t-\delta)-\underline{G}(t-\delta))\,\hat{\underline{\Phi}}(t-\delta,t) - \hat{\underline{\Phi}}(t-\delta,t)(\underline{A}(t)-\underline{G}(t))$$

Optimale Fehlerkorrelationsmatrix

$$\dot{\underline{S}}_{ee}(t-\delta|t) = (\underline{A}(t-\delta)-\underline{G}(t-\delta))\,\underline{S}_{ee}(t-\delta|t)$$

$$+ \underline{S}_{ee}(t-\delta|t)\,(\underline{A}(t-\delta)-\underline{G}(t-\delta))^T$$

$$- \hat{\underline{\Phi}}(t-\delta,t)\,\underline{P}\,\underline{C}\,\underline{S}_{ee}(t|t)\,\hat{\underline{\Phi}}^T(t-\delta,t)$$

$$- \underline{B}(t-\delta)\,\underline{U}(t-\delta)\,\underline{B}^T(t-\delta)$$

Vorzugebende Anfangswerte

$$\hat{\underline{a}}(t_0-\delta|t_0) \quad ; \quad \underline{S}_{ee}(t_0-\delta|t_0)$$

$$\underline{S}_{ee}(t-\delta|t) = (\underline{A}(t-\delta)-\underline{G}(t-\delta))\ \underline{S}_{ee}(t-\delta|t)$$

$$+\ \underline{S}_{ee}(t-\delta|t)\ (\underline{A}(t-\delta)-\underline{G}(t-\delta))^T$$

$$-\ \hat{\underline{\Phi}}(t-\delta,t)\ \underline{S}_{ee}(t|t)\ \underline{C}^T\ \underline{N}^{-1}\ \underline{C}\ \underline{S}_{ee}(t|t)\ \hat{\underline{\Phi}}^T(t-\delta,t)$$

$$-\ \underline{B}(t-\delta)\ \underline{U}(t-\delta)\ \underline{B}^T(t-\delta)$$

$$=\ (\underline{A}(t-\delta)-\underline{G}(t-\delta))\ \underline{S}_{ee}(t-\delta|t)$$

$$+\ \underline{S}_{ee}(t-\delta|t)\ (\underline{A}(t-\delta)-\underline{G}(t-\delta))^T$$

$$-\ \hat{\underline{\Phi}}(t-\delta,t)\ \underline{P}\ \underline{C}\ \underline{S}_{ee}(t|t)\ \hat{\underline{\Phi}}^T(t-\delta,t)$$

$$-\ \underline{B}(t-\delta)\ \underline{U}(t-\delta)\ \underline{B}^T(t-\delta)\ . \tag{54.37}$$

Zur Lösung dieser Differentialgleichung benötigt man die Fehler-korrelationsmatrix $\underline{S}_{ee}(t|t)$ der Filterung sowie den Anfangswert $\underline{S}_{ee}(t_0-\delta|t_0)$, den man aus der Interpolation für den festen Zeitpunkt $t_0-\delta$ erhält.

Vergleicht man die Ergebnisse der Interpolation kontinuierlicher Prozesse mit denen zeitdiskreter Prozesse, so stellt man weitgehende Ähnlichkeit der Schätzalgorithmen fest. Dies wird auch besonders an den Strukturbildern der Schätzeinrichtungen deutlich. Die Unterschiede bei der Berechnung der Gewichtungsmatrizen liegen an den verschiedenen Funktionsmechanismen der Modelle für kontinuierliche und zeitdiskrete Prozesse.

5.5 Anwendungen der Kalman-Bucy-Filter

Aus Realisierungsgründen haben die Kalman-Filter sicher eine größere Bedeutung beim praktischen Einsatz als die Kalman-Bucy-Filter. Zur Beschreibung physikalischer Phänomene ist es jedoch notwendig, zunächst zeitkontinuierliche Modelle [31], [32] zu entwerfen, die dann diskretisiert werden, wie es im 3. Kapitel beschrieben wurde. Und da das Modell unmittelbar zum Schätzsystem führt, erscheint es sinnvoll, zumindest an einem Beispiel aus der Literatur [31] diese Modellbildung und den Entwurf eines Kalman-

Bucy-Filters zu erörtern.

5.5.1 Optimale Modulationssysteme

Für die Übertragung eines Signals m(t), eine Musterfunktion des Prozesses m(t), über einen gestörten Kanal läßt sich das in Bild 5.7 gezeigte Modell angeben. Die Signalschätzaufgabe, die vom optimalen Demodulator zu lösen ist, besteht also nicht darin, das Sendesignal s(t) zu schätzen, sondern einen optimalen Schätzwert $\hat{m}(t|t)$ für das modulierende Signal m(t) anzugeben.

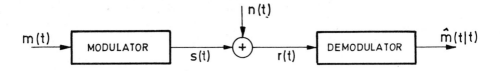

Bild 5.7 Modell zur Beschreibung der Übertragung eines modulierten Signals s(t)

Der Zusammenhang zwischen beiden Signalen ist allgemein durch

$$s(t) = \text{Re}\{M(m(t)) \cdot e^{j2\pi f_0 t}\} \tag{55.1}$$

gegeben, wobei M das lineare oder nichtlineare Modulationsfunktional und f_0 die Trägerfrequenz bezeichnet. Bei der weiteren Betrachtung soll als ein einfaches Beispiel die Zweiseitenband-Amplituden-Modulation mit unterdrücktem Träger näher betrachtet werden. Hier gilt der Zusammenhang

$$s(t) = m(t) \cdot \cos 2\pi f_0 t \quad , \tag{55.2}$$

wobei f_0 sehr viel größer sein soll als die Bandbreite von m(t).

Um das Prozeßmodell zu gewinnen, muß eine Formulierung in Zustandsgrößen gefunden werden, die aus dem weißen steuernden Prozeß u(t) über den modulierenden Signalprozeß m(t) den Sendesignalprozeß s(t) formt. Da m(t) wegen der vorausgesetzten Bandbegrenzung kein weißer Prozeß ist, entspricht die Transformation von u(t) in m(t) einer Filterung. Nun läßt sich das Übertragungsverhalten kausaler Filter mit gebrochen rationaler Systemfunktion bezüglich der Musterfunktionen der oben genannten Prozesse z.B. über die kanonischen Strukturen durch Zustandsvariable $a_i(t)$ beschreiben, wie dies in Bild 5.8 angedeutet wird. Die Beschreibung des Filters mit Zustandsgleichungen lautet dann

$$\dot{\underline{a}}(t) = \underline{A}\ \underline{a}(t) + \underline{B}\ u(t)$$

$$(55.3)$$

$$m(t) = \underline{C}'\ \underline{a}(t)$$

mit

$$\underline{A} = \begin{bmatrix} -c_{n-1} & 1 & 0 & \cdots & 0 \\ -c_{n-2} & 0 & 1 & \cdots & 0 \\ & \vdots & & & \\ -c_1 & 0 & 0 & \cdots & 1 \\ -c_0 & 0 & 0 & \cdots & 0 \end{bmatrix} \qquad \underline{B} = \begin{bmatrix} b_{n-1} - b_n c_{n-1} \\ b_{n-2} - b_n c_{n-2} \\ \vdots \\ b_1 - b_n c_1 \\ b_0 - b_n c_0 \end{bmatrix}$$

$$\underline{C}' = [\ 1,\ 0,\ \ldots,\ 0\ ]\qquad, \qquad (55.4)$$

d.h. $m(t) = a_1(t)$.

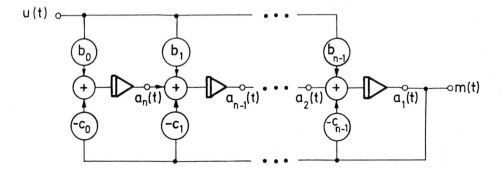

u(t)

m(t)

Bild 5.8 Struktur eines rekursiven Filters n-ter Ordnung mit gebrochen rationaler Systemfunktion $G(s) = \Sigma b_i s^i / \Sigma c_j s^j$

Für das Sendesignal folgt daraus

$$s(t) = m(t)\ \cos 2\pi f_0 t = \underline{C}'\ \cos 2\pi f_0 t\ \underline{a}(t)$$

$$= \underline{C}(t)\ \underline{a}(t)\qquad, \qquad (55.5)$$

wodurch die Funktion des Modulators beschrieben wird. Mit dem nun bekannten Prozeßmodell erhält man das in Bild 5.9 gezeigte Block-schaltbild. Dabei ist der Steuerprozeß $u(t)$ eindimensional und weiß mit den Eigenschaften

$$E(u(t)) = 0 \tag{55.6}$$

$$E(u(t) \cdot u(\tau)) = U(t)\, \delta_0(t-\tau) \ . \tag{55.7}$$

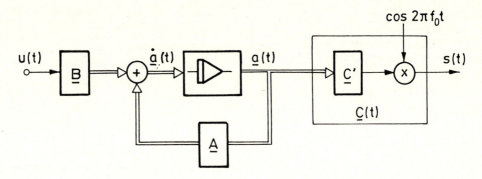

Bild 5.9   Blockschaltbild zum Prozeßmodell

Für den Übertragungskanal gilt

$$r(t) = s(t) + n(t) \tag{55.8}$$

$$E(n(t)) = 0 \tag{55.9}$$

$$E(n(t) \cdot n(\tau)) = N(t)\, \delta_0(t-\tau) \quad . \tag{55.10}$$

Der optimale Demodulator, das Kalman-Bucy-Filter, wird durch fol-gende Schätzgleichung nach Tab. 5.2 beschrieben:

$$\hat{\underline{a}}(t|t) = \underline{A}\, \hat{\underline{a}}(t|t) + \underline{P} \cdot (r(t) - \underline{C}(t)\, \hat{\underline{a}}(t|t))$$

$$= (\underline{A} - \underline{P}(t)\, \underline{C}(t))\, \hat{\underline{a}}(t|t) + \underline{P}(t)\, r(t) \tag{55.11}$$

$$= \begin{bmatrix} -c_{n-1} - P_1(t)\cos 2\pi f_0 t & 1 & 0 \dots 0 \\ -c_{n-2} - P_2(t)\cos 2\pi f_0 t & 0 & 1 \dots 0 \\ \vdots & & \\ -c_0 & -P_n(t)\cos 2\pi f_0 t & 0 & 0 \dots 0 \end{bmatrix} \cdot \begin{bmatrix} \hat{a}_1(t|t) \\ \hat{a}_2(t|t) \\ \vdots \\ \hat{a}_n(t|t) \end{bmatrix}$$

$$+ \begin{bmatrix} P_1(t) \\ P_2(t) \\ \cdot \\ \cdot \\ \cdot \\ P_n(t) \end{bmatrix} \cdot r(t) \quad . \tag{55.12}$$

Die Verstärkungsmatrix errechnet sich zu

$$\underline{P}(t) = \underline{S}_{\underline{ee}}(t|t)\ \underline{C}^T(t)\ N^{-1}(t) = \underline{S}_{\underline{ee}}(t|t)\ \underline{C}'^T \cos 2\pi f_0 t\ N^{-1}(t)$$

$$= \frac{1}{N(t)}\cos 2\pi f_0 t \cdot \begin{bmatrix} S_{e1e1}(t|t) \\ S_{e1e2}(t|t) \\ \cdot \\ \cdot \\ \cdot \\ S_{e1en}(t|t) \end{bmatrix} , \tag{55.13}$$

und für die Fehlerkorrelationsmatrix gilt die Riccatische Matrix-differentialgleichung nach Tab. 5.2:

$$\dot{\underline{S}}_{\underline{ee}}(t|t) = \underline{A}\ \underline{S}_{\underline{ee}}(t|t) + \underline{S}_{\underline{ee}}(t|t)\ \underline{A}^T$$

$$- \underline{S}_{\underline{ee}}(t|t)\ \underline{C}^T(t)\ N^{-1}(t)\underline{C}(t)\ \underline{S}_{\underline{ee}}(t|t) + \underline{B}\ U(t)\ \underline{B}^T$$

$$= \underline{A}\ \underline{S}_{\underline{ee}}(t|t) + \underline{S}_{\underline{ee}}(t|t)\ \underline{A}^T - \frac{1}{N(t)}\cos^2 2\pi f_0 t \cdot$$

$$\cdot\ \underline{S}_{\underline{ee}}(t|t)\ \underline{C}'^T\ \underline{C}'\ \underline{S}_{\underline{ee}}(t|t) + U(t)\ \underline{B}\ \underline{B}^T \quad . \tag{55.14}$$

Diese Differentialgleichung läßt sich exakt nicht ohne großen Aufwand lösen, da die Koeffizienten, die mit $\underline{C}(t)$ verknüpft sind, von der Zeit abhängen. Beachtet man jedoch, daß das interessierende Nachrichtensignal $m(t)$ tieffrequent ist, so daß man die viel höherfrequenten Komponenten bei $2f_0$ vernachlässigen kann, so folgt mit

$$\cos^2 2\pi f_0 t = \frac{1}{2}(1 + \cos^2 \pi 2 f_0 t) \tag{55.15}$$

für die Fehlergleichung

$$\dot{\underline{S}}_{\underline{ee}}(t|t) = \underline{A}\ \underline{S}_{\underline{ee}}(t|t) + \underline{S}_{\underline{ee}}(t|t)\ \underline{A}^T$$

$$- \frac{1}{2N(t)} \underline{S}_{ee}(t|t) \ \underline{C}'^T\underline{C}' \ \underline{S}_{ee}(t|t) + U(t) \ \underline{B} \ \underline{B}^T \quad .$$

Nimmt man nun noch an, daß der Quellenprozeß u(t) und der Stör-
prozeß n(t) stationär ist, dann werden mit U(t) =U und N(t)=N die
Koeffizienten der Differentialgleichung zeitunabhängig. In diesem
Fall kann man die quadratische Gleichung in zwei lineare Glei-
chungen transformieren und diese ebenfalls durch zeitunabhängige
Koeffizienten charakterisierten Differentialgleichungen durch
Laplace-Transformation lösen.

Die Struktur des optimalen Demodulators zeigt Bild 5.10, wobei zu
beachten ist, daß die Matrix $\underline{C}(t)$ in die Anteile $\underline{C}'$ und $\cos 2\pi f_0 t$
aufgespalten wurde, um den Schätzwert $\hat{m}(t|t)$ des gewünschten Aus-
gangssignals m(t) als erste Komponente des geschätzten Zustands-
vektors $\underline{\hat{a}}(t|t)$ zu gewinnen.

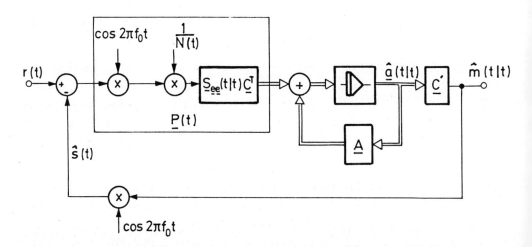

Bild 5.10 Struktur des optimalen Demodulators

Die Demodulation erfolgt kohärent, d.h. am Empfänger muß der
Träger synchron in Frequenz und Phase vorliegen. Das System ist
insgesamt wegen der Matrix $\underline{S}_{ee}(t|t)$ zeitabhängig. Es läßt sich
aber zeigen [31] , daß $\underline{S}_{ee}(t|t)$ rasch einen festen Wert annimmt,
wenn n(t) und u(t) stationär sind, so daß man den Demodulator
angenähert als lineares, zeitinvariantes Filter realisieren kann.

Will man statt der Amplitudenmodulation auch Phasen- oder
Frequenzmodulation mit Hilfe von Kalman-Bucy-Filtern betreiben,
so wird das Schätzproblem nichtlinear. Für das Sendesignal bei

Phasenmodulation gilt nämlich:

$$s(t) = \cos(2\pi f_0 t + m(t))$$

$$= \cos(2\pi f_0 t + \underline{c}' \, \underline{a}(t)) \quad . \tag{55.17}$$

Hier kann man ein erweitertes Prozeßmodell formulieren und daraus ein Kalman-Bucy-Filter herleiten. Weil es sich dabei um ein nichtlineares Problem handelt, sei jedoch lediglich auf die Literatur [27] verwiesen.

5.6 Zusammenfassung

Die Kalman-Bucy-Filter erfüllen dieselben Aufgaben, die die Kalman-Filter für zeitdiskrete Prozesse lösen, für die zeitkontinuierlichen Prozesse. Sie werden hier nach denselben Gesichtspunkten wie die Kalman-Filter hergeleitet.

Gegenüber den Kalman-Filtern sind sie technisch von geringerer Bedeutung, da man hauptsächlich digitale Realisierungen vorzieht. Selbst bei kontinuierlichen Prozessen wird man in der Regel eine Analog-Digital-Wandlung vornehmen, um die Signalverarbeitung digital ausführen zu können.

Gegenüber den Wiener-Filtern zeigen sie die bereits bei den Kalman-Filtern erwähnten Vorteile: Eine Realisierungsvorschrift für das Schätzsystem wird bereits durch Lösung des Schätzproblems geliefert. Während bei den Wiener-Filtern eine Integralgleichung für das Schätzproblem zu lösen ist, muß hier eine Differentialgleichung vom Riccatischen Typ zur Berechnung der Fehlerkorrelationsmatrix gelöst werden. Dies ist aber mit Hilfe eines Digitalrechners erheblich einfacher möglich als die Lösung einer Integralgleichung. Deshalb kann man zur Realisierung des Wiener-Filters das entsprechende Kalman-Bucy-Filter verwenden, wenn man sich nur für den eingeschwungenen Zustand interessiert, da in diesem Fall beide Lösungen ineinander übergehen. Man kann das Wiener-Filter deshalb als Sonderfall des Kalman-Bucy-Filters auffassen, der durch die Schätzung stationärer Prozesse im eingeschwungenen Zustand gegeben ist.

Aufgaben

Die folgenden Aufgaben beziehen sich auf den in den vorausgehenden Kapiteln 2 bis 5 behandelten Stoff. Die Zuordnung der Aufgaben zu diesen Kapiteln ist aus der ersten Zahl der jeweiligen Aufgabennummer ersichtlich.

Zu den Aufgaben wurden wie im ersten Teil dieses Buches keine Lösungen angegeben, weil damit erreicht werden soll, daß die Aufgaben auch zur Einübung des Stoffes benutzt werden, d.h. selbständig gelöst werden. Die Aufgaben sind bewußt einfach gehalten worden, so daß die Lösung leicht zu finden sein dürfte. Sie mögen deshalb ein wenig akademisch erscheinen. Aufgaben aus der Praxis sind in der Regel jedoch so umfangreich und numerisch aufwendig zu lösen, daß dies nur mit Hilfe eines Rechners möglich ist und sie deshalb als Übungsaufgaben nicht geeignet sind.

Bei den Aufgaben wurden auch keine Verweise auf Gleichungen im Text benutzt, um dem Leser die Gelegenheit zu geben, selbst darüber nachzudenken, wo er bei Bedarf den entsprechenden Stoff im Text an Hand seiner Erinnerung oder über das Inhaltsverzeichnis und Stichwortverzeichnis finden kann.

Obwohl Kalman-Bucy-Filter im praktischen Einsatz eine nur geringe Bedeutung haben, findet man eine Reihe von Aufgaben zu diesem Thema. Das liegt daran, daß man an diesen Aufgaben Modellbildung üben kann bzw. den Zusammenhang zu den Wiener-Filtern herstellen soll. In mancher Beziehung sind zeitkontinuierliche Modelle anschaulicher, zumal die zu modellierende physikalische Wirklichkeit in der Regel zeitkontinuierlich ist. Aus didaktischen Gründen erscheint es deshalb gerechtfertigt, auf dieses Thema näher einzugehen. Ferner dürften die zeitkontinuierlichen Systeme vertrauter sein als die zeitdiskreten.

Aufgabe 2.1

Für den Signalprozeß a(t) mit dem Mittelwert Null und der Auto-korrelationsfunktion

$$s_{aa}(\tau) = E(a(t) \cdot a(t-\tau)) = \frac{3}{2} e^{-|\tau|}$$

soll der im Sinne des minimalen mittleren quadratischen Fehlers optimale Schätzwert $\hat{a}(t)$ bestimmt werden. Dazu steht das Signal

$$r(\alpha) = a(\alpha) + n(\alpha)$$

im Intervall $-\infty < \alpha \le t$ zur Verfügung. Für den Störprozeß n(t) gelte

$$E(n(t)) = 0$$

$$s_{nn}(\tau) = E(n(t) \cdot n(t-\tau)) = \delta_0(\tau)$$

$$s_{na}(\tau) = E(n(t) \cdot a(t-\tau)) = 0 \quad .$$

Man bestimme die Systemfunktion $A_0(s)$ und die Impulsantwort $a_0(t)$ des Schätzsystems, das den gesuchten, im Sinne des minimalen mittleren quadratischen Schätzfehlers optimalen Schätzwert $\hat{a}(t)$ liefert.

Aufgabe 2.2

Ein Signalprozeß a(t) werde ungestört übertragen. Es ist als Schätzsystem ein kausales Filter zu entwerfen, das zum Zeitpunkt t den Signalprozeß $a(t+t_0)$ an seinem Ausgang liefert.

Wie groß ist der Schätzfehler, den das im Sinne des minimalen mittleren quadratischen Fehlers optimale kausale Filter liefert? Man veranschauliche, wodurch dieser Fehler hervorgerufen wird.

Aufgabe 2.3

Der Signalprozeß s(t) besitze einen verschwindenden Mittelwert und die Autokorrelationsfunktion

$$s_{ss}(\tau) = e^{-|\tau|} \quad .$$

Gesucht wird der im Sinne des minimalen mittleren quadratischen Fehlers optimale Schätzwert $\hat{s}(t)$. Dazu steht das gestörte Signal $r(\alpha)=s(\alpha)+n(\alpha)$ für $-\infty<\alpha\leq t$ zur Verfügung. Der Störprozeß $n(t)$ besitze den Mittelwert Null und die Korrelationsfunktionen

$$s_{nn}(\tau) = e^{-3|\tau|}$$

$$s_{ns}(\tau) = 0 \quad .$$

a) Gesucht wird die Laplace-Transformierte $S_{rr}(s)$ der Autokorrelationsfunktion des gestörten Signalprozesses $r(t)$. Wie läßt sich $S_{rr}(s)$ in den rechts analytischen Anteil $S_{rr}^{+}(s)$ und den links analytischen Anteil $S_{rr}^{-}(s)$ aufteilen?

b) Man berechne die Laplace-Transformierte $S_{sr}(s)$ der Kreuzkorrelationsfunktion der Prozesse $s(t)$ und $r(t)$.

c) Wie lautet die Systemfunktion $A_0(s)$ des optimalen Filters, das bei Einspeisung von $r(t)$ den gesuchten Schätzwert $\hat{s}(t)$ liefert?

d) Man zeichne das Pol-Nullstellendiagramm von $A_0(s)$ nach c).

Aufgabe 2.4

Die Laplace-Transformierte der Autokorrelationsfunktion eines Signalprozesses $s(t)$ ist

$$S_{ss}(s) = 3 \, \frac{2s^2-7}{(s^2+4s+5)(s^2-4s+5)} \quad .$$

Der Prozeß wird durch weißes, mittelwertfreies Rauschen der Leistungsdichte $N=1$ gestört. Signalprozeß und Rauschen überlagern sich additiv und sind nicht miteinander korreliert. Das gestörte Empfangssignal $r(\alpha)=s(\alpha)+n(\alpha)$ stehe für $-\infty<\alpha\leq t$ zur Verfügung.

Gesucht wird der im Sinne des minimalen mittleren quadratischen Fehlers optimale Schätzwert $\hat{s}(t)$ des Prozesses $s(t)$.

a) Man berechne die Laplace-Transformierte $S_{rr}(s)$ der Autokorrelationsfunktion des gestörten Signals $r(t)$, gebe deren in der linken und rechten s-Halbebene analytischen Anteile an und zeichne den Polplan.

b) Wie lautet die Systemfunktion $A_0(s)$ des optimalen Filters, das bei Einspeisung von $r(t)$ den Schätzwert $\hat{s}(t)$ liefert?

c) Man zeichne das Pol-Nullstellendiagramm von $A_0(s)$.

Aufgabe 2.5

Ein Sendesignal $s(t)$ wird auf dem Übertragungsweg durch Störungen $n(t)$ überlagert, so daß am Empfänger das Signal

$$r(t) = 2 \cdot s(t) + n(t)$$

zur Verfügung steht. Die Leistungsdichte des Signalprozesses $s(t)$ ist durch

$$S_{ss}(s) = \frac{s^2-10}{(s^2-4)(s^2-1)} \quad ,$$

die des Störprozesses $n(t)$ durch

$$S_{nn}(s) = \frac{2}{1-s^2}$$

gegeben. Für die Kreuzleistungsdichte gelte $S_{sn}(s)=0$. Der Empfänger soll einen im Sinne des mittleren quadratischen Fehlers optimalen Schätzwert für das Signal $s(t)$ liefern. Man berechne die Impulsantwort $a_0(t)$ des optimalen Empfängers.

Aufgabe 2.6

Der Signalprozeß $s(t)$ besitze die Autokorrelationsfunktion

$$s_{ss}(\tau) = \delta_0(\tau) + e^{-|\tau|} \quad .$$

Gesucht wird der im Sinne des minimalen mittleren quadratischen

Fehlers optimale Schätzwert $\hat{d}(t)$ für das Signal

$$d(t) = \int_0^t s(\tau)\, d\tau \quad .$$

Dazu steht das gestörte Signal $r(\alpha)=s(\alpha)+n(\alpha)$ für $-\infty<\alpha\leq t$ zur Verfügung. Der Störprozeß $n(t)$ sei mit $s(t)$ nicht korreliert und besitze die Korrelationsfunktion

$$s_{nn}(\tau) = \delta_0(\tau) \quad .$$

a) Wie lautet die Laplace-Transformierte $S_{rr}(s)$ der Autokorrelationsfunktion des gestörten Signalprozesses $r(t)$? Man gebe deren in der linken und rechten s-Halbebene analytischen Anteile an.

b) Man berechne die Laplace-Transformierte $S_{sr}(s)$ der Kreuzkorrelationsfunktion von $s(t)$ und $r(t)$.

c) Wie lautet die Systemfunktion $A_0(s)$ des optimalen Filters, das bei Einspeisung von $r(t)$ den Schätzwert $\hat{d}(t)$ liefert?

d) Man zeichne ein Pol-Nullstellendiagramm von $A_0(s)$.

Aufgabe 2.7

Am Eingang eines Empfängers steht das gestörte Signal

$$r(t) = a(t) + n(t)$$

zur Verfügung. Die Störungen $n(t)$ entstammen einem weißen Prozeß, der die Leistungsdichte N besitzt, und sind statistisch unabhängig vom Sendesignalprozeß $a(t)$. Für die Korrelationsfunktion von $a(t)$ gilt:

$$s_{aa}(\tau) = \frac{1}{12}\, e^{-|\tau|}\left(19\,\cos(2^{\frac{1}{2}}\tau) + \frac{13}{2^{\frac{1}{2}}}\,\sin(2^{\frac{1}{2}}|\tau|)\right) \quad .$$

Der Empfänger soll den im Sinne des mittleren quadratischen Schätzfehlers optimalen Schätzwert für $a(t)$ bestimmen.

Man gebe den Polplan der Leistungsdichte von $S_{aa}(s)$ und $S_{rr}(s)$

an. Ferner bestimme man die Systemfunktion $A_0(s)$ des optimalen Empfängers und gebe deren Polplan und Impulsantwort $a_0(t)$ an.

Aufgabe 3.1

Gegeben ist ein Netzwerk nach Bild 1. Dabei ist u(t) die Eingangsgröße und y(t) die Ausgangsgröße. Die Zustandsvariablen seien die Spannung $u_C(t)$ am Kondensator und der Strom i(t) durch die Spule. Man gebe die zugehörigen Zustandsgleichungen mit den Matrizen $\underline{A}$, $\underline{B}$, $\underline{C}$ und $\underline{D}$ an.

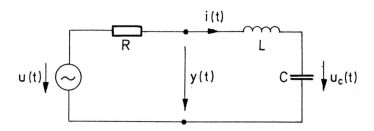

Bild 1 Netzwerk

Aufgabe 3.2

Ein Zufallsprozeß werde mit dem Netzwerk nach Bild 2 erzeugt. Die steuernde Quelle liefere die Spannung u(t), die die Musterfunktion eines Prozesses u(t) ist, der durch die Autokorrelationsfunktion $E(u(t) \cdot u(\tau)) = U_0 \cdot \cos\omega_0(t-\tau)$ beschrieben wird.

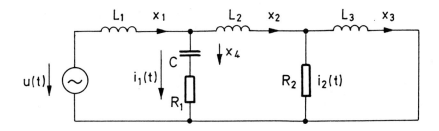

Bild 2 Erzeugung eines zweidimensionalen Zufallsprozesses

a) Man gebe die Zustandsgleichungen für den Zustandsvektor $\underline{x}$ und den Vektor $\underline{y}$ des Ausgangsprozesses an.

b) Ist der Ausgangsprozeß stationär oder instationär? Man begründe seine Antwort.

Aufgabe 4.1

Ein Prozeß werde durch das Modell nach Bild 3 beschrieben. Der Steuerprozeß $\underline{u}(k)$ sei mittelwertfrei und besitze die Korrelationsmatrix

$$E(\underline{u}(k) \cdot \underline{u}^T(1)) = \frac{10}{9} \begin{bmatrix} 1 & 0 \\ 0 & 1 \end{bmatrix} \delta_0(k-1) \quad ,$$

der ebenfalls mittelwertfreie weiße Störprozeß n(k) die Varianz $E(n^2(k))=10$.

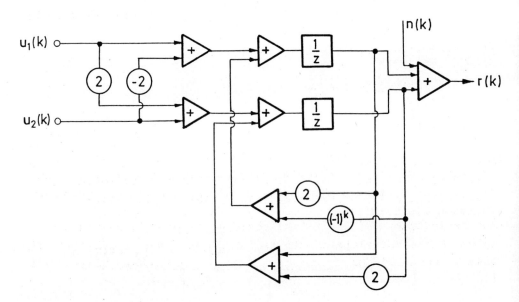

Bild 3 Prozeßmodell

a) Man gebe die Matrizen $\underline{A}_T(k)$, $\underline{B}_T(k)$ und $\underline{C}_T'(k)$ an.

b) Wie lautet die Verstärkungsmatrix $\underline{P}(2)$ für eine Schätzeinrichtung zur Prädiktion um einen Schritt, wenn der Anfangswert der Fehlerkorrelationsmatrix

$$\underline{S}_{ee}(1|0) = 10 \begin{bmatrix} 1 & 0 \\ 0 & 1 \end{bmatrix}$$

ist?

c) Für k=2 gebe man das dem Bild 3 entsprechende Blockschaltbild der Schätzeinrichtung zur Prädiktion um einen Schritt an.

Aufgabe 4.2

Der Signalprozeß a(k) und der zugehörige, durch n(k) gestörte Empfangsprozeß r(k) sind durch die Zustandsgleichungen

$$a(k+1) = \frac{1}{2} a(k) + u(k)$$

$$r(k) = a(k) + n(k)$$

gegeben. Für den Steuerprozeß u(k) und den Störprozeß n(k) gelte:

$$E(u(k)) = E(n(k)) = E(n(k) \cdot u(l)) = 0$$

$$E(u(k) \cdot u(l)) = 2 \cdot \delta_{kl}$$

$$E(n(k) \cdot n(l)) = \delta_{kl} \quad .$$

Der Anfangswert des Schätzwertes $\hat{a}(k|k)$ ist $\hat{a}(0|0)=2$, der Anfangswert der hier eindimensionalen Fehlerkorrelationsmatrix $\underline{S}_{ee}(k|k)=S_{ee}(k|k)$ der Filterung ist $S_{ee}(0|0)=(153^{\frac{1}{2}}-11)/2$.

Man berechne $\hat{a}(k|k)$, $\hat{a}(k+1|k)$ sowie die zugehörigen eindimensionalen Fehlerkorrelationsmatrizen $S_{ee}(k|k)$ und $S_{ee}(k+1|k)$ für $1 \le k \le 3$, wenn die Musterfunktion r(k) des Eingangsprozesses r(k) die Werte r(1)=1, r(2)=3/2 und r(3)=-23/4 annimmt.

Aufgabe 4.3

Ein zeitdiskreter Zufallsprozeß $\underline{x}(k)$ werde durch die Zustandsgleichung

$$
\begin{bmatrix} x_1(k+1) \\ x_2(k+1) \\ x_3(k+1) \end{bmatrix} = \begin{bmatrix} 2 & 0 & 0 \\ 0 & 1/2 & 0 \\ 0 & 1/2 & 1/3 \end{bmatrix} \cdot \begin{bmatrix} x_1(k) \\ x_2(k) \\ x_3(k) \end{bmatrix} + \begin{bmatrix} 1 & 0 \\ 0 & 1/2 \\ 1/2 & 0 \end{bmatrix} \cdot \begin{bmatrix} u_1(k) \\ u_2(k) \end{bmatrix}
$$

beschrieben und durch den Störprozeß $\underline{u}(k)$ gestört.

Ein optimales Schätzsystem liefert einen Schätzvektor $\hat{\underline{x}}(k+1|k)$ nach Bild 4 für den Prozeß $\underline{x}(k)$. Dieser Schätzwert betrage zu einem festen Zeitpunkt

$$
\hat{\underline{x}}^T(7|6) = [\ 10,\ 16,\ 8\ ] \quad .
$$

Gesucht wird der optimale Schätzwert $\hat{\underline{x}}(10|6)$.

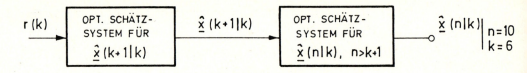

Bild 4   Verkettung der Schätzsysteme für $\hat{\underline{x}}(k+1|k)$ und $\hat{\underline{x}}(n|k)$

a) Durch welche Matrix läßt sich das optimale Schätzsystem zur Bestimmung von $\hat{\underline{x}}(10|6)$ beschreiben ?
b) Man berechne $\hat{\underline{x}}(10|6)$.

Aufgabe 4.4

Ein Signalprozeß $\underline{a}(k)$ wird durch die Zustandsgleichungen

$$
\underline{a}(k+1) = \begin{bmatrix} 0 & 1 \\ -2 & 1 \end{bmatrix} \underline{a}(k) + \begin{bmatrix} 0 \\ 1 \end{bmatrix} u(k)
$$

$$
r(k) = [\ 1,\ 2\ ] \underline{a}(k) + n(k)
$$

beschrieben, wobei $r(k)$ das verfügbare Empfangssignal ist. Der Steuerprozeß $u(k)$ besitze die Varianz σ^2 und sei mittelwertfrei.

Eine Schätzeinrichtung liefere den Schätzwert der Prädiktion um einen Schritt $\hat{\underline{a}}(k+1|k)$. Dieser betrage zum Zeitpunkt $kT=7T$ gerade $\underline{a}(8|7)=(3, 2)^T$. Die zugehörige Fehlerkorrelationsmatrix ist

$$\underline{S_{ee}}(8|7) = \sigma^2 \begin{bmatrix} 2 & 1 \\ 1 & 3 \end{bmatrix} \quad .$$

Man berechne

a) die optimalen Schätzwerte $\hat{\underline{a}}(9|7)$, $\hat{\underline{a}}(10|7)$ und $\hat{\underline{a}}(11|7)$,

b) die zugehörigen Fehlerkorrelationsmatrizen. Wie ändern diese sich mit wachsendem Zeitparameter k?

Aufgabe 4.5

Das zeitdiskrete gestörte Empfangssignal $\underline{r}(k)=r(k)$ bestehe aus der Summe von m_r, einem zeitunabhängigen Mittelwert, und der Musterfunktion eines Störprozesses n(k). Dieser Störprozeß sei weiß, habe den Mittelwert Null und die Varianz $\sigma^2=N_w$.

Man gebe eine geschlossene Lösung für den Schätzwert dieses Mittelwertes m_r an. Der Anfangswert dieser Lösung, d.h. der Schätzwert für den Zeitparameter k=0 sei $\hat{m}_r=a_0$. Der Anfangswert des mittleren quadratischen Schätzfehlers sei $S_{ee}(0|0)=1$.

Aufgabe 5.1

Mit Hilfe eines Kalman-Bucy-Filters soll ein optimaler Schätzwert $\hat{a}(t|t)$ für den Signalprozeß a(t) bestimmt werden. Eine Musterfunktion dieses Signalprozesses steht in Form des gestörten Empfangssignals $r(\tau)$ im Intervall $0 \le \tau \le t$ zur Verfügung und wird nach dem im Bild 5 gezeigten Prozeßmodell erzeugt.

Für den weißen Steuerprozeß u(t) und den weißen Störprozeß n(t), die nicht miteinander korreliert sind, gelte:

$$E(u(t_1) \cdot u(t_2)) = 4 \cdot \delta_0(t_2-t_1) \quad , \quad E(u(t)) = 0$$

$$E(n(t_1) \cdot n(t_2)) = 10 \cdot \delta_0(t_2-t_1) \quad , \quad E(n(t)) = 0 \quad .$$

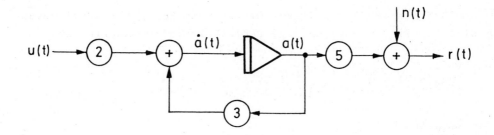

Bild 5 Prozeßmodell

Der Anfangswert des Schätzwertes sei $\hat{a}(0|0)=2$, der Anfangswert der eindimensionalen Fehlerkorrelationsmatrix sei $S_{ee}(0|0)=4$.

a) Wie lautet die Fehlerkorrelationsmatrix $S_{ee}(t|t)$?
b) Man gebe ein Strukturbild unter Verwendung von Bild 5 für das Kalman-Bucy-Filter an.
c) Man löse die Schätzgleichung für $\hat{a}(t|t)$.

Aufgabe 5.2

Durch ein lineares, zeitinvariantes Filter mit der Impulsantwort

$$g(t) = 3e^{-2t}$$

wird ein weißer Prozeß in einen anderen Zufallsprozeß umgeformt. Der weiße Prozeß am Eingang des Filters hat die Korrelationsfunktion $s_{uu}(\tau)=\delta_0(\tau)$.

Man gebe die Matrizen $\underline{A}(t)$ und $\underline{B}(t)$ sowie das Strukturbild des auf den Zustandsgleichungen aufbauenden Prozeßmodells an und berechne die Korrelationsfunktion $s_{aa}(\tau)$ des Prozesses am Ausgang des Filters.

Aufgabe 5.3

Ein Signalprozeß a(t) wird durch die Zustandsgleichung

$$\dot{a}(t) = -2 \cdot a(t) + 3 \cdot u(t)$$

beschrieben, wobei u(t) ein weißer Steuerprozeß mit der Leistungsdichte $S_{uu}(s)=1$ ist.

Es stehe beim Empfänger ein gestörter Prozeß r(t) zur Verfügung, für dessen Musterfunktion

$$r(t) = a(t) + n(t)$$

gilt, wobei n(t) die Musterfunktion eines Störprozesses mit der Korrelationsfunktion $s_{nn}(\tau)=4 \cdot \delta_0(\tau)$ ist. Signal- und Störprozeß seien statistisch unabhängig voneinander.

a) Wie groß ist der mittlere quadratische Schätzfehler des optimalen Schätzsystems für a(t), wenn dieser Fehler zeitunabhängig ist?

b) Man gebe ein aus den Zustandsgleichungen gewonnenes Strukturschaltbild des optimalen Schätzsystems und seine Impulsantwort an.

Aufgabe 5.4

Für eine Musterfunktion a(t) des Zufallsprozesses a(t) soll ein im Sinne des minimalen mittleren quadratischen Schätzfehlers optimaler Schätzwert $\hat{a}(t|t)$ bestimmt werden. Dazu steht das gestörte Empfangssignal $r(\tau)$ im Intervall $0 \le \tau \le t$ zur Verfügung. Für die Musterfunktionen von Signal- und Störprozeß gelten die Beziehungen:

$$\dot{a}(t) = -a(t) + u(t)$$

$$r(t) = a(t) + n(t)$$

mit

$$E(u(t_1) \cdot u(t_2)) = 3 \cdot \delta_0(t_2-t_1) \quad , \quad E(u(t)) = 0$$

$$E(n(t_1) \cdot n(t_2)) = \delta_0(t_2-t_1) \quad , \quad E(n(t)) = 0 \quad .$$

Der Anfangswert des Schätzwertes sei $\hat{a}(0|0)=0$. Weil der Prozeß $a(t)$ eindimensional ist, wird auch die Fehlerkorrelationsmatrix $\underline{S}_{ee}(t|t)$ eindimensional und soll deshalb mit $S_{ee}(t|t)$ bezeichnet werden. Ihr Anfangswert sei $S_{ee}(0|0)=S$.

Welche Werte nehmen der Schätzwert $\hat{a}(t|t)$ und die Fehlerkorrelationsmatrix $S_{ee}(t|t)$ für den Grenzfall an, daß t nach ∞ strebt? Man vergleiche dieses Ergebnis mit dem von Aufgabe 2.1.

Literaturverzeichnis

[1] Kroschel, K.: Statistische Nachrichtentheorie, Erster Teil: Signalerkennung und Parameterschätzung, Zweite Auflage (Hochschultext), Berlin, Heidelberg, New York: Springer 1986

[2] Wolf, H.: Lineare Systeme und Netzwerke (Hochschultext), Berlin, Heidelberg, New York: Springer 1971

[3] Papoulis, A.: Probability, Random Variables, and Stochastic Processes, New York: McGraw-Hill 1965

[4] Wolf, H.: Nachrichtenübertragung. Eine Einführung in die Theorie (Hochschultext), Berlin, Heidelberg, New York: Springer 1974

[5] van Trees, H.L.: Detection, Estimation, and Modulation Theory, Part I, New York: Wiley 1968

[6] Sage, A.P., Melsa, J.L.: Estimation Theory with Applications to Communication and Control, New York: McGraw-Hill 1971

[7] Liebelt, P.B.: An Introduction to Optimal Estimation, Reading, Mass.: Addison-Wesley 1967

[8] Nahi, N.E.: Estimation Theory and Applications, New York: Wiley 1968

[9] Neuburger, E.: Einführung in die Theorie des linearen Optimalfilters, München/Wien: Oldenbourg 1972

[10] Brammer, K.: Optimale Filterung und Vorhersage instationärer stochastischer Folgen, Nachrichtentechnische Fachberichte 33 (1967) 103-110

[11] Brammer, K.: Zur optimalen linearen Filterung und Vorhersage
     instationärer Zufallsprozesse in diskreter Zeit, Regelungs-
     technik 16 (1968) 105-110

[12] Jazwinsky, A.H.: Stochastic Processes and Filtering Theory,
     New York: Academic Press 1970

[13] Kailath, T.: An Innovations Approach to Least Squares Esti-
     mation, Part I: Linear Filtering in Additive White Noise,
     IEEE Trans. Autom. Control 13 (1968) 646-655

[14] Kailath, T., Frost, P.: An Innovations Approach to Least
     Squares Estimation, Part II: Linear Smoothing in Additive
     White Noise, IEEE Trans. Autom. Control 13 (1968) 655-660

[15] Dorf, R.C.: Time-Domain Analysis and Design of Control
     Systems, Reading, Mass.: Addison-Wesley 1965

[16] Jury, E.I.: Theory and Application of the z-Transform Me-
     thod, New York: Wiley 1964

[17] Wiener, N.: Extrapolation, Interpolation, and Smoothing of
     Stationary Time Series, New York: Wiley 1950

[18] Kolmogoroff, A.N.: Interpolation und Extrapolation von sta-
     tionären Folgen, Bull. Acad. Sci. USSR Ser. Math. 5 (1941)
     3-14

[19] Kalman, R.E.: A New Approach to Linear Filtering and Pre-
     diction Problems, Trans. ASME, Journal of Basic Engineering
     82 (1960) 35-45

[20] Kalman, R.E.; Bucy, R.S.: New Results in Linear Filtering
     and Prediction Theory, Trans. ASME, Journal of Basic Engi-
     neering 83 (1961) 95-108

[21] Schrick, K.W.: Anwendungen der Kalman-Filter-Technik, An-
     leitung und Beispiele, München/Wien: Oldenbourg 1977

[22] Kroschel, K.; Reich, W.: A Comparison of Noise Reduction
     Systems for Speech Transmission, Proc. European Conference
     on Circuit Theory and Design ECCTD`85, Prag (1985) 565-568

[23] Fellbaum, K.: Sprachverarbeitung und Sprachübertragung,
     Berlin, Heidelberg, New York, Springer 1984, 108-125

[24] Oppenheim, A.V.; Schafer, R.W.: Digital Signal Processing,

Englewood Cliffs: Prentice Hall 1975

[25] **Vary, P.:** On the Enhancement of Noisy Signals, Proc. European Signal Processing Conference EUSIPCO-83, Erlangen (1983) 327-330

[26] **Föllinger, O.:** Regelungstechnik, Berlin: Elitera 1978, 281-299

[27] **Srinath, M.D.; Rajasekaran, P.K.:** An Introduction to Statistical Signal Processing with Applications, New York: Wiley 1979

[28] **Meissner, P; Wehrmann, R.; van der List, J.:** A Comparative Analysis of Kalman and Gradient Methods for Adaptive Echo Cancellation, AEÜ 34 (1980) 12, 485-492

[29] **Luck, H.O.:** Zur kontinuierlichen Signalentdeckung mit Detektoren einfacher Struktur, Habilitationsschrift TH Aachen (1971)

[30] **Handschin, E. (Herausgeber):** Real-Time Control of Electric Power Systems, Amsterdam: Elsevier 1972

[31] **Wrzesinsky, R.:** Wiener- und Kalman-Filter und ihre Bedeutung für die Nachrichtentechnik, AEÜ 27 (1973) 2, 79-87

[32] **Bozic, S.M.:** Digital and Kalman Filtering, London: Edward Arnold 1981, 130-133

[33] **Winkler, G.:** Stochastische Systeme - Analyse und Synthese, Wiesbaden: Akad. Verlagsgesellschaft 1977

Namen- und Sachverzeichnis